高等学校**美容化妆品类专业**规划教材

美容化妆品行业职业培训教材

化妆品
生产质量管理

胡芳　林跃华　主编

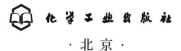

化学工业出版社

·北京·

本书根据高职高专美容化妆品类专业人才培养岗位对化妆品教学的基本要求，结合我国正在实施化妆品生产许可新政的行业发展特点编写而成。

全书共分十一章，以《化妆品生产许可检查要点》为蓝本，结合 ISO 22716、GMPC 等国际标准，探讨了化妆品企业在生产质量管理方面的要求，包括机构和人员、质量管理、厂房与设施、设备管理、物料与产品管理、生产管理、验证管理、文件管理、内部评审、产品销售、投诉、不良反应与召回等内容。

本书适用于高职高专美容化妆品类专业学生作为教材使用，也适合化妆品企业人员、行业监管人员作为工作参考书或培训教材使用。

图书在版编目（CIP）数据

化妆品生产质量管理/胡芳，林跃华主编. —北京：
化学工业出版社，2019.7（2024.7重印）
高等学校美容化妆品类专业规划教材. 美容化妆品
行业职业培训教材
ISBN 978-7-122-34321-5

Ⅰ.①化… Ⅱ.①胡… ②林 Ⅲ.①化妆品-生产技
术-质量管理-高等学校-教材 Ⅳ.①TQ658

中国版本图书馆 CIP 数据核字（2019）第 071278 号

责任编辑：张双进 窦 臻　　　　　　文字编辑：向 东
责任校对：张雨彤　　　　　　　　　　装帧设计：王晓宇

出版发行：化学工业出版社（北京市东城区青年湖南街 13 号　邮政编码 100011）
印　　装：河北延风印务有限公司
710mm×1000mm　1/16　印张 20　字数 367 千字　　2024 年 7 月北京第 1 版第 5 次印刷

购书咨询：010-64518888　　售后服务：010-64518899
网　　址：http://www.cip.com.cn
凡购买本书，如有缺损质量问题，本社销售中心负责调换。

定　　价：56.00 元　　　　　　　　　　　　　　　版权所有　违者必究

前言
FOREWORD

　　进入 21 世纪以来，人们的审美观、消费观发生深刻变化，中国已经快速进入日常消费化妆品的"美丽时代"。但与此同时，受诸多因素影响，中国也急匆匆地迎来了"美丽风险"，加强化妆品监督管理、保障消费安全的呼声日益高涨。

　　2018 年国务院新一轮机构改革，成立了国家市场监督管理总局，作为国务院直属机构，下设国家药品监督管理局，负责化妆品的监管。早在 2013 年国务院前一轮机构改革，终结了化妆品长期存在的多头管理格局，由国家食品药品监督管理总局实行统一权威监管。作为化妆品机构改革的重要成果之一，国家食品药品监督管理总局于 2015 年 12 月发布了《关于化妆品生产许可有关事项的公告》（2015 年第 265 号），出台了被业界称为"史上最严"的化妆品生产许可新政，即《化妆品生产许可工作规范》和《化妆品生产许可检查要点》，并规定从 2016 年开始实施。

　　通过实施化妆品生产许可新政，有利于快速提升生产企业质量管理水平，确保化妆品质量，并为下一步全面对接国际标准、推行化妆品 GMP 打下坚实基础。

　　本书以《化妆品生产许可检查要点》为蓝本，结合 ISO 22716、GMPC 等国际标准，探讨了化妆品企业在生产质量管理方面的要求，包括机构和人员、质量管理、厂房与设施、设备管理、物料与产品管理、生产管理、验证管理、文件管理、内部评审、产品销售、投诉、不良反应与召回等内容。

　　本书共分十一章，由广东食品药品职业学院胡芳、中山职业技术学院林跃华任主编，各章参与编写人员情况如下：第一章、第二章，胡芳；第三章，林跃华；第四章，无限极（中国）有限公司李德灵、杨琼利；第五章，广东职业技术学院刘旭峰；第六章，李德灵、杨琼利；第七章，林跃华；第八章、第九章，胡芳；第十章，林跃华；第十一章，广东食品药品职业学院杨梅。全书由胡芳负责统稿。

　　本书的编写人员由高校化妆品专业教师和企业资深化妆品质量工程师组成，校企合作编写完成。本书适用于化妆品专业学生作为教材使用，也适合化妆品企业生产管理技术人员作为参考书或培训教材。

　　本书虽经编者学校作为自编教材多次使用并修订，但因编者水平有限，仍难免存在不妥之处，敬请读者、专家批评指正！

编者

2018 年 11 月

目 录
CONTENTS

第三章 质量管理

第四章　厂房与设施

第五章　设备管理

第六章　物料与产品管理

第七章　生产管理

第八章　验证管理

第十一章　产品销售、投诉、不良反应与召回

附　录

参考文献

第一章
概　述

Chapter 01

学习目标

1. 熟悉全面质量管理的中心思想与基本观点，以及 PDCA 循环的含义。
2. 熟悉 ISO 9000 系列标准的基本内容及建立质量管理体系的基本要求。
3. 掌握 GMP 有关概念、GMPC 的作用、GMPC 的主要内容。
4. 了解 GMP 的产生与发展，GMP 与 ISO 9000 系列标准的比较。

质量是指一组固有特性满足要求的程度。质量管理是在质量方面指挥和控制组织的协调活动。质量管理体系是为实现质量管理的方针目标，有效开展各项质量管理活动而建立的管理体系。全面质量管理是全面、全员、全过程的质量管理活动，是质量管理发展到一定阶段的必然要求。全面质量管理使管理思想发生了根本性转变。质量观由狭义转向广义，由单纯重视产品质量转到重视工作过程质量；质量标准由设计者、制造者、检验者认可，转向市场和用户认可。随着管理思想的转变，给质量管理带来了深刻的变革，从而引发了 ISO 9000 系列标准的产生。

在国内外，一些大型现代化企业都以取得国际权威组织的 ISO 9000 认证作为企业形象的标志。ISO 9000 族标准不受具体工业行业或经济部门所制约，它为质量管理提供指南和为质量保证提供通用质量要求。ISO 9000 族标准描述了质量体系应包括的要素，而不是描述某一组织如何实施这些要素。

由于各行业需要各有不同，质量体系的设计和实施当然必须受具体的组织目标、产品和过程及其具体实践的影响。在医药工业，各国政府管理部门，或行业协会制定了"药品生产质量管理规范"（GMP）。在化妆品工业方面，美国、欧盟、日本、东盟、国际标准化组织等发布了"化妆品良好生产规范"（GMPC）。化妆品生产企业可以根据 GMP 指引建立起全面质量管理的体系，将生产全过程所有要素一起考虑，以规范其化妆品的生产，从而保证化妆品的卫生和安全。

第一节 质量管理概述

一、质量管理的发展

质量管理的发展与工业生产技术和管理科学的发展密切相关，大致经历了 3 个阶段。

1. 质量检验阶段

20 世纪前，产品质量主要依靠操作者本人的技艺水平和经验来保证，属于"操作者的质量管理"。20 世纪初，以 F. W. 泰勒（F. W. Taylar）为代表的科学管理理论的产生，促使产品的质量检验从加工制造中分离出来，质量管理的职能由操作者转移给工长，是"工长的质量管理"。随着企业生产规模的扩大和产品复杂程度的提高，产品有了技术标准（技术条件），公差制度也日趋完善，各种检验工具和检验技术也随之发展，大多数企业开始设置检验部门，有的直属于厂长领导，这时是"检验员的质量管理"。上述几种做法都属于"事后检验"的质量管理方式，无法在生产过程中起到预防、控制作用，仅限于从成品里挑出不合格品，防止不合格品出厂，一经发现"不合格品"，就是既定事实，很难补救。

2. 统计质量控制阶段

20 世纪 30 年代，由于产品种类、数量越来越多，有时根本无法进行百分之百的检验，于是开始强调统计管理技术的应用。1924 年，美国数理统计学家 W. A. 休哈特（W. A. Shewhart）提出控制和预防缺陷的概念。他运用数理统计的原理提出在生产过程中控制产品质量的"六西格玛"法，绘制出第一张控制图，并建立了一套统计卡片。与此同时，美国贝尔研究所提出关于抽样检验的概念及其实施方案，成为运用数理统计理论解决质量问题的先驱，但当时并未被普遍接受。以数理统计理论为基础的"统计质量控制"的推广应用始自第二次世界大战。由于事后检验无法控制武器弹药的质量，美国国防部决定把数理统计法用于质量管理，并由标准协会制定有关数理统计方法应用于质量管理方面的规划，成立了专门委员会，并于 1941～1942 年先后公布一批美国战时的质量管理标准。

3. 全面质量管理阶段

20 世纪 50 年代后，人们发现仅仅凭质量检验和运用统计方法已难以保证和提高产品质量，尤其是那些质量必须百分之百符合要求的产品（如药品等）必须进行严格控制，否则就会产生严重不良后果。要想真正保证和提高产品质量，还必须考虑过程管理。20 世纪 60 年代初，美国通用电气工程师费根堡姆

（A. V. Feigenbaum）和质量管理学家朱兰提出全面质量管理（total quality management，TQM）观念，标志着全面质量管理时代的到来。TQM 提倡以企业为主体，把全体员工组织起来，综合运用管理技术、专业技术与现代化管理方法，努力控制各种因素，提高质量管理水平，以最经济的手段为用户提供满意的商品和服务，并取得良好的社会和经济效益。

全面质量管理经过几十年的发展，基本融合了现代质量管理思想的精华，形成了一个比较严密完整的质量管理体系（quality management system，QMS）。国际标准化组织（International Standardization Organization，ISO）在此基础上制定了一系列质量管理的标准（如 ISO 9000 系列标准），从而使质量管理进入了标准化管理阶段。这一阶段的显著特点是质量管理的标准化和国际化。从质量术语到质量管理的体系、环节、方法、要素等都有国际公认的标准。

二、全面质量管理（TQM）

（一）TQM 的基本观点

美国著名质量管理专家费根堡姆把 TQM 定义为："为了能在最经济的水平上，并考虑到充分满足顾客要求的条件下，进行市场研究、制造、销售和服务，把企业各部门的研究质量、维持质量和提高质量的活动构成为一种有效的体系。"从上述定义可以清楚地看出，全面质量管理注重质量保证体系的建设。

TQM 的中心思想是：实行全员参与、全方位实施、全过程管理。其意义在于强化质量意识、实施质量控制、提高产品质量、改善产品设计、改进生产流程、改进产品售后服务、提高市场的接受程度、降低经营质量成本、降低现场维修成本、减少经营亏损和减少责任事故等。TQM 的基本观点如下所述。

① 在"质量控制"（quality control）这一短语中，"质量"一词并不具有绝对意义上的"最好"的一般含义，质量是指"最适合于一定顾客的要求"，这些要求包括产品的实际用途、售价；"控制"一词表示一种管理手段，包括制订质量标准、评价标准的执行情况、偏离标准时采取纠正措施、制订改善标准的计划等四个方面。

② 影响产品质量的因素可以划分为两大类：一类是技术方面的，即机器、材料和工艺；另一类则是人方面的，即操作者、班组长和公司的其他人员。在这两类因素中，人的因素更加重要。要有效地控制影响产品质量的因素，就必须在生产或服务过程的所有阶段加以控制，这些控制就叫质量管理工作（job of quality control）。

③ 全面质量管理是提供优质产品所永远需要的优良产品设计、加工方法以及负责的产品维修服务等活动的一种重要手段。其基本原理适用于任何制造过

程。由于企业行业、规模的不同，方法的使用上略有不同，但基本原理仍然是相同的。

④ 建立质量体系是开展质量管理工作的一种最有效的方法与手段。在组织方面，全面质量管理是上层管理部门的工具，用来委派产品质量方面的职权和职责，以达到既可免除上层管理部门的琐事，又可确保质量成果令人满意。质量管理工作必须有上层管理部门的全力支持，否则，向公司内其他人宣传得再多也不可能取得真正的效果。原则上，总经理应当成为公司质量管理工作的"总设计师"，同时，公司其他主要职能部门也应在促进公司效率、现代化、质量控制等方面发挥作用。

⑤ 从人际关系的观点来看，质量管理组织包括两个方面：为有关的全体人员和部门提供产品的质量信息和沟通渠道；为有关的雇员和部门参与整个质量管理工作提供手段。

⑥ 质量成本控制是衡量和优化全面质量管理活动的一种手段。

⑦ 在全面质量管理工作中会用到数理统计方法，但是，数理统计方法只是全面质量管理中的一个内容，它不等于全面质量管理。

⑧ 全面质量管理工作的一个重要特征是从根源处控制质量。例如，通过由操作者自己衡量其成绩来促进和树立其对产品质量的责任感，就是全面质量管理工作的积极成果之一。

（二）全面质量管理的基本工作方法

全面质量管理的基本工作方法是 PDCA 循环。P、D、C、A 指的是全面质量管理的循环工作程序，即计划（plan）、实施执行（do）、检查（check）、处理（action）。PDCA 按照计划、实施、检查、处理四个阶段顺序进行，是一个从初级向高级循环转动的过程。经过逐次周而复始的转动达到对质量体系的有效管理，获得良好的效率。

1. 计划

PDCA 方法的核心是计划。计划在实施、检查和处理各阶段有其不同的内涵。把握好计划就把握了 PDCA 循环的灵魂，其他阶段的工作也就能顺利有效地展开并达到计划要求的结果。如化妆品生产企业实施 GMP 计划，首要前提是企业最高管理者对 GMP 有充分理解和掌握，积极参与计划活动并对企业现状全面分析；GMP 要求的基本硬件、软件配置必须给予满足，不可因节约而达不到规范的要求。识别企业特点和运作的主要过程和各关键子过程以及支持性过程，分析这些过程的相互关系和作用是企业建立质量体系的基本路径。换言之，经综合分析所识别的企业生产经营特点及过程之间的相互关系，是企业制定质量体系计划的依据。

要建立文件系统、设计不同层次的文件以符合质量体系运行的要求。文件分为三个层次：一是质量方针和质量目标类文件；二是标准类文件，包括技术标准、管理标准、工作（操作）标准以及文件管理控制程序；三是记录（凭证）类文件。要根据企业的特点制订文件，强制性法规标准必须直接采用为技术标准性文件。通常情况下，记录（凭证）类文件对标准类文件起到支持性作用。要有如何控制文件的程序文件，以确定文件编写、审批、修改、分发、保存、处置等环节的方式和方法。

2. 实施

当总体质量体系计划完毕，形成文件后则进入实施阶段。首先应组织员工对体系文件学习理解，培训各相关岗位人员，研究分析实施过程中不可预见因素以及确定对突发性事件将采取的应变措施等。对化妆品生产企业来说，应按循序渐进的原则推进实施，对化妆品生产、储存、销售以及相关的资源和活动均加以控制。实施过程必须有良好的沟通、交流和信息反馈渠道，以便企业的最高领导者和有关员工都能及时知晓质量体系的建立和运行状况，确保实施顺利进行。

3. 检查

检查是推动 PDCA 方法不断向前转动的重要环节，其重要性体现在为质量体系提供自我完善、持续改进的机制。除对产品检验，检查还包括对人员、质量体系运作情况和各项改进措施的评价、审核和验证等。

4. 处理

处理既是 PDCA 方法的最后一环，亦是启动下一轮 PDCA 转动的一环。通常应对检查环节中发现的问题及时分析查找原因，确定处理的方式和应采取的措施，并对措施执行情况进行跟踪验证。若在质量体系建立和实施之初，有些症结已表现出来，相关部门应及时采取措施加以解决，而不要坐等下一轮检查再处理。

总之，企业可以通过 PDCA 方法使质量管理工作更上一层楼。在化妆品生产企业中应用 PDCA 模式推进质量管理工作符合 GMPC 的要求。

三、质量管理体系（QMS）

随着质量管理的深入，各国把有关的管理经验制定成国家标准和国际标准，以利于进一步推动企业深化质量管理，并使贸易交往中有一个共同的语言。由国际标准化组织颁布的 ISO 9000 质量管理体系是运用先进的管理理念以简明标准的形式推出的实用管理模式，是世界范围内被最广泛采用的质量管理体系标准，已经让全球数百万的组织受益。加快增长、提升效率、增强客户满意度和保持度，这是企业体验到的 ISO 9000 所能带来的益处。

在国内外，一些大型现代化企业都以取得国际权威组织的 ISO 9000 认证作为企业形象的标志。ISO 9000 系列标准不受具体工业行业或经济部门所制约，它为质量管理提供指南和为质量保证提供通用质量要求。ISO 9000 系列标准描述了质量体系应包括的要素，而不是描述某一组织如何实施这些要素。

（一）ISO 9000 系列标准

国际标准化组织于 1979 年成立了质量管理和质量保证技术委员会（ISO/TC 176）。ISO/TC 176 组织各国质量管理专家于 1986 年编制 ISO 8402《质量——术语》国际标准，1987 年又颁布了 ISO 9000～9004 系列国际标准，组成了质量管理和质量保证的一套国际标准体系，以适用于不同类型、产品、规模与性质的组织。

ISO 9000 系列标准包括五个部分：ISO 9000、ISO 9001、ISO 9002、ISO 9003 和 ISO 9004。其中，ISO 9000《质量管理和质量保证标准——选择和使用指南》是 ISO 9000 系列标准的选用导则，它主要阐述几个质量术语基本概念之间的关系、质量体系环境的特点、质量体系国际标准的分类、在质量管理中质量体系国际标准的应用以及合同环境中质量体系国际标准的应用。除 ISO 9000 之外的其他四个标准可以分为两个大类：ISO 9001《质量体系——设计开发、生产、安装和服务的质量保证模式》、ISO 9002《质量体系——生产和安装的质量保证模式》以及 ISO 9003《质量体系——最终检验和试验的质量保证模式》都是在合同环境下用以指导企业质量管理的标准，在合同环境下，供需双方建有契约关系，需方应对供方的质量体系提出要求，其中以 ISO 9001 建立的质量体系最为全面；ISO 9004《质量管理和质量体系要素——指南》是在非合同环境下用以指导企业质量管理的标准。

目前已有 150 多个国家和地区将 ISO 9000 族标准等同采用为国家标准。我国为了在质量管理和质量保证工作上更好地与国际接轨，等同采用了 ISO 9000 系列标准，并转化为 GB/T 19000 系列质量管理体系国家标准。

ISO 9000 系列标准自 1987 年正式诞生以来，已历经了四次正式的改版：

第一次改版是在 1994 年，它沿用了质量保证的概念，传统制造业烙印仍较明显；

第二次改版是在 2000 年，不论是从理念、结构还是内涵，这都是一次重大的变化，标准引入了"以顾客为关注焦点""过程方法"等基本理念，从系统的角度实现了从质量保证到质量管理的升华，也淡化了原有的制造业的痕迹，具备了更强的适用性；

第三次改版是在 2008 年，形成了标准的第四个版本，这次改版被定义为一次"编辑性修改"，并未发生显著变化；

第四次就是现在正在运行着的 2015 版本，这次改版在结构、质量手册、风险等方面都发生了变化。ISO 9001:2015 要求更多的理解外部环境、解决风险以及高级管理层更大的"质量领导力"责任，这与管理体系和产品/服务质量之间的紧密关联环节息息相关。同时，新标准更加注重内部利益相关方的直接参与，或者说是对组织管理体系的设计、实施、架构和绩效的监督，从而确保质量管理体系是组织业务流程中的一个不可或缺的组成部分。

（二）建立质量管理体系的基本要求

按照 ISO 9000 要求建立质量管理体系是国际标准化组织在传统管理经验的基础上提炼出的一种带有普遍意义的管理模式，是一种科学化、规范化、标准化、国际化的管理方法。建立质量管理体系需要充分考虑工作目标、要求、体系要素、组织结构及资源等。

1. 确定质量管理体系结构

质量管理体系以质量方针为基础，以质量目标为目的，与质量管理体系相适应的组织结构可以有效保证质量管理体系的运行。应完善组织职能，明确职责权限，并形成相关文件，做到职权分配明确、隶属关系清楚、联系渠道顺畅。配备充分的资源是实现质量方针和达到质量目标的重要条件。资源包括人力资源、基础设施、工作环境等。

① 质量方针。质量方针是组织的质量宗旨和质量方向，是质量管理体系的纲领，它要体现出本组织的目标及顾客的期望和需要。制定和实施质量方针是质量管理的主要职能，在制定质量方针时要满足以下要求。

a. 质量方针要与其质量管理体系相匹配，即要与本组织的质量水平、管理能力、服务和管理水平一致。方针内容要与本组织的职能类型和特点相关。

b. 质量方针要对质量做出承诺，不能只提些空洞的口号，要反映出顾客的期望。

c. 质量方针要集思广益，经过反复讨论修改，然后以文件的形式由最高管理者批准、发布，并注明发布日期。

d. 质量方针遣词造句应慎重，要言简意明，先进可行，既不冗长又不落俗套。

e. 质量方针要易懂、易记、便于宣传，要使全体员工都知道、理解并遵照执行。

② 质量目标。质量目标是质量方针的具体化，是在质量方面所追求的目的。质量目标应符合以下要求。

a. 需要量化，是可测量评价和可达到的指标。

b. 要先进合理，起到质量管理水平的定位作用。

c. 可定期评价、调整，以适应内外部环境的变化。

d. 为保证目标的实现，质量目标要层层分解，落实到每一个部门及员工。

③ 组织机构及职责设计。质量管理体系是依托组织机构来协调和运行的。质量管理体系的运行涉及体系所覆盖的所有部门的各项活动，这些活动的分工、顺序和途径都是通过本组织机构和职责分工来实现的。所以，必须建立一个与质量管理体系相适应的组织机构。为此，需要完成以下工作。

a. 分析现有组织机构，绘制本组织"行政组织机构图"。

b. 分析组织的质量管理层次、职责及相互关系，绘制"质量管理体系组织机构图"，释明本组织的质量管理系统。

c. 将质量管理体系的各要素分别分配给相关职能部门，编制"质量职责分配表"。

d. 规定部门质量职责，管理、执行、验证人员质量职责。

e. 明确对质量管理体系和过程的全部要素负有决策权的责任人员的职责和权限。

④ 资源配置。资源是质量管理体系有效实施的保证。资源配置包括依据标准要求配置各类人员和基础设施，在对所有质量活动策划的基础上规定其程序和方法，以及规定工作信息获得、传递和管理的程序和方法等。

2. 编写质量管理体系文件

建立、运行和持续改进质量管理体系要以文件为指导，并以文件为记录和证据。适宜的文件能够使质量管理体系有效运行，可以加强沟通和统一行动。质量管理体系文件一般由质量手册、程序文件、作业指导书、质量记录等四个部分组成。

① 质量手册。质量手册是规定组织质量管理体系的文件，质量手册一般应包括质量管理体系范围、形成文件的程序、对质量管理体系主要过程及过程间相互作用的描述等。从结构形式上，质量手册包括以下内容：前言（组织介绍）、质量手册发布令及管理要求、管理者代表任命书、质量管理体系范围、质量方针和质量目标、术语和定义、组织机构及职权、组织资源配置、程序文件、质量管理体系过程的顺序及相互作用的表述。

② 程序文件。程序是为进行某项活动或过程所规定的途径。程序文件是由一定的管理部门编制的、规范组织的某些活动的文件。其内容可以概括为以下 8 个"何"字：活动或过程的目的和范围如何；做何事和何人做；何时、何地以及如何做；使用何种材料、设备和文件；如何对活动进行控制和记录。

③ 作业指导书。作业指导书即操作性文件，用于具体指导质量管理工作，例如员工岗位职责、人员管理办法、过程质量评定办法、行为规范制度、设备管理规定等。

④ 质量记录。质量记录形成于质量管理体系运行过程中，其作用是证明运行符合规定的要求，并提供质量管理体系要素已得到实施的证据。对于不满意的结果，质量记录要说明针对不合格项所采取的措施。在质量管理体系策划过程中，应列出所需要的各种质量记录的类型。

3. 内部质量审核

质量管理体系文件编写完成后要经过一段试运行，以检验这些文件的适用性和有效性。组织通过不断协调、质量监控、信息管理、体系审核和管理评审以实现质量管理体系的有效运行。影响质量活动有效性的因素很多，例如旧的习惯、传统思想、对文件理解的偏差等。所以，对程序、方法、资源、人员、过程、记录、产品（服务）连续监控是非常必要的。发现偏离标准的情况，应及时采取纠正措施。内部质量审核（简称内审）可以查明质量管理体系的实施是否符合策划的安排、标准的要求以及组织确定的管理体系的要求，以便及时发现问题，采取纠正或改进措施，使质量管理体系得到有效实施和保持。内审的主要内容如下。

① 本组织的质量管理体系文件是否符合标准；

② 质量管理体系的组织结构是否与所进行的质量活动相适应；

③ 有关质量管理的各项制度、办法、程序和作业规范是否确实得到执行；

④ 人员、设备和材料能否适应质量管理体系要求；

⑤ 质量文件、报告、记录是否全面、清晰和完整。

内审所发现的不合格项，要及时整改，对不合格项应查找原因，采取纠正措施，并跟踪验证纠正措施的效果。

4. 管理评审

最高领导者按计划对质量管理体系进行定期管理评审，可以确保其持续的适宜性、充分性和有效性。管理评审可以评价质量管理体系是否需要变更或完善、是否达到实现组织质量方针和质量目标的要求。管理评审主要内容如下：

① 实现质量方针、目标的程度，质量指标完成情况及趋势分析，组织结构（包括资源）的适宜性。

② 质量管理体系的有效实施情况。

③ 有关顾客反馈、内部反馈（例如内部审核的结果）、过程业绩和服务效果以及采取纠正措施和预防措施的情况，顾客意见和处理情况，主要问题分析和预防措施。

④ 内审及纠正措施完成情况及有效性的评价，对薄弱环节的专门措施，可能发生问题的趋势，经常发生问题的区域。

⑤ 质量改进计划，进一步改进、完善质量管理体系的意见。

5. 持续改进

持续改进是一种以追求更好的效果和更高的效率为目标的持续活动，应不断寻求改进的机会，而不是等待出现问题再去纠正。一方面要在本组织内部各层次间寻求改进的机会，另一方面最高管理者和各级管理部门要创造良好的质量改进环境，鼓励和带动组织成员改进各自的工作。内部质量审核、顾客反馈、管理评审都可以提供质量改进的机会。必要时可以增加内审的次数，通过内部质量审核和管理评审等自我改进机制，可以持续改进质量管理体系。

第二节　GMP 概述

生产是一切社会组织将它的输入转化为输出的过程。在药品、食品、化妆品生产企业，将原辅料和包装材料等资源输入到企业系统内，通过操作人员的劳动，按照既定的配方、工艺控制步骤和条件，最终将其转换为有形的产品，这一输入和输出过程就称之为生产。而建立一套行之有效的生产质量管理体系是生产企业对产品质量的最基本也是最有效的保证。

一、GMP 的有关概念

"GMP" 是英文 good manufacturing practice 的缩写，即 "良好生产规范" 之意，亦称 "生产质量管理规范"。GMP 是世界各国普遍采用的对制药、食品等行业的生产全过程进行监督管理的法定技术规范，是保证产品质量和用药安全有效以及食品安全卫生的可靠措施，是当今国际社会通行的药品、食品生产和质量管理必须遵循的基本准则，是全面质量管理的重要组成部分。

GMP 以生产高质量的产品为目的，从原材料投入到完成生产、包装、标识、储存、销售等环节全过程实施质量管理，在保证生产条件和环境的同时，重视生产和质量管理，形成一套可操作的作业规范，帮助企业改善卫生环境，并有组织地准确地对生产各个环节进行检验和记录，及时发现生产过程中存在的问题，加以改善。简要地说，GMP 要求生产企业应具备良好的生产设备，合理的生产过程，完善的质量管理和严格的检测系统，确保最终产品质量符合法规要求。

GMP 的中心指导思想是：任何药品/食品的质量形成是生产出来的而不是检验出来的。GMP 强调生产过程的全面质量管理，凡能引起药品质量的诸因素均须严格管理；强调生产流程的检查与防范紧密结合，且以防范为主要手段；重视为用户提供全方位及时的服务，要求建立销售档案，并对用户的信息反馈加以重视并及时解决。

GMP 所规定的内容，是食品/药品加工企业必须达到的最基本的条件。实施 GMP 的基本点是要保证生产产品符合法定质量标准，保证产品质量的均一性，防止生产过程中的混批、混杂、污染和交叉污染。几十年的应用实践证明，GMP 是确保产品高质量的有效工具。

二、GMP 的产生与发展

1. GMP 的产生

20 世纪初，制药工业在迅速发展的同时也出现了许多药害事件。如在美国出现的一些食品和药品生产不良行为被新闻媒体披露之后，引起了美国公众和政府的高度重视。1906 年，美国颁布《食品、药品和化妆品法案》作为食品、药品管理的基本法实施，从而以法律的形式要求药品必须满足含量和纯度的标准要求，并确定以美国药典（USP）作为判断药品质量、纯度和含量的法律依据。与此同时，美国还建立了食品药品管理局（Food and Drug Administration，FDA），作为国家级的药品质量监督管理机构。

1937 年，磺胺酏剂事件发生，美国马森基尔制药公司生产的"万能磺胺"造成 107 人死亡。为此，富兰克林·罗斯福总统于 1938 年签署通过了《联邦食品、药品和化妆品法案》（修订版）。该法案明确要求所有新药上市前必须通过安全性审查以及禁止出于欺诈目的的、在药品标签上作出虚假医疗声明的行为，同时增加了联邦监管的权限。该法案授权美国食品药品管理局对制造商进行检查的权利，并将化妆品和医疗设备置于联邦监管之下。

在此后很长一段时期，FDA 对药品生产和管理尚处在"治标"的阶段，他们把注意力集中在药品的抽样检验上。当时，样品检验的结果是判别药品质量的唯一法定依据。样品按美国药典和美国国家处方集的要求检验合格，即判合格；反之，则判为不合格。但 FDA 官员在监督管理实践中发现，被抽样品的结果并不都能真实地反映市场上药品实际的质量状况，被抽样品的结果合格，其同批药品的质量事实上可能不符合标准。FDA 为此对一系列严重的药品投诉事件进行了详细的调查。结果表明，多数事故是药品生产中的交叉污染所致。

1961 年，导致成千上万例畸胎的"反应停"事件震惊世界。当时，"反应停"已在市场流通了六年，它未经过严格的临床试验，而生产"反应停"的德国格仑蓝苏药厂隐瞒了已收到的有关该药毒性反应的 100 多例报告。这次灾难波及世界各地，受害人超过 15000 人。FDA 官员在审查"反应停"药品时，发现该药缺乏足够的临床试验数据（如长期毒性试验报告等）而拒绝进口，从而避免了一场灾难。但此药物引起的严重后果激起公众对药品监督和药品法规的普遍关注，促使美国国会于 1962 年对原《联邦食品、药品和化妆品法案》（1960 年）进行了重大修改，对药品生产企业提出了以下三方面要求：

第一，要求药品生产企业对出厂的药品提供两种证明材料，不仅要证明药品是有效的，还要证明药品是安全的；

第二，要求药品生产企业要向 FDA 报告药品的不良反应；

第三，要求药品生产企业实施药品生产和质量管理规范。

美国 FDA 于 1963 年颁布了世界上第一部《药品生产质量管理规范》（药品 GMP），要求对药品生产的全过程进行规范化管理，否则产品不得出厂销售。如果制药企业没有按照 GMP 的要求组织生产，不管样品抽检是否合格，FDA 都有权将这样生产出来的药品视作伪劣药品。药品 GMP 的颁布从这个意义上来说，是药品生产质量管理中"质量保证"概念的新的起点。

2. GMP 的发展

GMP 在药品生产和质量保证中的积极作用逐渐被各国政府所接受，在此后多年的实践中不断完善和发展。WHO（世界卫生组织）于 1969 年向全世界推荐了 WHO 版 GMP，标志着 GMP 的理论和实践已经从一国走向世界。WHO《国际贸易中药品质量认证制度》中明确规定："出口药品的生产企业必须提供有关生产和监控条件，说明生产系统按 GMP 的规定进行"。按照 GMP 要求生产，成为药品进入国际市场的前提，受到各国政府的高度重视。英国、意大利、奥地利、瑞士、瑞典、丹麦、挪威、德国、芬兰等西方发达国家，均在 20 世纪 70 年代制定并推行了适合本国实际的 GMP，从原料投入到成品出厂，从硬件到软件等环节都提出了严格的标准。日本于 1973 年制定了 GMP，1980 年制订了实施细则，作为法定标准实行。日本各大制药企业如武田、盐野义、山之内等相继制订了本企业更加严格的、标准更高的 GMP。各国政府对实施 GMP，一方面采用引导和鼓励政策，另一方面不断研究、改进和提高。美国、日本、德国等国还将 GMP 的推行纳入法制轨道，使药品质量和质量管理的地位得到提高，这也是当今西方国家药品雄居国际市场的重要原因之一。

20 世纪 70 年代，欧美国家一些药品生产企业注射剂感染事故引发近千起败血症病例。经 FDA 专家组彻底调查后发现，与败血症案例相关的批次并不是由于企业没做无菌检查或违反药事法规的条款，将无菌检查不合格的批号投放了市场，而在于无菌检查本身的局限性、设备或设计建造的缺陷以及生产过程中的各种偏差及问题。问题并不在成品检验上，而是由于对药品生产的灭菌工艺控制不严格导致产品污染。1976 年，FDA 要求对大输液和小针剂的灭菌工艺进行工艺验证，首次提出了生产工艺验证的要求。后经多次修订，目前美国实施的 GMP 是 FDA 在 1993 年发布的 cGMP（current good manufacturing practice，cGMP，动态 GMP）。其他各国也相继实施 cGMP，强调现场生产管理要合规。

动态 GMP 不仅体现在质量管理体系的持续改进与自我完善，也体现在对 GMP 各要素、过程、方法的科学运用。例如 GMP 厂房设计和施工的动态监督与评价，药品生产的过程管理和工艺验证，空气洁净度的动态监测等。

三、中国 GMP 发展概况

我国食品行业应用 GMP 始于 20 世纪 80 年代。1984 年，为加强对我国出口食品生产企业的监督管理，保证出口食品的安全和卫生质量，国家商检局制定了《出口食品厂、库卫生最低要求》。该规定是类似 GMP 的卫生法规，于 1994 年中华人民共和国卫生部（以下简称卫生部）修改为《出口食品厂、库卫生要求》。1994 年，卫生部参照 FAO/WHO 食品法典委员会 CAC/RCP Rev.2—1985《食品卫生通则》，制定了《食品企业通用卫生规范》（GB 14881—1994）（最新版本为 GB 14881—2013《食品安全国家标准　食品生产通用卫生规范》）国家标准。随后，陆续发布了《罐头厂卫生规范》《白酒厂卫生规范》等 19 项国家标准。

虽然上述标准均为强制性国家标准，但由于标准本身的局限性、我国标准化工作的滞后性、食品生产企业卫生条件和设施的落后状况，以及政府有关部门推广和监管措施力度不够，这些标准尚未得到全面的推广和实施。为此，卫生部决定在修订原卫生规范的基础上制定部分食品生产 GMP。2001 年，卫生部组织广东、上海、北京、海南等部分省市卫生部门和多家企业成立了乳制品、熟食制品、蜜饯、饮料、益生菌类保健食品等五类 GMP 的制、修订协作组，确定了 GMP 的制定原则、基本格式、内容等，不仅增强了可操作性和科学性，而且增加并具体化了良好操作规范的内容，对良好的生产设备、合理的生产过程、完善的质量管理、严格的检测系统提出了要求。

人用药方面，我国自 1988 年由卫生部第一次颁布《药品生产质量管理规范》（GMP），后几经修订，最新的为 2010 年修订版，于 2010 年 10 月 19 日经卫生部部务会议审议通过后予以发布，自 2011 年 3 月 1 日起施行。自 1995 年 10 月 1 日起，凡具备条件的药品生产企业（车间）和药品品种，可申请药品 GMP 认证。取得药品 GMP 认证证书的企业（车间），在申请生产新药时，卫生行政部门予以优先受理。截至 1998 年 6 月 30 日，未取得药品 GMP 认证的企业（车间），卫生行政部门将不再受理新药生产申请。

我国兽药行业 GMP 是在 20 世纪 80 年代末开始实施的。1989 年中华人民共和国农业部（以下简称农业部）颁发了《兽药生产质量管理规范（试行）》，1994 年又颁发了《兽药生产质量管理规范实施细则（试行）》。2002 年 3 月 19 日，农业部修订发布了新的《兽药生产质量管理规范》（简称《兽药 GMP 规范》）。同年 6 月 14 日，发布了第 202 号公告，规定自 2002 年 6 月 19 日至 2005 年 12 月 31 日为《兽药 GMP 规范》实施过渡期，自 2006 年 1 月 1 日起强制实施。

目前，我国药品监督管理部门大力加强药品生产监督管理，实施 GMP 认证取得阶段性成果。现在血液制品、粉针剂、大容量注射剂、小容量注射剂生产企业全部按 GMP 标准进行，国家希望通过 GMP 认证来提高药品生产管理总体水平，避免低水平重复建设。已通过 GMP 认证的企业可以在药品认证管理中心查询。

四、GMP 与 ISO 9000 的对比

GMP 是一个规定专业要求的单一性质量管理标准，是药品/食品行业生产企业在生产和质量管理方面的行为规范，而 ISO 9000 是国际标准化组织发布的关于质量管理体系的标准，是由多个单项标准组成的标准族，ISO 9001 是这个标准族的核心标准。GMP 与 ISO 9000 都是质量体系的认证依据。就药品/食品生产质量管理来说，两者是专业法规和通用标准的关系，GMP 是 ISO 9001 的基础，ISO 9000 是 GMP 在质量管理体系方面的完善、延伸和扩展。GMP 对影响药品/食品生产、质量的各种因素及其要求，均给予明确、细致的规定，具有相当的可操作性，而 ISO 9000 标准适合各种组织建立和实施质量管理体系的要求，在适用性方面具有普遍性和原则性。二者具有许多相通之处，同时亦存在较大差别。

（一）GMP 与 ISO 9000 的主要相同点

1. 同样注重标准的动态性完善，代表现代质量管理水准

GMP 与 ISO 9000 同属质量管理标准，有着相似的发展历程，经过一系列教训和实践，随着科学技术和生产的发展而不断完善，都是质量管理现代化的成果，代表现代质量管理水准。

2. 基于相同的质量管理理念

GMP 与 ISO 9000 均强调以顾客为中心，确保顾客的安全与利益；要求管理者重视全员教育与发动；运用过程管理方法，强调过程控制；持续改进企业的自身软件与硬件，达到企业的追求目标。GMP 与 ISO 9000 都采用基于这些质量理念而构成的系统管理方法，并在运行过程中及时修订，不断完善。

3. 相同的"质量合格"概念

产品质量从设计和生产、过程操作及其检查到最终结果，全部合格的产品，才可称之为"合格"，这种产品质量评定思想始终贯彻于 GMP 和 ISO 9000 标准中。

4. 体系文件要求相同

无论 GMP 还是 ISO 9000，其体系文件都重视把与产品/服务等有关活动所需的必要规定，纳入文件的编制范围，以确保过程有效运作和控制的需要。这些文件不论以何种媒体形式，都需经审批并正式颁布，成为该组织的法规。这些文件不是写在纸上、挂在墙上的表面文章或决心书，而是每个员工必须一致

理解和严格遵守的，具有可操作性的，与现有的设施、工艺、检验等完全相结合的方式方法文件，同时，还应随着实际情况的变化及时按程序作修订。

5. 均重视记录的证实作用

进行 GMP 认证与 ISO 9000 认证时，一般以检查原始记录和观察现场来衡量或认定有关活动是否已经执行了规定要求。大量的证据来自原始记录，如果对已完成的、有规定要求的过程活动，没有提供必要的记录作证实，则往往认定不作为。

（二）GMP 与 ISO 9000 的主要不同点

1. 性质与实施手段不同

在药品行业，GMP 是具有法律法规性的强制性标准，由政府监督发证；而 ISO 9000 是推荐性的技术标准，由组织自愿申请认证，由认证机构实施认证并颁发证书。

2. 采用范围不同

GMP 是医药/食品行业专业性的质量管理标准，它在药品/食品生产企业被广泛采用实施。而 ISO 9000 标准是通用性标准，不仅被不同制造行业、服务行业所采用，而且科研机构、事业单位和行政机关等都可以采用。ISO 9000 提供的质量管理原理和质量体系的框架要求，普遍适用于各行各业的不同组织，质量工作的实质内容与深度，则由贯标者自行规定。

3. 证书作用及通行范围不同

GMP 存在地域性，各个国家和地区甚至是组织都有自己的 GMP，不同国家和地区的 GMP 标准不尽相同，GMP 证书是药品/食品生产企业从事生产的必要条件之一，且只在本国有效。当然，药品的进口商往往在不同程度上尊重出口国的药品 GMP 认证结果。

ISO 9000 是国际通用标准，ISO 9000 证书是组织之间商务活动的证明书，且在一定条件下是通用的，即在双边或多边协议的基础上，一个国家签发的 ISO 9000 认证证书可以被其他国家认同。目前，经中国质量认证机构国家认可委员会（CNACR）认可的认证机构所颁发的 ISO 9000 认证证书，得到国际上 20 多个国家的认可。

4. 内容各有侧重

GMP 对生产企业厂房、设备等硬件提出较为详细的要求，甚至规定了相关的具体技术参数、指标，例如洁净级别、验证项目等。GMP 强调生产过程的控制，但对组织的质量方针目标、设计开发等不作要求，偏重于产品的制造过程。ISO 9001 无具体指标规定，只给出一个质量管理体系的要求框架，为达到本组织的质量目标，可自行采用不同的方式方法。相对而言，ISO 9001 更偏重于软件建设。

5. 体系文件结构和作用不同

ISO 9000 文件管理体系分为三层：第一层为质量手册；第二层为程序文件；第三层为管理标准、岗位操作规程或作业指导书及各种记录等。而 GMP 文件管理体系包括两层：第一层为生产管理和质量管理各项制度及管理标准，第二层为标准操作规程或作业指导书及各种记录等。

GMP 文件与 ISO 9000 文件的作用在多处是相同的，但也存在一定的区别。GMP 体系文件全部作为生产企业的内部文件，蕴含很多的知识产权与商机，对文件体系结构也无层次要求，编制时不考虑对外。而 ISO 9000 要求企业制定质量手册，作为质量工作的大纲。质量手册可作为质量保证书递交外部顾客，体系中其他文件的管理程度视受控与否而定。

第三节 GMPC 概述

化妆品生产是指企业将原辅料和包装材料等资源，通过一定的工艺流程，将其转换为消费者可以直接使用的化妆品产品的过程。随着化妆品国际贸易的发展，化妆品的安全性问题逐渐得到重视。化妆品生产企业建立和实施良好的生产质量管理体系，是生产出安全优质的化妆品的基本保证。

一、GMPC 简介

GMPC 是英文"good manufacture practice of cosmetic products"的缩写，中文意思是"化妆品生产良好操作规范"。由于 GMP 在规范药品/食品的生产、提高药品/食品的质量、保证药品/食品的安全方面效果非常明显，美国 FDA 于 1992 年颁布了化妆品 GMP 指引（cosmetic good manufacturing practice guidelines），以引导化妆品生产企业规范其生产，从而保证化妆品的卫生和安全。1994 年 7 月欧盟化妆品、盥洗用品、香精工业联合会（COLIPA）公布化妆品 GMP 指南。1988 年日本发布化妆品 GMP 指引作为业内自律的规则（昭和 63 年 8 月药监第 57 号）。2003 年东南亚国家发布化妆品 GMP。2005 年欧洲化妆品原料联合会（EFfCI）制定化妆品原料 GMP。现今，在美国和欧盟市场上销售的化妆品，都必须符合美国联邦化妆品法规或欧盟化妆品指令，以确保消费者正常使用后的健康。

为消除各国或区域间化妆品法规障碍，确保化妆品生产维持最高生产水平以保护全球消费者，国际标准化组织（ISO）于 2007 年发布了ISO 22716:2007 Cosmetics-Good Manufacturing Practices（GMP）—Guidelines on Good Manufacturing Practices《化妆品良好生产规范（GMPC）》。这一针对化妆品生产而发布的标准，从发布至今不足四年的时间里，除了广泛受到各 ISO 成员国的等同采用或等效采用外，更广为受到跨国贸易采购方和品牌化妆品委托生产方的大力青睐，进一步促进了各国加快化妆品 GMP 的制定和实施。化妆品 GMP 必将成为化妆品企业生产管理不可缺少的重要标准。随着国际化妆品贸易的发展，我国许多化妆品企业积极开拓国际市场，就势必要按照国际规则办事，因此，在我国化妆品企业推行 GMPC 体系也将是必由之路。

我国卫生部 1989 年发布《化妆品卫生监督条例》，1991 年发布《化妆品卫生监督条例实施细则》。2003 年发布《化妆品生产企业卫生规范》（2003 年版），2007 年发布《化妆品生产企业卫生规范》（2007 年版）。我国化妆品 GMP 也正在编制中。

2013 年以前，我国化妆品生产许可制度包括"化妆品生产行政许可"和"化妆品卫生行政许可"两大体系。2015 年 12 月 15 日，国家食品药品监督管理总局（CFDA）发布了《关于化妆品生产许可有关事项的公告》（2015 年第 265 号），公告中发布了《化妆品生产许可工作规范》（以下简称《工作规范》）和《化妆品生产许可检查要点》，标志着化妆品生产许可制度正式进入"化妆品生产许可证"一证时代。

上述化妆品相关的条例、规范、检查要点等的颁发与实施，目的是加强我国化妆品生产质量管理，促进化妆品企业完善生产合格产品的条件，保障化妆品卫生质量和消费者的使用安全，也是有关部门对化妆品企业实行管理和监督的依据，同时，也为中国加快走向化妆品 GMP 打下了坚实的基础。

二、GMPC 的作用

化妆品企业推行 GMPC 的作用包括：

① 确保产品安全；

② 提高产品质量；

③ 消除危险事故；

④ 降低产品对消费者造成伤害的风险；

⑤ 降低产品公众回收的风险；

⑥ 符合法规和贸易准则（OEM 和 ODM）；

⑦ 良好的工作环境；

⑧ 有效控制成本和国际认可；

⑨ 增强产品竞争力；

⑩ 有效的产品追溯。

三、GMPC 的内容

GMPC 是针对化妆品的特点对生产厂家的厂房设备、环境、人员、卫生管理/控制等软、硬件两方面所作出的具体规定。尽管各国化妆品生产良好操作规范（GMPC）的条目和编排有一些差别，但主要核心部分是相近的。

1. 美国 GMPC 主要内容

美国 GMPC 的主要内容如图 1-1 所示。图中所列 10 项内容，每项列出检查内容，如何达到检查内容的要求，由每个公司自行采取合适的方法，比较灵活。对记录和文件的规定只列出所需文件，未作具体规定。化妆品公司采用符合GMP 指引的不同管理体系。

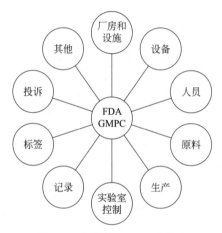

图 1-1　美国 GMPC 主要内容

2. 欧盟 GMPC 主要内容

欧盟 GMPC 的主要内容如图 1-2 所示。其目的是指导化妆品生产厂商组织和实行化妆品生产的方法，这样可有效地控制对产品质量有影响的人为技术和管理因素。控制的目的是减少和消除这些因素，其中最重要的是预测质量缺陷。因此 GMP 指引将每个制造公司内所有要素一起考虑，这样可以有效地生产化妆品，同时确保使用者的安全，并符合它自身预先确定的计划标准。化妆品生产厂可根据 GMP 指引建立起全面质量管理体系。

欧盟 GMPC 是在产品已通过开发阶段明确地认定和推敲后应实行的措施，只限于生产方面，包括：

① 鼓励公司提出一种方法给予他们的质量保证合法的地位；

② 规定生产过程不同阶段应执行的一些条件；

③ 描述导致质量保证的一些活动。

欧盟 GMPC 认为，GMP 是全部专业经验的结果，目的在于其普遍意义，不

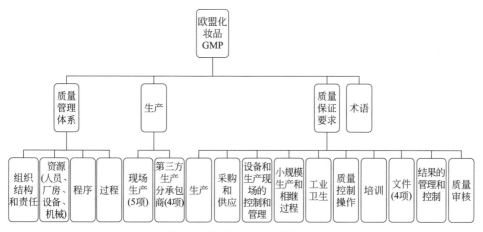

图 1-2 欧盟 GMPC 主要内容

应妨碍随时改进。这些改进包括：

① 相关机械、加工工艺、包装和控制设备的发展；

② 制造工艺和包装技术的发展；

③ 生产组织演变。

3. 东盟 GMPC 主要内容

东盟 GMPC 的主要内容如图 1-3 所示。

东盟 GMPC 与欧盟 GMPC 相似，条目较具体。其目的是为遵从东南亚化妆品法规的化妆品企业提供帮助。它只是制造商为发展它自身内部管理体系和程序的一般指南。重要的目的是在任何情况下必须被满足，即成品必须满足相应于其预定用途的质量标准，确保消费者的健康和利益，确保产品协调地被生产和控制到特定的质量。它与生产和质量控制所有方面有关。

4. ISO 22716:2007 GMPC 主要内容

ISO 22716:2007 GMPC 主要内容如图 1-4 所示。它是根据 ISO/IEC 指令提供的规则起草的国际标准。ISO 22716 是国际标准化组织化妆品技术委员会（ISO/TC 217）制定的。

ISO 22716:2007 GMPC 是为化妆品工业考虑的，并考虑到部门的特殊需要。这些指南对人员管理、技术，和影响产品质量的管理因素提供组织方面和实际的建议。指南允许人们把它应用于跟踪由接收到运输的产品物流。此外，为了阐明该文件达到其目的的方法，每一主要章节添加了"原则"部分。GMPC 通过以可靠的科学判断和风险评估为基础的工厂活动的描述成为质量保证概念的实际发展的本质。这些 GMPC 指南的目的是规定使你能够获得符合确定特性产品的活动。

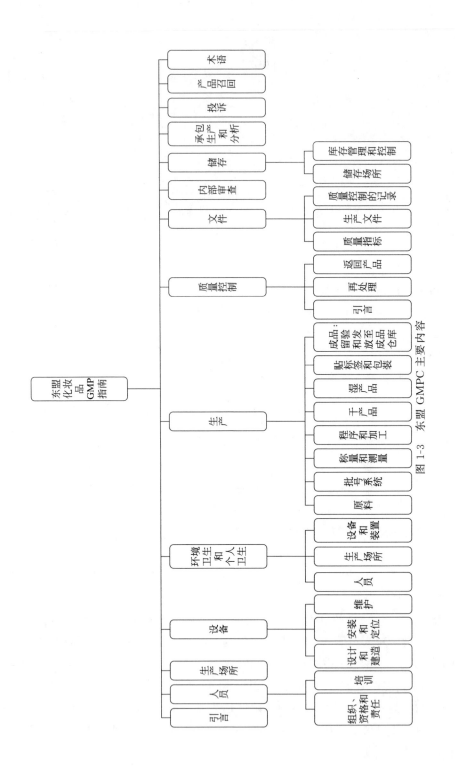

图 1-3 东盟 GMPC 主要内容

ISO 22716:2007 GMPC提出化妆品产品生产、控制、储存和运输的指南。这些指南包括产品质量问题，但不包括工厂聘用人员的安全问题，也不包括环境保护问题。安全和环境方面问题是公司固有的责任，并能受地方法规和法律的管辖。这些指南不用于研究和发展活动及成品销售。ISO 22716:2007 GMPC是按照ISO系统格式排列，文字较严谨和清晰。

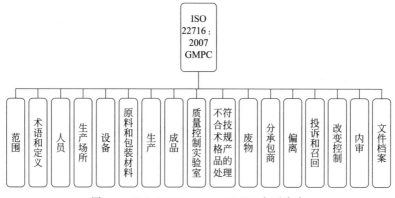

图 1-4　ISO 22716：2007 GMPC 主要内容

 思考题

1. 全面质量管理的中心思想与基本观点是什么？

2. 什么是 PDCA 循环？

3. ISO 9000 系列标准的基本内容是什么？

4. GMP 与 ISO 9000 质量管理体系有何关系？

5. 什么是 GMPC？化妆品企业推行 GMPC 的作用是什么？

第二章
机构和人员

Chapter 02

学习目标

1. 熟悉化妆品生产企业有关机构与人员的原则要求。
2. 熟悉机构组成及各主要部门职能。
3. 熟悉关键人员及其主要职责。
4. 理解人员卫生的重要性。
5. 掌握人员培训的原则及方法。
6. 了解国外 GMPC 有关人员的规定。

　　企业的生产活动离不开人，没有人员参与的生产是无法想象的，即使是世界上最先进的自动化设备也需要人去维护。而要完成有序、高效的生产活动，企业必须把所有人员有机地、合理地组织在一起，形成合法的、适应的组织机构。机构和人员是质量管理体系的重要组成要素，也是企业建立、实施和保持良好的质量管理体系，生产出安全、优质的化妆品的基础。

　　《化妆品生产许可检查要点》对机构和人员的原则要求如下。

　　① 企业应建立与生产规模和产品结构相适应的组织机构，规定各机构职责、权限。

　　② 企业应保证组织架构及职责权限的良好运行。

　　③ 企业法定代表人是企业化妆品质量的主要责任人。

　　④ 企业应设置质量负责人，应设立独立的质量管理部门和专职的质量管理部门负责人。

　　⑤ 企业质量负责人和生产负责人不得相互兼任。

　　⑥ 企业应建立人员档案，应配备满足生产要求的管理和操作人员。

　　⑦ 所有从事与本要点相关活动的人员应具备相应的知识和技能，能正确履行自己的职责。

第一节　组织机构

"机构"是企业为实现共同目标而设置的互相协作的内部组织。如果企业希望用最少数量的人员实现生产规模的最大化，就必须建立合理的组织机构，使得组织中的每个成员都能充分发挥自身的能力。同时，组织机构的建立还要满足有关法规的要求。

一、组织机构的设计

1. 组织机构的含义

通俗地说，组织机构就是企业把人员按一定的形式和架构进行编排，使他们为实现某一共同的目标、任务或利益，有秩序、有成效地组合起来而开展企业生产经营活动的单位。组织机构中每个人都要有相应的职责和权限。

2. 组织机构图

根据企业生产规模的不同，组织机构可以很简单，也可以非常复杂，如图 2-1、图 2-2 所示。

图 2-1　比较简单的组织机构

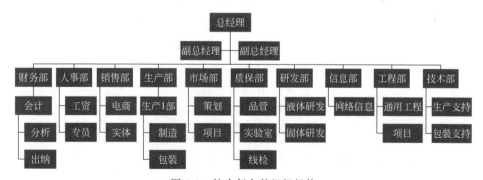

图 2-2　较为复杂的组织机构

3. 组织机构的要求

企业不论大小，都应当建立与其生产规模和产品结构相适应的组织机构，并且保证组织及职责权限的良好运行。如果很小的企业建立了非常复杂的组织机构，就会导致各部门间信息沟通不畅，内耗过多，从而影响决策的时效性和有效性；同样，规模较大的企业如果组织机构过于简单，则会造成高层领导人过多参与到细小的事物中而无暇考虑重大决策，这在某种程度上还会导致中层领导人参与讨论或决策的积极性大大降低等问题。

关于组织机构，还需要特别强调以下几点要求，它们是企业申请化妆品生产许可证必须满足的条件。

首先，企业法定代表人是企业化妆品质量的主要责任人。这一条规定了企业法定代表人对产品的质量负主要责任。尽管有些企业领导指定了其他专人负责质量，但最终的责任还是由企业法定代表人承担。这也明确了企业法定代表人在质量和其他生产经营利益发生冲突时，必须考虑质量的影响而权衡利弊，做出最终的裁决。

其次，企业应该设置质量负责人。应该设立独立的质量管理部门和专职的质量管理部门负责人。企业质量负责人和生产负责人不得相互兼任。这里所说的"独立"指的是质量管理部门在组织关系上不能依附或隶属于其他部门，这主要是保证质量管理部门在行使物料、中间产品和成品的放行权时不受到其他部门利益的影响。比如当质量负责人发现某批次产品不合格，需要生产部门返工时，他不需要考虑生产部门是否有足够的人员完成该任务，也不需要担心这个决定是否会导致生产成本的增加。如果质量负责人同时还兼任生产负责人，他必然会受到这些因素的制约，就有可能会在质量方面做出妥协，从而影响正确的决定。可见，这个规定是对质量部门独立性的有效保证，企业必须严格遵守。

再次，应该保证组织机构及其职责权限的良好运行。这就是说建立了合乎要求的组织机构并不代表该组织机构是运行良好的，企业还应该确保组织中的各个角色能够按照设计的职能要求，正确行使自己的权利。比如材料和产品的合格和放行的判定只能出自质量管理部门，其他任何部门都不可以取代质量管理部门行使这一权利；如果发现仓管部门或生产部门签字放行了材料或产品，则可以认定该组织机构及其职责权限是没有良好运行的。也就是说，规定了应该由哪个部门行使的职责就必须由该部门不折不扣地执行，而不能由其他部门越俎代庖。

二、主要部门职能

1. 生产部门职能

① 根据公司的生产计划，按现行的质量管理标准要求组织生产，下达批生产指令和批包装指令，按时完成生产计划任务，并确保质量。

② 负责工艺技术、人力资源、物料、设备、能源等方面的生产准备，以及生产过程和劳动过程的组织。

③ 负责或参与起草及修订生产相关的标准操作规程。

④ 负责生产人员质量管理标准、岗位操作等相关培训及考核。

⑤ 负责生产区的清场及洁净区级别的保持。

⑥ 负责生产设备的使用、维护及保养。

⑦ 协助质量管理部门完成与生产相关的验证工作。

⑧ 严格按照质量管理标准、工艺规程、标准操作规程实施生产全过程管理、生产操作，并完成相关记录。

⑨ 负责对生产过程中出现的偏差及时报告，进行现场处理，并具备完整记录。

⑩ 负责生产过程中物料和产品的管理。

⑪ 负责对生产工艺指标完成情况、生产计划完成情况、产品质量、生产安全、生产环境、生产人员的个人卫生等的监督及考核工作。

2. 质量管理部门职能

① 负责起草和修订物料、中间产品、成品的内控标准和检验操作规程。

② 与物料部门共同对关键物料供应商的质量体系进行评估，决定物料和中间产品的用，保证不合格的物料不使用，不合格的中间产品不流入下道工序。

③ 负责起草和修订取样与留样制度、标准操作规程。

④ 负责起草和修订检验用设备、仪器、试剂、试液、标准品（或对照品）、滴定液、培养基等管理办法。

⑤ 负责对物料、中间产品和成品进行取样、检验、留样，并出具检验报告。

⑥ 负责原料、中间产品及成品的质量稳定性评价。

⑦ 监测洁净室（区）的尘粒数和微生物数。

⑧ 监控生产过程中人员卫生与人员操作、设备运行与清洁、物料存放与使用、文件执行、环境卫生等。

⑨ 负责起草和修订质量管理相关人员的职责。

⑩ 负责在产品放行前对批记录进行审核，决定成品发放。

⑪ 审核不合格品的处理程序，并负责监督处理。

⑫ 建立产品召回管理程序，监督对质量原因退货和召回产品的处理。

⑬ 建立化妆品不良反应监察报告制度，详细记录和调查处理用户的化妆品质量投诉和化妆品不良反应，并对化妆品不良反应和生产中出现的重大质量问题及时向化妆品监督管理部门报告。

⑭ 负责组织生产质量管理体系自检，完成自检报告。

⑮ 建立产品质量档案，对质量问题进行追踪分析，为改进工艺和管理提供信息。

⑯ 按月、季、上半年及年终分别召开质量分析会，统计产品质量情况，完成质量分析报告。

3. **物料部门职能**

① 与质量管理部门共同对物料供应商的质量体系进行评估，并根据结果确定定点供应商名册。

② 根据公司计划，制订采购方案，与供应商签订采购合同。

③ 负责从定点供应商处进行原料、辅料、包装材料以及生产用其他物料的采购。

④ 编制物料代码，按照质量体系相关程序对原辅料、包装材料和成品进行仓储管理。

⑤ 负责废弃物料的处理。

⑥ 负责本部门人员的岗位培训及考核。

4. **设备部门职能**

① 协助质量管理部门考察设备供应商提供的设备质量情况及进行设备验收，根据检验结果编制定点供应商名册和淘汰供应商名册，并管理各种设备档案。

② 按照质量体系要求，负责设备管理、维修和保养，负责动力、净化系统运转，保证水、电、暖、气的正常供给及制冷工作的顺利进行。

③ 制订生产用水、电、煤、气等使用计划。

④ 负责起草和修订本部门设备、设施的标准操作规程及各类记录表格。

⑤ 督促员工加强安全生产意识，做好各项安全检查。

5. **销售部门职能**

① 制订及组织实施公司销售方案。

② 组织销售人员学习相关的法律法规，保证销售过程合法有序。

③ 组织销售人员定期进行市场调查，分析产品销售状况与市场发展趋势，并制订应对措施。

④ 负责销售和售后服务，保证企业销售计划的完成。

⑤ 负责用户投诉和不良反应的信息反馈，负责产品召回。

第二节　人员要求

通常来说，生产型企业需要大量的人员参与，越是自动化程度低的生产企业，需要的人员越多。所谓"人员"，是担任某种职务或从事某种工作的人，包括但不限于企业法定代表人、质量负责人、质量管理部门负责人、检验人员、取样人员、内审员、生产负责人、生产人员、虫害控制人员、验证人员等。除设计因素影响外，可以说人与生产相关的一切活动决定了化妆品的质量。

一、人员能力

正如前文所述，企业如果想用最少数量的人员实现最大的生产效益，就必须保证所有人员都具有完成本职工作所必须具备的能力。也就是说组织机构中的每个人必须具备相应的知识和技能，以确保他们能够正确履行岗位职责所要求的各项工作。

为了方便跟踪和管理人员能力，企业应该建立人员档案。该档案应该全面记录人员的能力和技能培养情况，便于随时查验。

在所有组织人员中，《化妆品生产许可检查要点》特别强调了两个职责人员的具体要求，即企业质量负责人和质量管理部门负责人。这两个岗位人员都应该具有相关专业大专以上学历或相应技术职称，具有三年以上化妆品生产相关质量管理经验。

"相关专业"指的是药品、食品、化工或生物技术等与化妆品管理相关的专业。这些具体要求在一定程度上规范了企业质量负责人和质量管理部门负责人的基本素质，主要是确保负责企业质量管理的主要领导人员确实有知识、有能力做好这项重要的管理工作。相反，如果对这些岗位能力不作具体要求，一旦不符合要求的人员承担这些角色，而企业的质量管理方面的相关决定又完全依靠质量负责人和质量管理部门负责人独立作出，这将对整个企业质量管理体系的系统性和有效性产生非常不利的影响，风险是相当大的。

此外，还要求企业生产负责人应具有相应的生产知识和经验，检验人员应具备相应的资质或经相应的专业技术培训，考核合格后上岗。

对于其他岗位，《化妆品生产许可检查要点》没有具体要求，这主要是考虑到化妆品行业的质量管理存在一定的特殊性，而其他岗位在管理方面具有相对的普遍性，同时这也在一定程度上给了企业安排其他岗位人员的自主性和灵活性。尽管如此，企业还是应该明确规定不同岗位人员应该具备什么样的知识和技能，并根据要求招聘、培训和考核员工，确保每个岗位的人员都是合格的。

二、人员职责

1. 质量负责人主要职责
① 《化妆品生产许可检查要点》的组织实施。
② 质量管理制度体系的建立和运行。
③ 产品质量问题的决策。

2. 质量管理部门负责人主要职责
① 负责内部检查及产品召回等质量管理活动。
② 确保质量标准、检验方法、验证和其他质量管理规程有效实施。

③ 确保原料、包装材料、中间产品和成品符合质量标准。

④ 评价物料供应商。

⑤ 负责产品的放行。

⑥ 负责不合格品的管理。

⑦ 负责其他与产品质量有关的活动。

3. 生产负责人主要职责

① 确保产品按照批准的工艺规程生产、储存。

② 确保生产相关人员经过必要和持续的培训。

③ 确保生产环境、设施设备的维护保养，保持其良好的状态以满足生产质量需求。

4. 生产负责人与质量负责人的共同职责

① 审核和批准产品的工艺规程、操作规程等文件。

② 监督厂区卫生状况。

③ 确保关键设备经过确认。

④ 确保完成生产工艺验证。

⑤ 确保企业所有相关人员都已经过必要的上岗前培训和继续培训，并根据实际需要调整培训内容。

⑥ 批准并监督委托生产。

⑦ 确定和监控物料、产品的储存条件。

⑧ 保存记录。

⑨ 监督质量管理标准的执行状况。

⑩ 监控影响产品质量的因素。

三、人员卫生

人是化妆品生产中引起产品污染的最大污染源。人的自然活动每分钟能产生百万个大于 $0.3\mu m$ 的粒子，同时人也会给微生物创造一个良好的生长繁殖环境。在生产活动中操作人员会直接或间接地接触到材料或产品，这就有可能导致人对产品造成污染。比如服装上的纽扣、衣袋里的个人用品等可能会在加料环节随物料一起进入到生产设备里；生产线上手部皮肤有外伤或受感染的操作工一旦直接触摸产品，就会把污染直接带给产品。

《化妆品生产许可检查要点》对人员卫生进行了严格的要求。企业应制定人员健康卫生管理制度，并应采取措施确保制度的有效实施，最大限度地降低人员对化妆品生产造成污染的风险。

1. 个人健康

企业应该建立人员健康档案。所有直接接触产品的人员上岗前应接受有资质的机构提供的健康检查，并取得健康合格证；之后还要每年进行一次健康检查。凡患有手癣、指甲癣、手部湿疹、发生于手部的银屑病或者鳞屑、渗出性皮肤病患者、手部外伤者，不得直接从事化妆品生产活动。

操作人员在工作期间，如感到身体不适，应及时去医院检查。一旦发现患有上述急慢性疾病或外伤，应及时上报并采取措施，调离工作岗位，不得继续从事直接接触化妆品的生产工作。一般因病离岗的工作人员，在恢复健康后，需持有资质的医疗机构开具的健康合格证明，方可重新上岗。

2. 个人卫生

为了有效地避免人对化妆品产生的直接或间接的污染，企业操作人员应该保持良好的个人卫生。比如：直接从事产品生产的人员不得佩戴饰物、手表等；不能够染指甲、留长指甲，不得化浓妆、喷洒香水；不得将个人生活用品、食物等带入生产车间；不能在生产控制区吸烟和饮食；应保持个人清洁卫生，做到勤洗澡换衣、勤修理须发、勤修剪指甲（趾甲）；应避免裸手直接接触化妆品、与化妆品直接接触的包装材料和设备表面；手部清洁与消毒时，应严格遵照卫生标准操作规程，采用正确的方法，使用有效的清洁剂和消毒剂。

通过对洁净区微粒的监测发现，人员的数量和动作幅度等对洁净区微粒的含量有明显的影响。因此，人员出入洁净区次数应尽可能少，在操作过程中应减小动作幅度，尽量避免不必要的走动和移动，避免剧烈运动、大声喧哗与打闹等。

3. 工作服

进入生产区的人员必须按照规定更换与所从事的工作和空气洁净度级别要求相适应的工作服（包括工作鞋、帽、口罩）。工作服的作用是防止人体散发的污物对化妆品造成污染，同时也保证人员自身的安全。

虽然不同化妆品生产企业和生产区域的工作服不尽相同，但都要易清洁、不产尘、不产生纤维脱落物、不起球、不断丝、不产生静电、不黏附粒子等。工作服可根据不同生产岗位而不同：一般生产区可选用棉材料；控制区可选用涤纶或尼龙材料，式样和颜色能区分不同的生产区域和不同级别的洁净区。当人员离开岗位，特别是人员就餐、上厕所时，必须脱去工作服。工作服应按规定清洗、消毒，工作服的清洁发放应有记录。

综上所述，这些规定清楚地罗列出生产人员必须遵守或禁止的行为，化妆品生产企业人员应严格遵守这些要求，并应该理解受限制的不仅仅是这些行为，其他行为即使没有被列出，只要是有可能对生产过程产生污染的就应该坚决禁止。因为人员一旦养成良好的卫生习惯，就会在各个生产环节主动避免易产生污染的行为，这将对质量系统产生非常积极的作用。

对于非生产人员，如果他们需要进入生产区，也必须遵守和生产人员同样的要求，比如必须按照规定程序更衣。这里所说的"按照规定程序更衣"指国家、行业或企业的相关规定，企业可以根据所生产产品的适用范畴做出相应的要求。如果他们有可能接触材料或产品，还需要满足其他特殊的规定，比如需要戴手套或对手部进行清洗和必要的消毒等。

非本企业的外来人员一般不得进入生产和仓储等区域，特殊情况确实需要进入的也应事先对其个人卫生、更衣等事项进行指导。这主要是规范非生产人员在生产、仓储等区域内的行为，确保他们不会因为不了解具体规定而对生产环境造成污染。

第三节　人员培训

企业通过组织各类培训，使人员达到岗位工作所要求的专业知识、工作技能方面的规范标准；并根据企业战略发展的需要和现代科技、管理的进步，适时对人员进行更新知识培训，以提高人员素质，更好地保证化妆品质量，提升企业核心竞争力，做到人员与企业的双赢。

一、培训原则

人员培训应贯彻下述基本原则。

1. 全员原则

培训的目的在于提高企业全体员工的综合素质与工作能力，所有人员都应充分认识培训工作的重要性，从管理层到员工层都要积极参加培训、不断学习进步。

2. 规范原则

企业应建立培训制度，以书面形式将培训计划、要求、实施等方面加以规范化，并具备完善的培训方案和齐全的档案记录。

3. 层次原则

化妆品生产企业进行质量体系的有效运作，需要不同层次的人员组成团队。人员培训要根据不同岗位、级别制订培训方案和培训内容，既要考虑新员工和低、中级技术人员的能力提高，也要兼顾高级技术人员的发展需要，分层次合理安排培训时间、内容及方式。

4. 实用原则

人员培训要有实用性。企业需要什么、员工缺少什么，就要针对性地培训什么。针对岗位需要，结合实际操作，进行理论知识和实践技能的讲授和练习。

5. 确认原则

培训的效果应得到确认。培训结束后可采用笔试、口试、实操等形式对培

 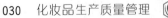

训效果进行确认，要定期、及时检验、评估培训效果。

二、培训组织体系

为保证企业整体培训任务以及督促各部门内部培训工作落到实处，企业应建立自上而下、权责明晰的培训组织体系和内部培训师队伍，保证各项培训工作都有专人负责，从而确保企业培训制度贯彻落实到位。

1. 人力资源部门

人力资源部门是企业培训工作的归口管理部门，负责对培训组织体系的领导与管理工作，包括培训的计划与综合、组织与协调、监督与实施；培训效果的考核考察；人员培训档案的管理；各部门培训工作的指导与管控等。

2. 质量管理部门

质量保证人员负责帮助和监督人力资源部门完成对员工的培训，并负责企业质量体系培训的计划制订、实施及考核工作，保证质量体系的有效贯彻与实施。

3. 其他职能部门

各职能部门根据本部门员工的岗位需要进行相应的知识与技能培训。

通常各部门应设立兼职培训管理员。原则上培训管理员尽量由内部培训师兼任，要求必须有能力、有时间承担培训任务。兼职培训员在做好本岗位工作的前提下，还要接受人力资源部门指导，负责本部门训前需求调查、培训计划的制定与上报、组织实施及训后跟踪评估等工作，并完成公司交办的培训任务。

部门负责人要积极推动本部门培训工作，列入日常工作项目常抓不懈。定期对本部门员工进行应知应会、提高工作能力与方法的培训，督促、指导培训员完成部门培训任务。如果培训员工作出现疏漏，部门负责人负有连带责任。

三、培训方法

（一）培训流程

企业应建立规范的培训流程，使培训工作程序化、制度化，保证人员培训工作有目的、有计划、有实效地进行。人员培训基本遵循如图 2-3 所示流程，包括分析培训需求、确立培训目标、制定培训计划、选择培训项目、实施培训、考核及评价培训效果、培训资料归档等步骤。

（二）培训类型

培训类型包括：岗前培训、转岗培训、公司培训、外出培训及考察等。

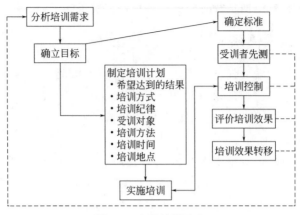

图 2-3 人员培训流程

1. 岗前培训

员工在上岗前由企业人力资源部统一安排的培训,目的在于使新员工了解企业的基本情况与发展历程,熟悉企业组织结构,理解企业文化,学习公司规章制度与行为规范,掌握岗位工作应知应会知识技能及特殊要求,为上岗工作奠定初步基础。

2. 转岗培训

在公司内部转变工作岗位的人员须接受转岗培训,目的在于使转岗人员熟悉新岗位的基本工作情况,掌握新岗位的基本工作技能与方法,为上岗后顺利工作奠定基础。

3. 公司培训

由人力资源部组织的普遍性、广泛性的公司级别培训,针对公司多个部门或公司某个层次的员工进行,主要目的在于不断学习新观念、新知识、新方法,逐步提高管理人员与普通员工的素质与工作技能。

4. 外出培训及考察

为开拓视野、扩大员工的知识面,也为学习借鉴先进企业管理经验和工作方法,企业应组织有针对性的外出学习培训及考察。

总之,培训不是一次性的活动。随着生产规模的不断发展,生产技术的不断更新,员工在知识和技能上也需要与时俱进,这就需要员工不断地学习,参加新的培训以保证满足最新的知识和技能要求。企业也需要根据自身发展变化不断更新员工的知识、技能要求和培训内容。

(三)培训内容

培训内容应确保人员能够具备与其职责和所从事活动相适应的知识和技能。

企业员工培训内容主要分为以下三部分内容：

1. 应知应会的知识

包括国家法律法规、企业的发展战略、企业愿景、规章制度、企业文化、市场前景及竞争；员工的岗位职责及本职工作基础知识和技能；如何节约成本、控制支出、提高效益；如何处理工作中发生的一些问题，特别是安全问题和品质事故等。

2. 岗位技能

企业高层管理人员必须具备的技能是战略目标的制定与实施，即领导力方面的训练；企业中层管理人员的技能是目标管理、时间管理、有效沟通、计划实施、团队合作、品质管理、营销管理等，也就是执行力的训练；企业基层员工是按计划、按流程、按标准等操作实施，即完成岗位工作任务必备能力的训练。

3. 个人素质

企业对员工素质方面的要求，主要有心理素质、人生观和价值观、工作态度、人际关系和团队合作精神、工作习惯等的素质培训。

（四）培训考核

培训的效果应得到确认，即企业应对参训人员进行相应考核。企业可以自行决定采取什么形式进行考核，但要保证员工独立操作前是通过考核的合格员工。这是质量体系中非常关键的一个环节。未经考核的员工可以在合格员工的监督下操作，但不得独立操作。

第四节　国外 GMPC 对于人员的相关规定

一、美国 GMPC 有关人员的规定

① 监督化妆品的生产或者控制的员工应具有一定的教育背景，培训和/或经验来执行指定的监督工作；

② 为防止化妆品掺杂，与化妆品原料、散装成品或化妆品接触表面直接接触的员工，应穿戴适合的工作服、手套、头套等，并保持良好的个人清洁；

③ 吃东西，喝水或者抽烟都应严格限制在指定的区域。

二、欧盟 GMPC 有关人员的规定

在组织结构中，各职能部门应有足够的相应水平的员工；成员应具备和他们职责和工作相适宜的技能、经验、能力和积极性。

① 员工必须：

a. 了解他们在组织结构中位置；

b. 了解他们的职责和任务；

c. 熟悉在制造岗位中的作业指导书，具体的信息和参数；

d. 被鼓励报告在制造过程中可能发生的反常现象和不符合的情况；

e. 遵守个人卫生的要求，以及工作和操作方法的作业指导书的要求。

② 在主要员工缺席时，应确保有适当的后备人员代替其工作。

③ 为提高所有员工的技能和积极性，应采取以下必要的措施：

a. 培训　为了让员工了解技术诀窍和累积经验，公司必须建立和实施培训计划，让员工有能力完成不同的制造操作的任务（称重、执行、维护保养、行业卫生、制造过程中的验证，等等）。培训可以由企业自身提供，也可以从企业外部聘请专业人员进行，这取决于培训的设施和资源。培训应持续进行。

b. 消除沟通障碍。

三、东盟 GMPC 有关人员的规定

应有足够的相应水平的员工，成员应具有和他们职责相关的知识、技巧及能力等，身体健康，能完成相应的职责。

1. 组织、资格及责任

① 组织架构应保证生产与质量控制由不同的人员管理，两个部门不从属于任何一方，彼此独立。

② 生产管理者应有权力并负责管控产品的生产，包括操作、设备、人员、生产区及纪录等。

③ 质量控制的管理者应经过足够的培训并具有质量控制的经验，应有足够的权力并负责所有的质量控制责任，包括建立、验证、实施所有的质量控制程序。适当时，有权力任命相应的人员接收满足规格的原料、半成品及成品或拒收不符合规格或不按既定标准及规定生产的产品。

④ 关键员工的权力及职责应清晰明确。

⑤ 应任命足够数量已培训人员对生产和质量控制执行监督。

2. 培训

① 应根据 GMP 要求，对所有与生产直接相关的员工进行生产操作培训。应对可能与有害物质接触的员工进行特别的培训。

② 培训 GMP 应持续进行。

③ 培训纪录应保持，并对其有效性定期进行评估。

四、ISO 22716 有关人员的规定

（一）原则

任何规范中提到的参与活动的人员应具备生产、控制、储存合格品的训练技能。

（二）组织

1. 组织结构

① 应制定组织结构，以确保公司组织和员工职能能被理解，组织机构应适合公司的规模和产品的多样性。

② 根据产品多样性，每个公司应确保在活动的不同范围都有充足的员工。

③ 组织机构应表明质量保证和质量控制的部门独立于工厂的其他部门，质量保证和质量控制的职责可以分成两个，也可以合并成一个。

2. 员工数量

公司应该有一定数量的经过适当有关规范培训的员工。

（三）主要职责

1. 管理职责

① 组织应当得到公司最高管理的支持。

② GMP 的实施是最高管理阶层的职责，并且需要所有部门及每个员工的支持和参与。

③ 管理职责需要确定相关人员的授权并与之沟通。

2. 个人职责

每个人都应：

① 知道自己在组织结构中的位置；

② 知道被规定的责任和行为；

③ 有机会获得并符合其特殊的职责范围的文件；

④ 遵守个人卫生要求；

⑤ 被鼓励报告非法或不符规定的可能发生在他们职责范围的行为；

⑥ 有足够的教育背景和技能，从而胜任规定的职责和活动。

（四）培训

1. 培训和技能

涉及生产、控制、储存和装运的员工要有相关的培训和经验，或者其他任

何适合其工作的。

2. 培训和良好生产规范

① 良好生产规范培训都要提供给每个人。

② 每个人需要培训，不管什么水平和位置，所相应的培训项目要产生并且实施。

③ 考虑到每个员工的特长和经验不同，培训可以根据每个人的工作和职责来设定。

④ 根据需要和现有的可利用资源，培训课程可由公司自己编制或由外部专业人士编写。

⑤ 培训应该是持续的，并能及时更新。

3. 新员工招聘

除了基本的理论和 GMP 培训，新员工还需要对他们进行岗前培训。

4. 个人培训评估

在培训过程中或者过后，个人知识的积累需进行评估。

（五）个人卫生和健康

1. 个人卫生

① 应建立卫生程序并满足工厂的需要，在生产、控制、储存区域工作的人员要理解这些要求并且遵守。

② 每个人要被指导如何使用洗手设备。

③ 进入生产、控制、储存区域人员要穿好防护衣，避免污染产品。

④ 应避免在生产、控制、储存区域吃东西、喝水、嚼口香糖、抽烟、储存食物及个人药品。

⑤ 任何不卫生的行为都不能出现在生产、控制、储存区域或者对产品造成影响的区域。

2. 个人健康

任何适用的措施应该被采取，以确保病人和在皮肤暴露部位有开放性伤口的人员不得直接接触产品，直到情况改善或者医疗人员确认后，能确保产品不受影响。

（六）来访者和未被培训的人员

这些人员不能进入生产、控制、储存区域，如果不得不进入，他们需要被提前告知一些信息，特别是个人卫生和防护服规定。他们应被密切地指导。

思考题

1. 化妆品生产企业有关机构与人员的原则要求是什么？

2. 化妆品生产企业组织机构包括哪些主要部门？

3. 化妆品生产企业的关键人员有哪些？其主要职责都是什么？

4. 化妆品生产企业为什么要对人员卫生进行严格要求？人员卫生包括哪些方面？

5. 人员培训的基本原则是什么？培训的内容有哪些？

第三章
质量管理

Chapter 03

管理是由一个或者多个人来协调他人的活动，通过有效地获取、分配和利用各种资源来实现某些目标，以便收到个人单独活动所不能达到的效果而进行的活动。

质量管理是指在质量方面指挥和控制组织的协调活动。质量管理涉及组织的各个方面，它要求围绕产品质量形成的全过程，通常包括制定质量方针和质量目标、质量策划、质量控制、质量保证和质量改进等活动，是企业为确保产品质量符合预定用途而采取的有组织、有计划的全部活动。

质量管理体系是指组织确定的目标，以及为获得所期望的结果而确定的所要求的过程和资源；企业通过制定质量方针和质量目标，并围绕达成质量方针和质量目标建立起企业所需的一系列的流程，如原料采购、生产、检验、储存和销售等流程，以及配备所需的厂房、设备和人员等资源。

化妆品生产企业需要建立一套实用、有效的质量管理体系，并不断完善，以确保系统地管理生产经营中与产品质量相关的各个环节。质量管理体系应该是书面化的受控文件。

第一节　质量管理原则

《化妆品生产许可检查要点》中对质量管理原则的要求包括以下几点。

① 企业应建立与生产规模和产品结构相适应的质量管理体系，将化妆品生产和质量的要求贯彻到化妆品原料采购、生产、检验、储存和销售的全过程中，确保产品符合标准要求。

② 企业应制定质量方针，质量方针应包括对满足要求和持续改进质量管理体系有效性的承诺，且得到沟通。

③ 企业应制定符合质量管理要求的质量目标，质量目标应是可测量的，并且与质量方针保持一致，且分解到各个部门。

④ 企业应制定评审方针并定期检讨质量目标的完成情况，保证质量目标的实现。

质量管理原则是企业建立质量管理体系以达到预期结果的指导思想和基本思路，明确建立实施质量管理体系"是为了什么"。如果一个企业在建立质量管理体系时，指导思想不明确，思路不清晰，基本方法不科学或不适宜，将可能使质量管理体系只是一套文件制度而已。这套文件制度有可能还是不适宜的，会使规定的要求"不在线"且产生"两张皮"现象。这样的质量管理体系将无法确保稳定地提供符合规定要求的产品的能力，至少会产生严重的影响，甚至无法达到预期的结果和实现质量目标。

质量管理原则用一句话来表述就是坚持"一个中心"、把握"两个基本点"和运用"三种方法"。

1. 坚持"一个中心"

坚持以"持续改进"为中心。质量管理体系的建立并不是静态的，法律法规的要求、客户的要求都在不断发生变化，企业的质量管理体系也应当持续改进，企业不是为通过许可而建立完善质量管理体系，而是为了使企业整体业绩得到持续的改进。

2. 把握"两个基本点"

一是发挥好"两种人"的作用，即"领导作用"和"全员参与"。质量管理体系的建立，企业最高管理者应给予充分理解和高度重视，并将质量管理原则作为指导思想，将其与企业的质量管理活动相结合。同时质量管理活动不是只有领导者发挥作用，而是需要每一个员工都参与到这项活动中来，从而避免出现在以往的质量管理活动中，质量管理通常是由质量管理部门和质量负责人所负责的局面。

二是管理好"两种关系"，即"以顾客为关注焦点"和"与供方互利的关系"。现代企业的竞争已经不是传统意义上的一家公司与另一家公司之间的竞争，而是公司背后的网络"供应链"之间的竞争；企业所有的努力都应该直接以使顾客满意为目标，关注顾客的需求，满足并争取超越顾客的期望，这应该是质量管理体系建立的最基本的原则，而这一切离不开供应商的配合，企业与供方之间不应仅仅是简单的"供—需"关系，双方都在为共同的利益而不懈地努力。

3. 运用"三种方法"

即"过程方法""管理的系统方法"及"基于事实的决策方法"。企业应围绕着找寻一条以顾客满意为目标的主线，考虑通过什么活动或过程可以达到目标，再确定完成这些活动的部门及其相互关系，建立起组织架构，避免出现"无人管理的过程"和"重复管理同一个过程"的情况，并最终将所有相互关联的过程作为一个管理体系看待，才能避免出现"头疼医头，脚疼医脚"的情况，才能使管理具有预防的作用。而这一切的实现都需要数据做支撑，企业在建立质量管理体系的活动中，应保留适当的数据和信息作为记录，并对其进行适当的分析，为有效决策提供依据，建立起一个可追溯的质量管理体系。

第二节　质量管理体系

质量管理体系，即管理体系中关于质量的部分，是组织围绕质量建立方针和目标以及实现这些目标的过程的相互关联或相互作用的一组要素。建立和运行质量管理体系是实施化妆品生产许可新政、规范化妆品生产质量管理的重点和难点。由于有关企业管理体系建设的标准类型众多，可以是关注质量的 ISO 9001 标准、关注环境保护的 ISO 14001 标准、关注员工职业健康安全的 OHSAS 18001 标准，也可以是关注产品质量安全的 GMP 标准，还可以是化妆品生产许可新政标准《化妆品生产许可检查要点》。企业应当根据所处的经营环境，正确认识和使用这些标准，使其融入自身的业务活动中，建立一个既能满足化妆品生产许可新政标准，又适合未来管理需要的质量管理体系。

一、质量管理体系标准类型简介

如前所述，企业管理体系建设的标准类型众多。那么，关注质量的 ISO 9001 标准、关注产品质量安全的 GMP 标准和化妆品质量管理体系（QMS）之间，到底是什么关系呢？

众所周知，提到质量管理体系，人们自然而然都会想到质量管理体系标准 ISO 9001，也会想起 GB/T 19001。的确，ISO 9000 系列标准，是迄今为止中国应用最广泛、最成功的标准。因为，国际标准化组织在 1987 年推出第一版 ISO 9000系列标准和 ISO 9001 质量管理体系认证在全球兴起之时，恰逢中国由计划经济转变为市场经济的改革开放初期。供需双方对于组织拥有一个符合国际水平基本管理要求的期望，促成了大多数正在转型的中国企业直接采纳了 ISO 9000系列标准成熟的管理概念和管理实践作为正规的管理体系方法。

虽然如此，质量管理体系（QMS）在化妆品行业的知名度，仍远不及良好操作规范（GMP）响亮。化妆品直接关乎消费者的健康安全，化妆品生产过程的质量确保至关重要。GMP给出了化妆品生产企业从供应商管理、物料采购和验收、生产过程、仓储管理、品质控制和产品放行，直至产品出厂全过程的规范指南，目的在于控制污染源、避免交叉污染和混淆、控制偏差，最终确保产品质量安全。

GMP最早在药品制造业得以成功推行，随后逐渐被欧美等发达国家应用到化妆品行业。中国化妆品制造业从20世纪80年代开始搭乘了改革开放的春风，几十载蓬勃发展，成为全球化妆品生产的主要基地。

处于化妆品供应链前端的众多外向型中国化妆品企业，必须运行GMP并通过第三方认证以成功跨入欧美等发达国家的市场。近年来，中国本土化妆品的崛起，以产品质量赢得市场的理念，也催生了中国品牌化妆品商对GMP的青睐。GMP俨然已成为化妆品行业供应链要求的主要标准。GMP对于化妆品行业人员而言，可谓耳熟能详。

那么，质量管理体系QMS与良好生产规范GMP之间的区别，如表3-1所示。

表 3-1　QMS 与 GMP 的比较

比较内容	QMS	GMP
目的	证实组织具有稳定地提供满足顾客要求和适用法律法规要求的产品和服务的能力，旨在增强组织顾客满意	对企业能够获得满足规定特性产品的所有活动进行规范，确保产品质量安全
适用的组织	通用的要求，适用于各种类型、不同规模和提供不同产品和服务的组织 即化妆品行业所有类型的组织都适合，如化妆品生产企业、化妆品原料生产企业、化妆品包材生产企业、化妆品品牌营销公司、化妆品配方研发公司、化妆品包装设计公司、美容院、发廊，甚至化妆品行业协会，QMS都适用	适用于药品生产企业、化妆品生产企业和食品生产企业
标准在化妆品生产企业的适用范围	要求将QMS标准融入化妆品生产企业界定的质量管理体系范围的全业务过程	从供应商管理、物料采购和验收、生产过程、仓储管理、品质控制和产品放行，直至产品出厂的过程提出了要求，不包括企业市场营销或业务接单过程、产品流通过程、产品设计和开发过程
企业有效运行标准后的收益	帮助企业提高整体绩效，为推动可持续发展奠定良好基础	产品质量安全符合要求，获得相关方的信任和提高企业声誉。（前提条件：产品配方和产品标签本身是符合法规要求的）

从以上对比表可以看出，QMS 和 GMP 两个标准的关注对象是不一样的。

GMP 符合政府监管机构对保护消费者的要求，也满足了化妆品供应链买方对化妆品质量确保的需要，GMP 成为最适合化妆品生产企业的标准。但是，化妆品生产企业想要在激励竞争的市场环境下长足发展，需要在运行 GMP 确保产品质量的基础上，通过有效的管理方法来确保业务全过程运行效率和提升管理绩效。

因此，不难理解，虽然《化妆品生产许可检查要点》主要内容只是采用了最基本的 GMP 要求，也未强调在化妆品生产许可新政实施过程关注企业质量管理绩效，但仍要求化妆品生产企业应建立质量管理体系。《化妆品生产许可检查要点》（简称为《检查要点》）除了包括基本的 GMP 和质量管理体系框架搭建的要求外，还在第 35 项和第 42 项评价方法中提出了有关环境保护的要求："生产过程中可能产生有毒有害因素的生产车间，是否与居民区之间有不少于 30m 的卫生防护距离""检查废水、废气、废弃物的处理制度及处理情况，是否对产品、环境造成污染，是否符合国家有关规定"。评价方法中这些要求是一个化妆品生产企业合法经营的基本环境保护要求。随着国家决策层环境保护意识的提高和新的环保法规的出台，任何新成立的化妆品生产企业，在未通过环境评估和获得国家环境监管部门环评批复的情况下，是不能正式生产的。所以，化妆品生产许可新政只是为化妆品生产企业"一开始就把事情做正确"提供了一个"底线"要求。

《化妆品生产许可检查要点》可被看作中国化妆品生产企业最为基础的质量管理体系标准。为了更好地顺应社会经济的发展，跟上全球化妆品行业整体的发展步伐，化妆品生产企业在实施许可新政的基础上，还需要主动学习最新的质量管理体系标准 ISO 9001:2015 的管理方法，需要主动采纳全球最高的化妆品 GMP 标准 ISO 22716:2007 的要求，逐步在建立包含 GMP 要求的质量管理体系基础上，主动融合环境管理标准 ISO 14001:2015 和职业健康安全管理标准 OHSAS 18001 的要求。

二、质量管理体系建立方法

2015 年 9 月 23 日，国际标准化组织发布了最新版本的质量管理体系标准 ISO 9001:2015。这份被誉为面向未来 25 年的新版标准，秉承 ISO 9000 系列标准倡导的持续改进理念，相较于 ISO 9001:2008，做了大幅度的修改。

那么，化妆品生产企业应该如何建立质量管理体系呢？以下基于最新版本的质量管理体系标准 ISO 9001:2015 要求，从质量管理体系标准的方法着手，结合化妆品行业特点和许可新政《化妆品生产许可检查要点》要求，阐述了化妆品生产企业建立一个完整、适用的质量管理体系的方法。

（一）营造化妆品生产企业的组织环境

化妆品生产企业既有其存在的国际、国家、行业等大环境，又有企业内部特有的小环境，建立或持续改进质量管理体系的过程，应该是一个营造更适用于化妆品生产企业组织环境的过程。

1. 理解企业及其环境

企业应确定与其目标和战略方向相关、并影响其实现质量管理体系预期结果的各种内部和外部因素。

化妆品生产企业的内部因素包括但不限于企业的价值观、文化、知识和绩效等相关因素；外部因素包括但不限于国际、国内、地区和当地的各种法律法规、技术、竞争、文化、社会和经济因素。

（1）以知识为例来理解企业的内部因素　某企业原来的经营模式，是将品牌公司提供的化妆品料体包装为成品。后来面临加工订单萎缩等情况，该企业想自主生产化妆品。这时就需要考虑企业内部在料体生产方面的知识是否足够，即现有的人员懂不懂得料体生产的配方开发、工艺要求和设备配置等相关知识。如果都不懂或者只懂得一部分，企业就不具有化妆品料体生产方面的完整知识，就不适合随意调整质量管理体系的范围，盲目增加料体生产相关的过程。

（2）以化妆品行业竞争为例来理解企业的外部因素　企业常通过行业环境分析来了解其生存现状和发展空间。如有的企业通过行业竞争力分析认为：对外宣称不生产自有品牌产品，能消除品牌商担心将外包加工方培养为行业竞争对手的顾虑；对外宣称不生产自有品牌产品，能获取更多化妆品品牌商的信任。最高管理者将企业的经营模式定位为只做代加工，这样的生产企业，基本不存在直接面对消费者和化妆品流通环节的市场营销活动，确定与产品有关的要求时可能只包括比较简单的打样、配方和工艺确认、生产订单确认等过程；同样，产品配方和包装设计的责任方在品牌商，企业可能完全不存在产品设计和开发活动，产品设计和开发过程管控的要求可能不适用，其质量管理体系范围可以不包括这部分；但代加工是一种服务提供过程，如果企业不去琢磨如何更好、更快地配合品牌商新品开发，不去琢磨如何更好地确保稳定产品质量和提高产能，确保及时交货，就很难在众多的代加工企业中凸显优势，将很难确保赢得更多优质客户。

理解了企业的内、外部因素，对这些内部和外部因素的相关信息进行监视和评审，才能动态调整企业的质量管理体系，更好地适应组织外部环境的变化。

2. 理解相关方的需求和期望

化妆品生产企业的相关方，可能包括但不限于：消费者、品牌商、订单下单方、投资人或股东、企业员工、原料和包装材料供应商、委托外包加工方、设施设备维护服务商、虫害控制服务商、测试或校准服务提供方、进入厂区的外来人员、政府监管部门、化妆品行业协会等。《化妆品生产许可检查要点》对化妆品生产企业如何管理企业员工、原料和包装材料供应商、委托外包加工方、设施设备维护服务商、虫害控制服务商、测试或校准服务提供方、进入厂区的外来人员等这些相关方，以及如何理解政府监管部门的期望都提出了管理的要求。

（1）以理解消费者的需求和期望为例　中国北方的冬天干燥寒冷，消费者需要油包水型的护肤品以滋润皮肤；但中国南方，特别是广东这样的区域，冬天仍然比较温暖湿润，消费者更喜欢水包油型的护肤品。化妆品生产企业在开发护肤品时，就需要考虑产品销售地消费者的需求和期望，进行针对性的产品开发。

（2）以理解来自政府监管部门的期望和投资人/股东的需求为例　化妆品生产企业需指定人员动态监视食药监部门是否有新的规章制度出台，评审新出台的规章制度是否影响企业的质量管理体系。国家食药监总局在 2015 年 12 月 15 日发布的《化妆品生产许可工作规范》和《化妆品生产许可检查要点》中明确规定"生产眼部用护肤类、婴儿和儿童用护肤类化妆品的灌装间、清洁容器储存间应达到 30 万级洁净要求"。如果一家生产护肤产品的企业，其灌装间、清洁容器储存间达不到 30 万级洁净要求，如果投资人或股东没有扩大经营范围以包括此类产品的意向，该企业在申请新的生产许可证时，申请的范围就需要排除眼部用护肤类、婴儿和儿童用护肤类，质量管理体系的范围自然也不会将这类产品生产相关的活动包括在内。

3. 确定质量管理体系的范围

企业在确定质量管理体系范围时，应该考虑前面提到的各种内部和外部因素和相关方的要求，以及企业的产品，明确质量管理体系的边界和适用性。

（1）以考虑各个相关方的需求和期望为例来理解质量管理体系范围的确定　结合理解投资人或股东这样的相关方的需求和期望为例，化妆品生产企业常需要通过界定清楚化妆品工厂与投资人或股东拥有的其他公司之间的关联关系，来确定质量管理体系的范围。两者常见的关联模式如图 3-1～图 3-3 所示。

在图 3-1 的关系中，投资者或股东要求设计开发活动与化妆品工厂其他过程保持紧密的衔接关系，甚至将设计开发部门的办公地点设在工厂、设计开发部门人员同时兼任工厂质量管理等其他职务。在这样的情况下，质量管理体系的范围应该覆盖设计开发部门。

在图 3-2 的关系中，化妆品工厂完全从属于总公司，完全以销定产，原材料和包装材料都由总公司采购提供，或者生产计划也由总公司来安排。在这样的情况下，投资者或股东设定总公司就是化妆品工厂唯一的、直接的客户。在界定质量管理体系边界时，化妆品工厂可以认为产品设计和开发不适用，但应当把总公司当成客户看待。同样，总公司提供的所有物资，应被当作顾客财产，进厂入仓前，也必须经过质量管理部人员的来料检验确认符合接受准则后才可以放行。确定好质量管理体系的边界，才能在这些环节做好应有的控制。

在图3-3的关系中，品牌公司和化妆品工厂的投资人或股东完全一样，但相互独立运作、独立核算。如果品牌公司给到工厂的订单利润空间不大、订单不稳定，工厂有权选择其他优质客户。在这样的情况下，相比上面两种情况的关联关系，其质量管理体系的范围就要宽泛很多。最高管理者不能忽略例如财务、行政后勤、公关、接单前的营销等职能部门，应该把包括这些职能部门在内的全业务过程纳入质量管理体系。

图 3-1　常见关联模式（一）　　　　图 3-2　常见关联模式（二）

图 3-3　常见关联模式（三）

当然，企业需要综合考虑各个相关方的需求和期望，对所有的相关信息进行监视和评审，才能确保质量管理体系的范围既不宽泛，也不受限。

（2）以产品为例理解质量管理体系范围的确定　一家化妆品生产企业在成立之初，投资人或其授权的最高管理者已经确定了企业经营的范围就是化妆品的生产和经营。但按照中国的法规要求，化妆品生产企业合法生产和经营的前提是已获得化妆品生产许可证。因此，在确定质量管理体系范围时，必须考虑生产许可证上的许可项目，即产品的范围。

国家食药监总局新政之《化妆品生产许可工作规范》，按照化妆品产品特性或相似的生产工艺，将化妆品分为如表3-2所示的若干单元和类别。生产不同产品单元和不同类别的产品，需要的基础设施、过程运行环境、组织的知识、人员的能力、生产能力等因素都是不同的，涉及的消费者、品牌商、订单下单方、投资人或股东、企业员工、原料和包装材料供应商、委托外包加工方、设施设备维护服务商、虫害控制服务商、测试或校准服务提供方、政府监管部门等相关方的需求和期望也可能是不同的。所以，最终确认的质量管理体系范围会随着确定产品的不同而变化。

化妆品生产企业只有确定好了质量管理体系的范围，才可能建立一个适合的、完整的质量管理体系。

表 3-2　化妆品分类（按生产单元分）

单元	类别	举例
一般液态单元	护发清洁类	洗发液
	护肤水类	化妆水、紧肤水
	染烫发类	烫发药水
	啫喱类	护肤啫喱
膏霜乳液单元	护肤清洁类	洗面奶
	护发类	护发素、发乳
	染烫发类	焗油膏、染发膏
粉单元	散粉类	化妆散粉、香粉
	块状粉类	粉饼
	染发类	染发粉
	浴盐类	沐浴盐、足浴盐
气雾剂及有机溶剂单元	气雾剂类	定型喷雾、发胶
	有机溶剂类	指甲油
蜡基单元	蜡基类	唇膏
牙膏单元	牙膏类	牙膏
其他单元	—	—

4. 确定质量管理体系及其过程

确定好了质量管理体系的范围，界定好了质量管理体系的边界，化妆品生产企业应确定质量管理体系所需的过程及其在整个组织内的应用，建立、实施、保持和持续改进质量管理体系，包括所需过程及其相互作用。

① 确定这些过程所需的输入和期望的输出。比如新产品设计开发过程，输入包括要开发的化妆品的功能和性能要求、以前类似产品设计和开发活动的信息、化妆品法律法规的要求、这款产品将在产品备案或注册时体现的产品标准等。

② 确定这些过程的顺序和相互作用。比如一款新产品的推出，相关过程的顺序可能是：市场营销部门调查消费者偏好后提出新产品开发的想法→市场营销部门组织技术部、采购部、质量管理部和生产部一起评估立项→技术部开发产品配方，营销部门找专业公司设计产品包装，采购部选择和评估新供应商→

质量管理部检测技术部交付的产品小样→生产部试生产→质量管理部检测试产样→产品备案或注册完成→市场营销部门下订单→采购部购买物料→质量管理部放行物料→生产部正式生产→质量管理部批准放行成品。

以上整个过程并非一蹴而就顺利进行，中间许多过程可能相互作用并往复进行。

③ 确定和应用所需的准则和方法，以确保这些过程的运行和有效控制。比如物料的抽样方法、产品放行的接受准则、产品检验合格率等。

④ 确定并确保获得这些过程所需的资源。比如产品生产过程需要的人员、设备、物料、加工工艺和过程控制要求、车间空气需达到的洁净等级等。

⑤ 规定与这些过程相关的责任和权限。即每个过程都应该有人负责，而且有权限开展工作。

⑥ 结合考虑企业环境因素和相关方的需求和期望，应对确定的风险和机遇。

⑦ 评价这些过程，实施所需的变更，以确保实现这些过程的预期结果。

⑧ 改进过程和质量管理体系。建立、运行和改进质量管理体系的过程，其实也包括形成质量管理体系文件组成的过程，认为有必要形成文件确保过程有效运行的地方，应该形成文件，认为需要通过记录证明过程已经按照策划实施的地方，应该保留记录。

（二）体现化妆品生产企业最高管理者的领导作用

最高管理者是指在最高层指挥和控制组织的一个人或一组人。在规模比较小的化妆品生产企业，最高管理者就是老板自己或老板全权委托管理的一个人；在规模比较大的企业，可能是多个投资人或者投资方聘请的多位高层管理人员。不管怎样，最高管理者在企业内有授权和提供资源的权力。如前述化妆品工厂与总公司的关联关系图 3-2，质量管理体系的范围其实只是总公司的一部分，在这种情况下，最高管理者是指化妆品工厂这部分的管理者和控制者，其授权和提供资源的权力仅限于化妆品工厂。

1. 领导作用和承诺

（1）最高管理者应通过以下方面证实其对质量管理体系的领导作用和承诺

① 对质量管理体系的有效性承担责任。一个企业经营得好不好，责任肯定在最高管理者。所以，不论化妆品生产企业的最高管理者是老板自己，还是老板全权委托的职业经理人，只要坐在最高管理者这个位置，就应该承诺对质量管理体系的有效性承担责任，而且要确保实现企业运行质量管理体系期望获得的结果，并不断推动改进。

② 确保制定质量管理体系的质量方针和质量目标，并与组织环境和战略方向相一致。

③ 确保质量管理体系要求融入组织的业务过程。最高管理者应该以业务需求为驱动，以实现期望的业务结果、满足顾客要求和法律法规要求为导向，体现企业生命周期过程的性质和特点。最高管理者应将质量管理体系能否与业务整合作为评价质量管理体系设计效果的准则，即一旦确定好企业质量管理体系的范围，在其范围内的所有活动过程都应该按照过程方法进行管理，确定每个过程应对风险和机遇的措施，按照 PDCA（计划、实施、检查、处理）循环方法持续改进，从而促进质量管理体系的持续改进。

④ 促进使用过程方法和基于风险的思维。图 3-4 展示了单一过程各要素的相互作用。每一过程都应该根据活动可能面临的风险来考虑要设置需要的检查点。检查点确定后，通过监视和测量检查点来控制活动进行，确保达到想要的结果。比如一款护肤品的乳化过程，可能面临的风险是最终产品稳定性差、出现油/水分离现象。决定乳化效果的有均质速率、均质时间和温度三个工艺参数，那么乳化过程的检查点就需要包括这三个工艺参数，需要在乳化过程控制好这些参数。

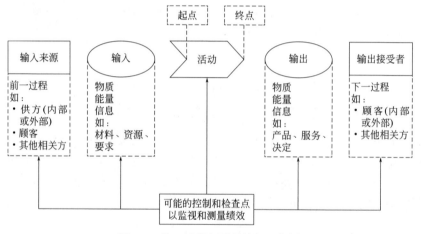

图 3-4　单一过程各要素的相互作用

除了单一的过程，过程方法也能够帮助企业对体系中相互关联和相互依赖的过程进行有效控制，以增强企业整体绩效。所以，最高管理者应该促进企业人员使用过程方法。

同样，基于风险的思维对质量管理体系有效运行也是至关重要的。ISO 9001:2015 版标准以及化妆品 GMP 都已经隐含基于风险思维的概念。例如，采取预防措施消除潜在的不合格原因，对发生的不合格问题进行分析，并采取适当措施防止其再次发生。《化妆品生产许可检查要点》在推荐检查项目中也明确提到了"质量风险管理"。

⑤ 确保获得质量管理体系所需的资源。质量管理体系的资源包括人员、基

础设施、过程运行环境、监视和测量资源、企业的知识，最高管理者要建立机制来充分识别质量管理体系运行所需的资源的类型、程度或量。

⑥ 沟通有效的质量管理和符合质量管理体系要求的重要性。意识决定态度，态度决定了行动的效果。最高管理者需要通过向企业所有人员强调有效的质量管理和符合质量管理体系要求的重要性，才可能确保质量管理体系实施的有效性。

⑦ 确保实现质量管理体系的预期结果。

⑧ 促使、指导和支持员工努力提高质量管理体系的有效性。除了确保有充分的、具有能力和意识的人力资源外，最高管理者应支持其他管理者履行其相关领域的职责，促使、指导和支持员工努力提高质量管理体系的有效性。

⑨ 推动改进。

⑩ 支持其他管理者履行其相关领域的职责。如《化妆品生产许可检查要点》中要求的，质量管理部门应独立行使物料、中间产品和成品的放行权，如果质量管理部门依据接受准则判定某一批次半成品不合格，不能放行用于包装，但业务部门着急出货，赶着让生产部门灌装包装，这时，最高管理者就应当坚决支持质量管理部门负责人履行质量把关的职责。

（2）最高管理者强调以顾客为关注焦点　顾客应包括内部和外部顾客两方面。

外部的顾客如消费者、化妆品批发商、化妆品零售商场或超市、品牌委托加工方，这些外部顾客决定了化妆品生产企业生存和发展空间的大小。

内部顾客如企业内有工作交接面的职能部门或岗位，如前述新产品开发过程每个分解过程的上下关联部门，应该把工作交付的对方看作顾客，这样对工作的交付才会更有责任心，整体的工作开展才更有成效。

最高管理者强调以顾客为关注焦点，才能带动企业上下人员以满足并超越顾客的期望为工作方向，对内营造企业内部相互服务的意识和文化，对外拓展企业发展空间，增强企业竞争力。

2. 最高管理者应制定和沟通质量方针

质量方针是最高管理者发布的关于质量的意图和方向。最高管理者不仅要制定质量方针，还应确保实施和通过定期评审保持质量方针与企业战略方向相一致，适应企业的宗旨和环境并支持其战略方向，能够为制定质量目标提供框架，确保包括满足适用要求的承诺和持续改进质量管理体系的承诺。

组织的内外部环境因素总是在变化的，相关的需求和期望也是在变化的，企业关于质量的意图和方向也不能一成不变。

为了确保沟通质量方针的有效实施，最高管理者还应该确保以下几点。

① 质量方针以文件的方式写出来以方便获得（有需要时要更新），比如通过

开会或培训让员工知道企业的质量方针,将质量方针印刷成标语张贴到员工通道,将质量方针印刷在工牌背面等等。

② 质量方针是企业文化的组成部分之一,应该在企业内部通过文件发布、培训、一起讨论如何在质量方针框架下设定质量目标等方式向员工沟通,让其理解和应用。

③ 适宜时,可以提供给相关方,比如在企业宣传资料上展示企业的质量方针,在争取大客户的投标书中列出企业的质量方针,在申请新的化妆品生产许可证时展示给食药监部门的监管人员了解等。

3. 最高管理者分派职责和权限

人是企业经营的一大资源和财富,只有各层级人员都得到尊重并参与到企业的管理中去,充分体现全员参与,才能有效和高效地管理好企业。最高管理者应确保整个组织内相关岗位的职责、权限得到分派、沟通和理解。最高管理者应确保企业设定的每个岗位的职责和权限都有相应的人员来承担,员工之间清楚自己的岗位和其他岗位应该做什么、权限范围有多大,特别是要指定某一岗位负责报告质量管理体系的绩效和改进机会。即使质量管理体系发生变更时,也有相应的人员来承担变化的工作。比如《化妆品生产许可检查要点》要求"企业质量负责人和生产负责人不得相互兼任""质量管理部门应独立行使物料、中间产品和成品的放行权",那么,最高管理者可通过发布岗位职责说明书,通过批准体现质量管理部门独立于其他部门的组织机构图等方式,确保企业质量负责人的岗位的职责、权限得到分派、沟通和理解。

(三)策划化妆品生产企业的质量管理体系

1. 应对风险和机遇的措施

化妆品生产企业策划质量管理体系时,应考虑到前述的内外因素和相关方的要求,确定需要应对的风险和机遇,以便确保质量管理体系能够实现其预期结果、增强有利影响、避免或减少不利影响、实现改进。

企业应策划应对这些风险和机遇的措施,确定如何在质量管理体系过程中整合、实施这些措施,并评价这些措施的有效性。

比如,可能给化妆品质量带来风险的污染物可以分为物理的、化学的和微生物的污染物。物理的污染物包括玻璃碎片、头发、昆虫尸体、设备生锈脱落的铁屑、纸屑等,产品一旦包含了这些污染物,几乎所有的相关方都不予接受。为了控制这些异物的进入,化妆品生产企业可以策划并实施的措施包括产品暴露区域的灯管均加防护罩、生产、仓储、质量控制区域的人员均需戴帽子罩住所有的头发、采取虫害控制措施、使用不锈钢材质的设备、所有进入车间的物料必须去除纸质外包装等。将这些措施整合到化妆品生产企业的质量管理体系过程中，意味着即使在生产相当繁忙的时候，也不能为了车间所需物料的供应速度，省略物料进入车间前的纸质外包装去除环节等。企业还需要评价所采取措施的有效性，比如通过灭蝇灯诱捕飞虫的数量趋势，了解车间所在建筑向外通道的密闭性和飞虫拦截措施是否在期望的控制水平下，从而评估虫害控制措施的有效性。

当然，企业应对风险和机遇的措施应与其对于产品符合性的潜在影响相适应。《化妆品生产许可检查要点》有关清洁区、准清洁区和一般区的划分要求，是一种避免或减少交叉活动对产品带来污染的应对措施，需要根据污染物带入可能对产品符合性的潜在影响大小来考虑区分。比如眼部用护肤品的灌装区和烫染产品的灌装区，前者必须划定为清洁区且车间空气洁净度需达到 30 万级要求，后者因为成品本身没有微生物控制要求，可以将灌装区与制造区一样设置为准清洁区，做好基本的物理的和化学的污染物控制就好了。

采纳化妆品 GMP 的要求，其目的就是为了控制污染物、避免交叉污染和混淆、控制偏差，是适合化妆品生产企业从物料供应商选择直至成品出厂整个过程应对产品风险的一整套措施。化妆品生产企业将 GMP 的所有要求在质量管理体系过程中整合并实施这些措施，将大大有助于控制企业经营风险。

企业应对机遇时，可能导致采用新实践、推出新产品、开辟新市场、赢得新客户、建立新的合作伙伴关系，利用新技术以及能够解决组织或其顾客需求的其他有利可能性。比如近几年面膜成为消费者追捧的化妆品，如果一家护肤类化妆品企业没有面膜生产条件，但又不甘心放弃这块市场，可通过委托具有能力的面膜生产外包方供货的方式，快速占领市场，抓住机遇。但是，应对机遇的措施，有时也得伴随应对风险的措施同时考虑和策划。当企业将面膜委托加工时，需考虑应对外包加工商所提供配方不符合法规要求或生产质量管控不到位的风险，应对该风险的措施包括审核和批准外包方提供的产品配方，抽取样品委托权威机构检测并评估配方的安全性，派遣质量管理人员到外包方现场监控生产过程等。

同样，风险可能也伴随机遇。比如食药监部门对非特殊用途化妆品备案情况的市场监管力度在加大：如果产品备案信息与市场销售的产品不一致，将面临被官方曝光通报或处罚，这是负面的影响，是企业将面临的风险；如果企业自我约束，严格按照要求执行产品备案，监管力度的加大能帮助其消除一些不守法企业给行业带来的不公平竞争，这是正面的影响，也是机遇。所以，最高管理者促进全员具备基于风险的思维，可帮助企业建立主动预防的企业文化，关注更好地完成工作，以及改进工作方式。

2. 质量目标及其实现的策划

质量目标就是有关质量的、要实现的结果。企业应对质量管理体系所需的相关职能、层次和过程设定质量目标。质量目标应与质量方针保持一致，可测量，考虑到适用的要求，与提供合格产品和服务以及增强顾客满意相关，予以监视、予以沟通、适时更新。

比如某公司总体质量目标可能是在未来一年实现新的利润增长和产品投诉率下降，为实现这个目标，可能需要负责市场营销和业务的部门拓展更多优质客户和提升服务，需要技术部门开发出更好的产品配方，需要采购部寻找更多价廉物美的物料，需要生产部提高生产效率和确保成品产出率，需要质量管理部降低不合格品的产生，需要仓储部减少呆滞物料的产生和报废等。为了公司总体质量目标的实现，就需要这些职能部门也设定可测量的质量目标，定期统计分析。

为确保质量目标切实可行，策划如何实现质量目标时就应确定采取的措施、需要的资源、由谁负责、何时完成、如何评价结果。

3. 变更的策划

质量管理体系不是一成不变的，应该是一个随着时间的推移不断改进的动态系统。ISO 9000 系列新版本标准的发布也很好地体现了持续改进的理念。ISO 9001:2015 版相较于前版 ISO 9001:2008 在管理原则方面的变化，包括将"系统的管理方法"与"过程方法"合并，将"与供方互利的关系"扩大为"关系管理"，由原来的八大管理原则变成了现在的七大管理原则："以顾客为关注焦点""领导作用""全员参与""过程方法""改进""循证决策"和"关系管理"。同时，ISO 9001:2015 版很清晰地体现了所有管理体系都应有的 3 个核心概念，即"过程""基于风险的思维"和"PDCA（计划、实施、检查、处理）循环"。

化妆品生产企业可按照 ISO 9001:2015 标准的要求，建立一个如图 3-5 所示的基于 PDCA 循环的动态质量管理体系。

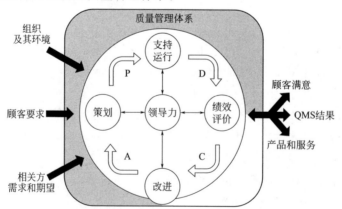

图 3-5　基于 PDCA 循环的动态质量管理体系

当企业确定需要对质量管理体系进行变更时，确定的变更应该经策划并系统地实施，考虑变更目的及其潜在后果、质量管理体系的完整性、资源的可获得性、责任和权限的分配或再分配。

第三节　质量管理系统

化妆品生产企业的质量管理系统主要包括两大要素：即质量控制（QC）和质量保证（QA）。前者主要通过实验室控制系统对化妆品质量形成过程各关键环节进行质量监测，它涉及取样、质量标准、检验、产品批准放行程序等方面内容，实施质量控制；后者主要着眼于质量管理体系，通过对化妆品生产过程有计划的监控与管理来预防差错、混淆及污染，是确保产品符合预定质量要求而作出的所有有组织、有计划活动的总和。

一、质量管理机构

化妆品生产企业质量管理系统的建立是保证企业化妆品质量的基础和关键，只有建立和健全良好的质量管理系统，并使其持续健康的运行，企业的产品质量才有所保证。

（一）质量管理系统的组织结构

现在国内化妆品生产企业的质量管理机构主要有质量检验部门和质量保证部门，其存在形式可以分为如下两种。

1. 质量保证部门和质量检验部门并存

这是比较流行的一种组织结构，两个部门负责人同时对总经理/厂长负责。如果是子公司或分公司，这两个部门负责人还要对总公司的质量负责人负责。现在国内大型化妆品企业和一些合资企业大都采用此种形式。

质量检验部（quality control，QC）是企业传统的检验部门，主要从事企业的各项检验工作，负责：原料、辅料、包装材料以及中间体和成品的质量检验；环境监测；稳定性实验；留样观察；检验方法的验证以及企业各项验证的相关检验工作等。

质量保证部（quality assurance，QA）则是质量管理部门，主要是监督、检查的功能，负责：原料、辅料、包装材料和中间体、成品的内控标准及其放行或拒收；供应商的审核批准；标准操作规程、生产操作规程、产品配方以及工艺规程、验证方案和验证报告等各项重要文件的批准；相关生产质量文件和记录的保存、偏差调查；变更控制；客户投诉处理；验证工作的组织实施；全厂的 GMP 培训等等。

两个部门相互依托，共同为企业的产品质量负责。QC 主要是为物料的理化性质和微生物性质是否符合内控标准而提供依据，而 QA 则根据 QC 提供的数据，结合其本身在制造过程、仓储过程、卫生等方面的例行监督检查，最后对物料作出最终放行或拒收的决定。优势是质量管理科学、规范，缺点是人力、物力资源配置和成本投入较大，质量决策的效率和时效性可能不是很高。

2. 质量保证部门下设 QA 和 QC

企业只设一个质量保证部门，在这个部门内部分为两个组织 QA 和 QC。国内一些中、小型化妆品生产企业由于化妆品生产批量的限制，同时为了最大限度地优化企业资源配置，充分利用企业的人力、物力，往往采用这种方式。

在这种组织结构中，QA 和 QC 的分工基本同上。由于只存在一个质量管理机构，企业组织明显简化，质量决策的效率和时效性明显增加。但美中不足的是，由于 QA 和 QC 同时处于企业中唯一的一个质量管理部门，往往会失去监督，在对某些质量问题和质量决策的处理过程中，可能会比较片面或有失公平。

（二）质量管理机构的建设

化妆品生产企业中，某些质量问题非常复杂，由于质量管理机构的缺陷可能导致延误产品上市流通，甚至在上市流通后出现产品召回的现象等。要保证化妆品企业质量管理的规范与先进，质量管理机构的建设非常关键。

1. 合理的人力资源是质量机构建设的基础

化妆品生产质量管理需要优秀的管理人才，要保证质量管理人员随时能够处理化妆品质量管理中的问题，企业不仅要保证能招聘和培养合适的质量管理人员，还要充分发挥其应有的作用。

确切的岗位责任描述，是质量管理机构人力资源管理的关键。建立人员上岗培训制度，针对质量管理的流程，运用甘特图或波特图找出关键路径和关键人员，对关键人员提前 3~6 个月进行招聘，以提高化妆品生产企业的质量管理效率。

2. 合理的设施、设备是质量管理机构建设的条件

企业质量管理系统设施和设备的配备应该根据企业的战略发展规划来确定，除了满足现实要求外，还要给化妆品质量管理机构留下一定的发展空间。

3. QA 的建设要点

（1）建立规范化、制度化的产品放行规程　产品批记录审核与批准放行是 QA 最重要、最关键的职能之一，只有当 QA 对产品作出放行决定之后，该批产品才能出厂并上市流通。解决这个问题的关键是建立规范化、制度化的放行规程。产品放行一般需要产品批分析报告批准、批生产记录审核和 QA 现场检查监督情况分析三个过程的工作。其中任何一个过程被延误，都将影响成品批次

放行。质量管理机构应该能迅速找出延误放行的原因，并找出解决问题的办法，保证产品及时上市流通。

（2）建立一个高效运作的偏差调查管理系统　在复杂的化妆品生产过程中，往往会发生各种各样意想不到的偏差，这些偏差的调查非常花费时间和精力。偏差动作往往都没有完全按照 SOI（standard operate instruction，标准操作指导书）来进行操作，因而会影响 QA 对成品放行的效率。

为了提高偏差调查的效率，需要建立一个发现偏差、跟踪偏差、解决偏差的高效运作系统。高效运行的偏差调查管理系统，首先会先区分偏差的重要性和影响力，根据情况把其归类，然后按照不同类别的偏差管理程序进行调查。对小偏差，要限制在最小范围内解决，以保证偏差调查管理系统不会超负荷运转。对大偏差，应集中精力进行调查、追踪，最终迅速解决，进而提高整个偏差调查管理的效率。

（3）建立一个强有力的变更管理系统　变更是化妆品生产企业所不可避免的，尤其是新工艺、新产品、新生产线投入运行时更是如此。一般而言，变更先由相应部门提出计划，报告给 QA；QA 根据实际情况确定该变更是否有大的变更，并决定是否批准该变更执行。如果是大的变更，在执行完毕之后，QA 要对变更所涉及的产品做全面质量分析，同时做稳定性实验，这个过程非常耗费时间，但只有经过检测合格之后，产品才能出厂销售。

变更管理还应和企业的其他部门一起协作，以 QA 为主，其他部门为辅，采各家之长来进行变更管理。

二、主要岗位职责

在质量管理系统中，管理者职责最为重要。

（一）高层管理者

如前所述，化妆品生产企业质量管理应该体现最高管理者的领导作用。管理高层的角色、责任与授权已经明确，高层管理者对保证有一个完成质量目标的有效质量管理体系及其在企业的实施负有最终的责任。

高层管理者应该建立质量方针，保证实施质量方针要求的质量目标已经明确，并进行了沟通；应该确定并提供充足且恰当的资源（人力、财务、物料、设施与设备），以便实施并保持化妆品生产质量管理体系与持续改进的有效性；应该保证已经建立恰当的沟通过程，并且已经在组织内部实施；应该通过管理评审对质量体系管理负责，以保证其持续适用并有效；应当定期评估对过程性能与产品质量以及质量管理体系审核的结果。

（二）QA 部门负责人职责

QA 部门负责人负责监督检查生产全过程 GMPC 等质量管理体系的执行情况，确保产品质量。主要工作职能如下。

① 贯彻执行质量管理体系，监督检查质量体系在企业的执行情况。

② 负责组织建立生产、质量管理的文件系统。

③ 负责文件的变更控制，监督检查文件系统的执行情况。

④ 负责起草并完善质量监督、质量管理的文件，并保证这些文件的执行。

⑤ 负责生产过程关键控制点的监控及物料管理的监控。

⑥ 负责起始物料和生产过程的偏差、异常情况处理及变更控制。

⑦ 负责对批生产记录及批检验记录的审核。

⑧ 负责产品的放行。

⑨ 负责对退回产品、回收产品及不合格产品提出处理意见，并跟踪管理。

⑩ 负责建立和充实正式生产的产品质量档案，对质量问题进行追踪分析，为改进工艺和管理提供信息。

⑪ 负责质量事故的调查并统计。

⑫ 负责收集有关质量信息以及有关质量方面的接待、调查、来函答复，处理关于质量问题的投诉。

⑬ 负责建立化妆品不良反应监测报告制度，并设专人管理。

⑭ 负责建立供应商的产品质量及供应商审计档案，对供应商产品质量信息进行总结分析，并反馈给供应商。

⑮ 负责验证管理，审核验证方案和验证报告。

⑯ 按质量管理体系的要求组织内部自查并监督改进措施的执行落实情况。

⑰ 负责季度及年度质量分析会的资料准备，协助组织季度及年度质量分析会的召开。

以上这些工作，QA 部门负责人都是最终处理者，而每项工作的展开，都有具体的 QA 工作人员执行。

（三）QC 部门负责人职责

QC 部门负责人负责进厂物料、主要中间体、验证样品、出厂产品的质量检验。主要工作职能如下。

① 组织起草质量控制文件，并监督检查其执行情况。

② 负责订制起始物料、中间体、成品的内控质量标准、检验操作规程和取样操作规程。

③ 负责物料的取样、检验、留样及出具检验报告书。

④ 负责对个人卫生、工艺卫生、环境卫生以及工艺用水的监测。

⑤ 负责制定原料、辅料、包装材料、中间产品及成品的储存期，负责产品的留样观察，并对产品质量稳定性进行评价。

⑥ 负责检验仪器的维护、保养。

以上各项工作，QC 部门负责人都是最终处理者，而每项工作的展开，都有具体的 QC 工作人员执行。

三、质量标准

质量标准是质量管理的基础，质量标准管理也是质量管理系统中非常重要的一环。

化妆品质量标准是指为保证化妆品质量而对各种检查项目、指标、限度、范围等所作的规定，是化妆品的纯度、成分含量、组分、有效性、毒副作用、无菌度、物理化学性质等的综合表现。

（一）标准的层次分级

从国家技术标准体系层级来看，依照现行的《中华人民共和国标准化法》标准分为国家标准、行业标准、地方标准和企业标准四个层次。

1. 国家标准

国家标准（GB）是指对全国经济技术发展有重大意义，需要在全国范围内统一的技术要求所制定的标准。国家标准是由国务院标准化行政主管部门编制计划，组织草拟，统一审批、编号、发布。国家标准化管理委员会（SAC）是国务院授权的履行行政管理职能、统一管理全国标准化工作的主管机构。

国家标准的代号由大写汉字拼音字母 GB 构成。不加斜线和字母 T 为强制性国家标准，代号为 GB，加斜线和字母 T 为推荐性国家标准，代号为 GB/T。

2. 行业标准

行业标准是指对没有国家标准而又需要在全国某个行业范围内统一的技术要求所制定的标准。行业标准是由国务院有关行政主管部门编制计划，组织草拟，统一审批、编号、发布，并报国务院标准化行政主管部门备案。

行业标准代号由汉语拼音大写字母组成，与化妆品行业相关的行业代号有 QB（轻工业行业标准）、BB（包装行业标准）、SN（商品检验行业标准）等。不加斜线和字母 T 为强制性行业标准（××，如 QB），加斜线和字母 T 为推荐性行业标准（××/T，如 QB/T）。

3. 地方标准

地方标准是指对没有国家标准和行业标准而又需要在省、自治区、直辖市范围内统一的工业产品的安全、卫生要求所制定的标准。地方标准是由省、自治区、直辖市人民政府标准化行政主管部门编制计划，组织草拟，统一审批、编号、发布，并报国务院标准化行政主管部门和国务院有关行政主管部门备案。

地方标准代号由大写汉语拼音 DB 加上省、自治区、直辖市行政区划代码的前面两位数字（北京市 11、天津市 12、上海市 13 等）。不加斜线和字母 T 为强制性地方标准（DB××），加斜线和字母 T 为推荐性地方标准（DB××/T）。

国家标准、行业标准和地方标准中又分为强制性标准和推荐性标准两种。其中，为保障人体健康、人身和财产安全的标准，以及法律、行政法规规定强制执行的标准是强制性标准，一经发布生效，就要由政府行政执法部门监督强制执行；其他则是推荐性标准，由企业自愿实行。

强制性标准又可分为全文强制和条文强制两种形式。当标准的全部技术内容需要强制时，为全文强制形式；标准中部分技术内容需要强制时，为条文强制形式。对于全文强制形式的标准，在标准前言的第一段以黑体字写明："本标准的全部技术内容为强制性。"对于条文强制形式的标准，在标准前言的第一段以黑体字写明："本标准的第×章、第×条、第×条……为推荐性的，其余为强制性的"或者"本标准的第×章、第×条、第×条……为强制性的，其余为推荐性的"。标准的表格中有部分强制性技术指标时，在前言中只说明"表×的部分指标强制"，并在该表内采用黑体字，用"表注"的方式具体说明。

4. 企业标准

企业标准由企业组织制定，并按省、自治区、直辖市人民政府的规定备案。

企业标准的代号有汉字大写拼音字母 Q 加斜线再加企业代号组成（Q/×××），企业代号可用大写拼音字母或阿拉伯数字或者两者兼用所组成。

（二）化妆品企业用质量标准

一般来说，企业应该按照国标方法对产品进行检测，检测结果应该符合国家规定的各项指标范围。如果没有特殊规定，企业也可以选择自己的检验方法进行各种项目的检测，但必须保证检测结果和使用国家规定的方法检测出来的结果之间具有可比性。国家监管部门会定期抽检企业产品，因此企业无论选择什么检测方法，其最终结果都必须符合国家法规要求。

化妆品企业应根据相关法规和产品要求分别制定原料、包装材料、中间产品和成品的质量标准，标准内容应包括检验项目、检验指标、检验方法、检验频率等。

1. 原料标准

企业应该根据供应商提供的原料标准、相关国家标准、行业标准以及产品要求综合考虑，制定原料标准。如：产品中有微生物要求、重金属要求，那么应根据原料的特性考虑是否需在原料标准中增加该方面检测项目，以确保产品符合要求。所有配方用原料都应建立标准。

2. 包装材料标准

包装材料分为内包材和外包材。内包材是指直接接触产品内容物的包装材料。一般应关注功能性和安全性指标，如外观、规格、结构、清洁度、密封性、安全性和与产品的相容性等。外包材一般关注外观、色泽、尺寸、标签内容等。内、外包材应确保印刷内容一致性。

3. 中间产品标准

中间产品即为生产过程半成品，分为配料工序的半成品和分装过程的半成品。配料过程的半成品主要是指灌装前应对产品进行快速检验，一般关注外观、气味、黏度、pH 值、微生物等指标。分装半成品一般关注标签内容、净含量、密封性等项目。

4. 成品标准

因为国家对化妆品标准有具体规定，所以企业可以直接引用产品标签上的执行标准作为成品标准，也可以制定严于这个执行标准的企业内控质量标准，其目的要确保化妆品各项指标在有效期内符合国家标准。检测项目一般包括外观、净含量、pH 值、耐寒、耐热、微生物、包装密封性以及重金属含量如铅、砷等，具体质量指标的建立还应依据稳定性实验的结果来确定。

企业应该对上述标准中的检测项目和检测频次进行合理的规定，取样时应按规定的方法取样，确保样品具有代表性。比如取样量、取样部位、开包率及使用什么取样工具等都应该具体规定，避免因不同人操作习惯的不同而导致偏差。取好的样品应标识清晰，避免混淆，比如应标识样品名称、批号、取样日期、取样数量、取样人等。样品还应按规定的条件储存，例如有的样品需要控制储存温湿度，有的需要避光保存，有的因容易吸水或易挥发而需要密封保存等。

第四节　质量管理制度

完善的质量管理体系离不开具体的质量管理制度。尽管不同的企业生产方式和产品结构是各不相同的，但基本的质量管理制度大体相似。《化妆品生产许可检查要点》明确了企业至少必须制定以下 13 项制度或者涵盖 13 项制度的内容，企业可依据其产品复杂程度、规模大小等因素编写其他制度或相应的文件。

一、必须制订的质量管理制度

（一）文件管理制度

该制度包含企业文件的建立、批准、发放、更新和作废等活动的规定，目的是为了有效控制与公司质量管理体系有关的文件，确保在使用处获得与岗位工作相适应文件的有效版本，作废文件得到控制。企业还应建立外来文件如化妆品法律法规、标准规范等的获取和查询渠道，对外来文件及时跟踪和更新，确保其得到识别并控制其分发。

典型的文件管理制度示例如下所述。

1. 目的

建立必要的、系统的、有效的文件管理制度并确保执行，有效控制与公司质量管理体系有关的文件，确保文件在各使用处能获得最新的有效版本。

2. 适用范围

适用于公司内部管理体系所有文件，包括管理手册、程序文件、作业规范指导类文件、记录以及适当范围内的外来文件。

3. 职责

（1）总经理　负责管理手册与程序文件的批准。

（2）质量负责人（管理者代表）　负责组织编写管理手册、程序文件及其审核。

（3）各职能部门负责人　负责组织编写和设计相关质量计划、技术标准、设备文件、工艺文件、检验/操作规程、审核报告、管理文件、质量记录。

（4）质管部　负责体系文件的归口管理，并负责文件的发放、回收、归档或组织修改。

4. 工作程序

（1）文件控制原则要求

① 文件在发布前应得到批准，以确保文件是充分与适宜的；

② 必要时对文件进行评审与更新，并再次得到批准；

③ 确保文件的更改与现行修订状态得到识别；

④ 确保在使用处可获得有效版本的适用文件；

⑤ 确保文件保持清晰、易于识别；

⑥ 确保外来文件得到识别，并控制其分类；

⑦ 防止作废文件的非预期使用，若因任何原因保留作废文件时，对这些文件进行适当的标识。

（2）文件的编制、评审与批准

① 质量手册由办公室组织编制，质量负责人审核，总经理批准发布。

② 质量记录表格随相关文件一起审批，并报办公室统一编号、备案。

③ 文件在评审、审批过程中，对评审、审批部门人员提出的修改意见，由文件编制人员修改后重新评审、审批。

④ 文件只有经授权人员批准后才能印发，以确保文件是充分与适宜的。

⑤ 特殊情况，可利用经过审批的"文件评审单"作为文件的审批证据。

（3）文件的发放

① 文件发放要确保文件使用部门、场所能获得有效版本的适用文件。

② 文件发放由文件归口管理部门填写"文件发放登记表"，经文件归口管理部门负责人批准后，按发放范围发放文件，并由领用人签收。

③ 受控文件的发放，须加盖"受控"印章和受控编号，受控编号由文件归口管理部门，按文件发放部门/人员固定受控编号，确保其唯一性，防止混乱。

（4）文件的使用和管理

① 由文件归口管理部门编制"现行有效文件清单"，以确保现行使用文件的有效性。

② 各文件使用部门对本部门使用的文件要指定专人管理，文件保管要易于识别和检索。

③ 文件使用部门/人员要确保文件清晰，除按规定程序进行的文件修改外，严禁任何人在文件上进行标记（盖章）和任何形式的勾画涂改。

④ 当文件使用过程中破损严重，影响使用，需更换新文件时，经文件归口管理部门负责人批准后，交回破损文件，更换新文件；新文件仍沿用原受控编号，破损文件由文件管理员隔离存放，适时销毁。

⑤ 当文件使用者将文件丢失，需补发新文件时，应说明原因，经文件归口部门负责人批准后可补发新文件，新文件应给予新的受控编号，并由文件管理员在"文件发放登记表"上注明原分发号作废。

⑥ 文件的复制，须有文件归口管理部门统一实施，复制文件须有原版文件复印产生，受控印章复印无效。

⑦ 文件的借阅，由借阅人填写"文件借阅登记表"，经归口管理部门负责人批准后，方可借阅；到期不归还，由文件管理员负责收回，原版文件一律不准外借。

⑧ 对公司外组织（认证机构除外）提供文件，需经质量负责人批准后加盖"不受控"印章，并进行登记。

⑨ 各部门文件管理员在每次内、外审前，要全面检查文件管理情况和在用文件的有效性。

（5）文件的评审和修改

① 文件的适时评审。文件在使用过程中，任何部门/人员发现问题或不适用情况时，均可填写"文件评审通知单"，并提出修改建议，评审单报归口管理部门。必要时由其召集相关部门参加会议，通过会议进一步对文件进行评审，对文件修改提出结论性意见。

② 文件的定期评审。公司在每次内部质量体系审核和管理评审实施过程中，

均将文件评审作为内容之一。

③ 对经文件评审确认需要修改的文件，由原编制部门填写"文件更改申请、审批单"，并需在此得到授权人员批准。

④ 文件更改由文件归口管理部门统一实施，并按"文件发放登记表"的发放范围逐一更改，作好记录，防止漏改。文件更改要确保更改的一致性和相关文件得到同步更改。

⑤ 文件更改分原页更改和换页更改两种方式，原页更改采用"划改"方式，更改后须在更改条款后注明更改标记；换页更改后要同时收回原页。

⑥ 为有效记录和识别文件的修改状态，每次更改后需填写文件后的"更改栏"或"文件更改控制页"中的相关内容。

（6）文件的换版和作废

① 文件经多次更改影响使用时应进行换版，同时原版文件作废，换版后的文件应重新得到批准。

② 为防止作废文件的非预期使用，换版后在发放新版文件的同时，由归口管理部门收回作废文件，并加盖"作废"印章，隔离存放，适时销毁。

③ 若因任何原因保留作废文件时，均应加盖"保留"印章，并严格控制保留文件的数量。

（7）外来文件控制

① 由质监部门负责建立"外来文件清单"，对外来文件进行控制。

② 外来文件有编号的沿用其原编号，无编号的用其名称和发布日期标识。

③ 外来文件按受控文件发放和管理，并严格控制其分发数量。

④ 由归口管理部门负责对外来文件的修订、换版等情况进行跟踪，并确保在用外来文件的有效性。

（二）物料供应管理制度

该制度应包括物料供应商的筛选、评估、检查及管理规定，物料合规性评价，物料的采购，物料索证索票，物料在企业的接收、检查、验收、储存、发放及使用等一系列要求，其目的是从物料源头及各个后续环节保证其不对产品产生质量影响。

典型的物料供应管理制度示例如下所述。

1. 目的

对供应商进行评价，选择合格的供应商，确保供应商能长期、及时地向本公司提供质优、价廉的产品和服务。

2. 适用范围

适用对生产所需原材料、设备、服务的供应商的筛选、评价、考核、采购。

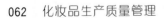

3. **职责**

（1）采购部　负责组织相关部门对物料供应商进行质保能力的调查、考核、评价、采购。

（2）生产部、技术研发部、质管部　参与物料供应商的评价。

（3）质管部　参与样品的检测和评估。

（4）总经理　审批合格物料供应商。

4. **工作程序**

（1）供应商评价方式

① 对供应商的评价和选择依据采购物料的重要性采取不同的方式进行，采购的物料按重要性分为 A、B 两类。

A 类：指原料、包装材料等；

B 类：除 A 类以外对产品质量有一定影响的物料。

② A 类物料的供应商评价。

a. A 类物料需要选择新的供应商时，采用书面调查或样品检验进行评价。

b. A 类物料已进行了定点的，可根据能力、业绩、信誉选择的进行连续评价。

c. 对已获得 ISO 9000 标准认证的供应商，优先进入合格供应商的范围。

③ B 类物料需对其样品进行质量认定。

（2）供应商评价

① 对供应商的评价必须在采购合同正式签订之前或确定合格供应商之前进行。

② 收集供应商相关资料。

a. 供应商筛选：从专业杂志、展会、现用供应商介绍、采购网站等渠道收集物料相关供应商信息，包含供应商规模，注册金额，物料的种类、规格型号、价格等。

b. 初步判断供应商的资料是否符合公司的要求。

③ 对提供 A 类物料的新供应商

a. 资质评估：供应商应具备营业执照、税务登记证、组织机构代码等资质证明文件，如属特种行业，必须具备国家认可的资质证明。原料、包装材料生产企业的其他资质证明。

b. 技术资料评估：向供应商索要物料的技术资料，原料、包装材料的检验合格证明，应包括物料的技术标准、检验方法、化学品安全技术说明书（material safety date sheet，MSDS）等资料。对存在质量风险的物料（如含禁用/限用物质的物料），应定期索要供应商第三方检测报告或鉴定书。对这些资料进行审核，评估是否可以满足需求。

c. 样品评估：向供应商索要物料样品，并对样品按双方约定认可的标准、方法进行检测，以评估样品的质量；由质管部对样品进行检验，对检测合格的样品开展小试，以评估物料样品能否满足产品的需求。

d. 其他评估：企业应根据自身需求，对供应商进行其他因素的评估，如价格、售后服务、供货周期等。

④ 对在实施体系前多次提供 A 类物料的供应商，由采购部组织生产部、技术部对过去供货业绩进行评价，并填写《供方评定记录表》。

⑤ 对提供 A 类物料的供应商也可根据供应商提供的权威质量证明文件进行评价，对重点原辅料供应商开展现场审核，并有评估记录。

⑥ 对提供 B 类物料的供应商不进行书面评价，只需在使用前严格进行进货检验，合格后方能使用。

⑦ 采购部根据供应商质量保证能力和调查资料组织生产部、技术开发部对供应商进行评价，填写《供应商评定记录表》，由厂长或总经理批准。

（3）建立供应商档案

① 将评估后符合要求，经批准的供应商列入"合格供应商清单"。采购部设专人对供方进行档案管理、跟进监督，并进行及时更新，以确保其时效性。

② 建立供应商供货台账，如实记录购销信息，掌握其每批供货的质量、价格、交货期、服务等情况。

③ 索证索票，认证查验供应商及相关质量安全的有效证明文件，留存相关票证文件或复印件备查，对进口原料应有索证索票要求。

④ 定期对供应商档案信息进行更新，确保供应商档案处于最新状态。

⑤ 更改供方后，原供方即为不合格供方，应在档案中注明，对不合格供方的处理决定应由总经理作出。

（4）定期对供应商进行考核和检查

① 凡被列入合格供应商所供材料出现不合格，技术部、质管部作出处理结论后，由采购部与其联系，限期整改，在连续两次供货中出现不合格，经质量负责人批准后，取消其合格供应商资格。采购部每年依据来料检验结果和法规新要求，对供方的原料合格率和质量水平作出再评定。

② 供应商检查：企业应根据自身需求建立供应商检查制度，例如：应对重点原料的供应商进行现场检查。现场检查供应商的原料、工艺、设备设施等生产情况，重点关注对物料质量有重大影响的环节，并形成记录。

③ 采购部按供应商供货业绩，每半年对合格供应商进行一次复评，从供应价格、产品质量、交货及时率、服务状况等，考核分级（供应商评价评分等级划分标准，如：A 级 86～100 分；B 级 70～85 分；C 级 69 分以下）。

④ 质管部每季度对供应商来料状况进行统计分析，经质管部经理审查后，

每月 3 日前交给采购部，对供应商的服务质量和产品质量评分结果予以汇总、排序、分级，填写《定期供应商考核评分记录表》，经采购部经理审查后，填写新的《合格供应商名录》，经厂长审批后，重新确认合格供应商。

⑤ 如有变更物料、变更供应商，应对新的供应商进行质量评估，具体按上述第④条执行，填写新的《合格供应商名录》，经厂长审批后，重新确认合格供应商。如改变主要物料供应商的，还需要对产品进行相关的评估。

⑥ 采购部结合化妆品行业法规规范，定期组织技术、质量相关部门进行物料合规性评价，特别是国家禁用原料一律禁止采购。

（5）供应商的采购

在正式采购前应与供应商签订采购协议、采购合同等采购文件，并按采购文件进行采购。

5. 相关表单

①《供应商基本信息调查表》；

②《新原料供应商审核评审表》；

③《供应商现场审核评价表》；

④《供应商评估记录表》；

⑤《合格供应商一览表》；

⑥《物料清单及合规性评价记录》。

（三）检验管理制度

该制度规范了原材料、包装材料、中间产品和成品的检验及相关过程操作，包括物料的识别、取样、检测、记录结果及物料状态标识与管理等过程。目的是确保上述物品都经过规定的流程得到正确的处理。

典型的检验管理制度示例如下所述。

1. 目的

通过对原材料、包装材料、中间产品和成品的检验，保证本企业的产品质量。

2. 适用范围

本制度适用于所有原料、包装材料的进料检验、生产过程中的半成品检验、返工产品的检验管理、半成品灌（包）装、成品的检验，以及生产用水、环境、人员等卫生指标的检验、管理和监控。

3. 职责

（1）质管部

① 所有来料、半成品、成品的入库检验及其库存成品重检；

② 半成品灌（包）装过程巡检；

③ 质量不合格品、市场退货、返工产品的重新检验；

④ 生产用水、环境、人员等卫生指标的检验、检测。

（2）相关责任部门　负责上述需检品的报检及质量不合格品的跟踪处理。

（3）技术研发部　负责制订《原料检验标准》《包装检验标准》《成品检验标准》《生产用水检验标准》《半成品检验标准》《半成品灌、包装检验标准》。

（4）采购、仓储部门　负责原料、包材来料异常的处理。

（5）生产制造　负责生产过程半成品、成品的异常处理，技术研发部确定处理方案，质管部负责跟踪验证。

4. 工作程序

（1）原料检验标准及检验要求

① 原料标准依据。建立原料检验项目的依据主要是与生产商的出厂（COA）报告及相关的法规要求为依据，对微生物敏感的原料需增加微生物卫生指标。

② 抽样管理要求。进厂原料按批（进厂件数）取样，设总件数为 x，当 $x \leqslant 3$ 时，每件取样；当 $3 < x \leqslant 300$ 时，按 $\sqrt{x}+1$ 随机取样，抽取取样量；当 $x > 300$ 时，按 $\sqrt{x}/2+1$ 随机取样，抽取取样量。

③ 主要检测理化指标、卫生指标，由质检员抽样后分别检验，并出具检验报告。

④ 检测流程。按物料验收流程执行，验收合格后方可入库。

a. 原材料到仓后，仓库对其名称、规格、型号、等级、数量、批号等进行核对，并检查来料 COA 报告，检查运输车辆的卫生状况和包装的完整性后，将其置放于"原材料待检区"，并通知质管部检验员检验。

b. 质管部检验员接到《原材料请检通知单》后，按照原材料检验及抽样管理规定的要求准备相应的取样工具、器皿等。

c. 质管部按品检抽样作业指导书到现场抽样，并依检验规范及原材料检验标准对各项指标进行分析检查，并将检查结果填在《原料规格书及检验报告》中，由质管部主管人员审核签字，然后通知仓库、生产、计划。

d. 仓库接到通知，合格原材料放在合格品区，不合格原材料作出标识并按《不合格品控制程序》处理。由质量保证检测人员对其进行合格或不合格相应状态标识。

（2）包装材料标准及检验要求

① 包装材料标准。外观按照企业标准或其他相关标准检验，印刷文字按 GB 5296.3—2008 标准检验。

② 抽样管理要求。包装材料检验一般采用 GB 2828 单次抽样检验方式，外观采用一般检验Ⅱ级水准，功能采用特殊检验 S-2 水准。

③ 包装材料的检验项目一般为材质、外观形状、印刷文字、净含量及与其他包装的配合。

④ 包装的检验判定：重缺陷不得有，轻缺陷不得超过 10%，否则判定为不合格。由质检员出具检验报告。

⑤ 检测流程：按物料验收流程执行，验收合格方可入库。

a. 包装材料到仓后，仓储部对其名称规格、型号、等级、数量等进行核对，并检查包装情况，都合格后将其放置在"包装材料待检区"，并填写部分《包装检验原始记录》，然后通知质管部来料检验员检验。

b. 质管部来料检验员接到《原材料到货报检通知单》后，按照 GB 2828 抽样方法及检验水平标准进行抽样，按照标准样板及签样进行检验，并将检验结果填入《包装检测原始记录》。

c. 仓库接到《包装检验原始记录》后，将合格包装材料放在合格品区，不合格包装材料做出标识并按《不合格品控制程序》处理，并由来料检验员对其进行合格或不合格相应状态标识。

d. 车间对生产过程中的材料也要进行相应标识。

（3）过程检验

① 过程巡检。质管部过程巡检员负责生产现场首件检验及巡检，保证各工序的制造质量。质检人员在灌（包）装作业过程中，按《灌装车间过程巡检表》进行过程巡回检验，检验结果及时填于表中，过程巡检员及时处理生产现场出现的不合格品，并将其与合格品分别堆放，不流入下工序。检验过程中发现异常时通知生产车间停止生产，查明原因，纠正后继续生产。

② 首件检验。

a. 灌装首件：开始灌装时，经填充、封盖后的前 10 支在制品。

b. 包装首件：开始包装时，经喷码、装盒、贴标等包装工序完成后的前 10 支在制成品。

c. 质检人员接到灌装车间、包装车间所填写的《灌装车间过程巡检表》，并按表中的相关规定进行首件检验，并签字确认，不合格则通知生产车间停止生产，查明原因并得到纠正后方可继续进行批量生产。

③ 净含量检验。过程巡检员定期进行净含量检测和控制，有问题将立即要求生产灌装进行调整。

④ 半成品的检验。

a. 半成品标准：由技术研发部负责制定半成品标准。根据半成品的类别，确定检测项目，半成品的单项检验项目如外观、pH 值、黏度、耐热、耐寒等，半成品的微生物检验按《化妆品安全技术规范》（2015版）执行。

b. 取样要求：质检人员均匀装取不少于理化检验和微生物检测用3倍量的半成品样品。

c. 半成品检验：

ⅰ. 过程巡检员及时对半成品按标准进行抽样，并送质检员检验。

ⅱ. 质检员在最短时间内检出结果，依照相应的检验标准进行各项指标的检测，按其相应化妆品执行标准进行判定。并出具单项检验判定结果通知，不出具检验报告。报检时须写明品种名称、配料时间及生产批号。

ⅲ. 半成品全项检验完成后，出具完整的检验报告。将结果填入《半成品检验记录》中，检验合格方可进行包装。

d. 对于储存期超三个月才灌装的，或生产过程中发现有品质异常返工的半成品，相关人员均须通知质管部对此半成品进行重检。

e. 重检项目为对应《半成品检验标准》规定的全部检验项目，判定标准亦同标准要求。任一指标如与样板或标准存在明显差异，均须填报《半成品、成品异常处理单》报质管部负责人确认或通知返工。

（4）成品检验

① 包装车间将待检成品置于待检区并进行待检标识。

② 成品质检人员依据《成品检验标准》规定首先对待检成品的品牌、系列、品名、规格、装量、生产日期及包装配套完整性进行初检，合格后可先与成品仓交接放置于成品仓的待检区，并挂待检标识。

③ 质检人员对成品初检后，按《取样管理规定》抽取成品样品，按照相应的检验标准进行各项指标的检测，检测合格将结果填入《成品检验报告》，并由质量管理部门人员签名确认，然后通知生产部、仓库、计划。

④ 成品各项指标及微生物检测均合格后，责任质检人员在《成品入库单》上签字并对该批合格成品进行批合格品标识。

⑤ 检测过程中发现不合格时，填报《不合格品处理单》，进行处理。

⑥ 仓库接到通知后，对成品进行标识。合格产品放在合格品区，不合格品做出标识并按《不合格品控制程序》处理。

（5）返工品控制　返工品按新品处理，即需要重新检验合格方可使用。

（6）检验记录要求

① 所有项目的检验均应按规定认真填写检验记录，记录不得随意涂改，有写错时可将错处划掉另写，但划掉后必须能看清原字样，更改后需在旁边署上更改人姓名，检验记录必须清晰、完整、属实。

② 所有检验、检测记录及检验结果报告单，必须分别按月装订成册，并保存到产品保质期后半年。

③ 所有检验的标准样品和生产留样均按《留样管理制度》规定执行。

④ 对于不合格品中异常处理审批为返工的，其返工情况需如实填写。

5. **相关表单**

①《原料请检单》；

②《原料规格书及检验报告》；

③《包装材料检验原始记录》；

④《半成品检测报告》；

⑤《成品检测报告》。

（四）放行管理制度

该制度是通过一系列规定对原材料、包装材料、半成品和成品进行有效的管控，确保生产中只有合格的物品才能够被发放到下一个工序，并防止不合格品流入到正常的生产环节。该制度还应特别规定只有质量管理部门才可以行使物料的放行权。

典型的放行管理制度示例如下所述。

1. **目的**

对原料、包装材料进行控制，确保质量符合规定的要求，防止不合格品流入或投入使用。对产品进行监视和测量，防止不合格品的转序和错误使用。

2. **适用范围**

适用于物料、中间产品和成品的放行审核。

3. **职责**

（1）生产部　负责相关记录的填写与搜集。

（2）各部门　负责完成各环节的记录和移交。

（3）技术研发部　负责审核新产品标签的法规符合性。

（4）质量负责人和质量管理部　负责物料、中间产品和成品的审查和放行审批，并审核批记录。

4. **工作程序**

（1）质量管理部门独立放行的决定权

① 企业贯彻"质量第一"思想和从事质量活动所遵守的原则；

② 赋予质量管理部门物料、中间产品和成品的放行权；

③ 对于企业生产产品过程中的所有与质量安全的检测、判定、放行等质量活动，质量管理部门有放行权和否决权。

（2）原材料放行

① 对原辅料、包材，只有经过检验合格方可进行下一流程。

② 如需要让步接受，经质量管理部门评估质量无风险后，才能用于生产，

否则按《不合格品控制程序》执行。

③ 紧急放行作业。（除材料外，其他半成品、成品无紧急放行作业）

a. 因生产急需，来不及进行检验之原材料，可由来料检验人员进行取样、巡回检查、确认。

b. 检验员对紧急放行材料样品进行检验，合格时则及时通知生产部、质监部，并取消"紧急放行"标识，换上"合格"标签。

c. 若检验不合格，则通知生产部门，将用该批"紧急放行"材料所生产的半成品/成品，及未生产的原材料部分换成"不合格"标识且停止使用，并按"不合格管理制度"相关规定处理。

（3）产品的合法性　技术研发部、质量负责人或质管部要确认产品的合法性，内容包括：

① 生产特殊用途化妆品是否有有效许可批件；

② 非特殊用途化妆品是否经备案；

③ 产品包装标签是否符合法律法规要求；

④《化妆品生产许可证》是否在许可有效期限内；

⑤ 生产项目是否超出行政许可范围；

⑥ 生产的产品是否符合产品签样标准。

（4）每批物料及成品放行的批准

① 成品放行前批生产记录及批包装记录的复核工作首先由生产部授权人担任，授权人应熟悉生产工艺规程，且具有相当的化妆品专业知识和实践经验。

② 车间申请放行的成品首先由生产部授权复核人对该产品的制造、包装文件进行复核，复核内容包括：

a. 起始物料有合格检验报告单，合格标签；

b. 生产过程符合生产工艺规程要求，符合标准操作程序；

c. 批生产记录、批包装记录填写正确、完整无误，均符合规定要求；

d. 物料平衡符合规定限度；

e. 如发生返工，执行返工处理程序，处理措施正确无误，手续齐全，符合要求。

③ 生产部审核完后将生产记录、批包装记录交质管部质量检查员审核，每批成品放行前，质管部要收集并评价一切与该批成品相关的制造、包装、检验记录，质管部主管审批。

④ 质管部质量检查员负责审核批生产记录、批包装记录、批检验记录，内容包括：

a. 现场监测记录完整、准确无误，与批生产记录、批包装记录各项一致无误。

b. 配料、称量过程经复核人复核签字无误；

c. 各生产工序检查记录完整、准确无误；

d. 半成品及包装物料检验合格、准确无误；

e. 成品取样执行标准的取样规程，取样符合要求；

f. 成品检验执行标准的检验操作规程，检验记录完整准确，复核人复核无误。

⑤ 在产品放行之前，所有变更或偏差均按程序进行了处理；经审核无误后方可签名放行。

⑥ 各项若有错误时不签名放行，需认真查明原因后再作决定，并保留不放行的记录。

5. 相关表单

①《原料检验记录》；

②《包装材料检验记录》；

③《半成品/成品检验记录》。

（五）设施设备管理制度

设施、设备是生产力的重要组成部分，是企业进行生产的重要物质基础。设施设备管理制度规定企业设施设备的采购、安装、确认和使用等过程的具体要求。目的是确保设施设备处于良好状态，方便生产操作并满足质量要求。

典型的设施设备管理制度示例如下所述。

1. 目的

提高企业设施、设备管理水平，对提高生产质量、降低成本、节约能源、安全生产及提高经济效益都具有重大意义。结合公司的实际情况，特制定本制度。

2. 适用范围

本制度适用于公司所有设施、设备的管理。

3. 职责

（1）财务部　负责对设施、设备的登记造册、固定资产编号、建立台账。

（2）技术研发部及设备管理员　提供技术支持。

（3）设备维修人员　负责设施、设备的维修及管理。

（4）设备操作人员　负责设备的使用、维护和保养。

（5）生产部门　负责设施、设备管理，对所有设备实行统一管理。

4. 工作程序

（1）生产设备、设施购置

① 采购需求申请部门根据本部门的设备状况、生产经营计划，提出设备增

加、改造和更新需求，明确设备的使用要求，填写《设备购置需求申请表》。

② 设备选型和采购。

a. 针对设备选型相关资料，在备品备件的标准化、配套性、设备可靠性和维修性、设备安全性、设备的环保与节能、设备的经济性等各方面对设备进行选型评估确认；

b. 质管部对设备的材质是否符合 GMP 要求，清洁或消毒、设备精度是否符合产品工艺参数及质量标准的要求进行评估确认；质管部对所要购置的设备进行品质风险性评估确认；

c. 技术研发部对所要购置的设备进行工艺适应性、品质风险性、技术可靠性进行评估确认；

d. 《设备选型甄选表》审批后，由工程项目部填写《设备购置需求申请表》等相关设备资料，并一同递交采购部，作为采购议价的依据。设备采购必须严格执行《物料供应商控制程序》。

③ 设施、设备开箱验收和安装。

a. 设备开箱结果按照公司流程的规定处理；

b. 开箱验收合格的设备，根据采购合同的规定，设施、设备安装必须由供应商或工程部负责设备的安装调试；危险区域的电气设备要由专业许可人员进行安装、改造。

④ 设备安装、调试和培训。

a. 安装结束后要进行测试及确认，并出具报告。

b. 相关部门组织维修工和设备使用部门的操作人员进行培训，培训情况记录于《岗位培训记录表》。

c. 非关键生产设备、设施如有需要，参照本规定执行。

d. 关键生产设备编写或修订《××设备操作及维修保养指引》。

⑤ 设备试运行。使用部门对调试好的设备按照操作指引和工艺规程进行试运行。如设备不符合申购需求和验收标准，由采购部跟进，按公司流程的规定处理。

⑥ 设备验证。

a. 设备预确认：参照设备说明书，考查设备的主要性能、参数是否适合生产工艺，设备的操作、维修保养、清洗等是否符合相关要求。

b. 设备安装确认：对设备的型号、规格、主要材质、安装条件、安装过程以及机器在安装环境下的适应性和公用介质的配备情况分别进行检查，确认本机符合设计要求，技术资料齐全，开箱验收符合规范，安装条件和安装过程均符合设计要求，安装后的设备辅助设施齐全，能满足生产需要。

c. 设备运行确认：检查并确认机器在空运转状况下，机器各部件功能的有效性、稳定性和可靠性能否达到设计要求和满足生产需要，所有配套公用系统均符合设计要求，为机器的性能确认提供依据和保障。

d. 设备性能确认：设备经预确认、安装确认与运行确认后，经验证小组对验证结果进行会审，确认系统运转正常后，方可进行性能确认工作。性能确认的目的是检查并确认设备能否连续、稳定地按设计要求进行生产，生产出的产品质量符合内控标准规定。确认验证结果是否符合。

（2）设备、设施台账及档案管理

① 公司设备主管部门要建立健全生产设施、设备台账档案、设备及技术等，并根据设备变化及时更新，固定资产卡片和设备图纸、技术资料档案做到数据准确、技术资料完整。档案材料及各项记录的填写要认真准确、字迹整洁、清晰。认真做好统计工作，及时准确上报各类报表。

② 新投产的设施、设备应严格执行竣工验收制度，安装部门应提供全部有关技术资料及完整的安装施工记录与图纸，具体验收工作由主管部门负责，验收后的原始资料存入技术档案。新购入的设备要有专人负责，做到入库设备严格验收、登记入账。

③ 公司财务部和生产部门对设备的验收、增减、转移、报废等做好记录，并于年末进行实地检查、盘点，做到账、物、卡相符合，出现问题及时处理。

④ 各使用单位要对本单位的设备进行登记造册，要落实到具体班组、个人，实行分级负责、归口负责，要保证设备的完好，提高利用率。

（3）设施、设备管理

① 设施、设备固定资产验收入库后，由主管部门统一调配，要严格执行设施、设备调配制度。设施、设备调配时，原使用单位必须保证设施、设备完好，调出、调入单位及设施、设备管理单位三方人员共同交接验收。

② 各使用单位未使用和不需用的设备应及时清理、维护，并报主管部门将闲置设施、设备调出，由主管部门进行调配，不得私自进行调配，转借或出租。

③ 特种设备必须按规定进行定期检验，检验合格，出具检验合格报告。

④ 固定资产报废要符合条件，由使用单位提出申请，主管部门组织鉴定后，填写设备报废申请书，报上级领导审批。

⑤ 各使用单位应建立健全设备的操作、使用、维护规程和岗位责任制，设备的操作和维护人员必须严格遵守。

⑥ 在设备事故管理中应贯彻执行奖惩办法，实行有奖有罚，重奖重罚，与使用单位及员工的经济利益挂钩，以促进安全生产。

⑦ 各使用单位，要建立健全使用与维护保养责任制，完善操作规程，做好设备保养记录、检修记录、运转记录、事故分析和处理记录等。

⑧ 各使用单位要保证设备的完好率，不许设备带病运转，不许违章指挥和

违章操作，定期对有关人员进行岗位培训和技能考核，确保安全生产。

（4）设施、设备维修与保养

① 设施、设备维修必须认真贯彻预防为主，养修并重的方针，认真执行使用与维护相统一的原则。在使用过程中应注重维修、保养、正确使用、规范操作，做好日常维护，真正做到"预防为主"，防患设备事故的发生，以确保设备长期正常运行。

② 设备事故直接影响生产的运行，其管理必须执行"预防为主"的方针，制定有效的防范措施，杜绝重大事故，减少一般事故。调查分析、制定和监督执行防范措施，提出事故处理意见及统计分析上报等进行全过程管理。

③ 主要设备要实行预修预检，确定维修频率、明确维修保养操作、频率、项目、负责人等内容；对生产、检验设备的使用、保养、维修等形成记录。

④ 其安全装置、各种仪表等必须按规定送检。

⑤ 维修保养需有状态标识，如"保养中""维修后待清洁""清洁后待确认"等。

（5）检修、大修

① 严格控制故障发生率，出现事故及事故隐患应及时上报、及时消除异常情况。

② 出现设备事故时，抢修要迅速，如实记录和正确统计。

② 检修计划提前上报，设备损坏严重、残余价值很小的，不列入检修计划。

④ 大修设备拆装时，必须通知公司领导进行检验确认，以备结算。检修时，必须认真填写检修记录、施工记录单、设备档案及报表。

⑤ 对设备事故应进行全员管理，各使用单位应发动全体员工，包括部门领导、维修工人、操作工人都必须参加设备事故管理。

⑥ 对设备事故的管理应专人专责，对事故从组织抢修、调查分析、制定和监督执行防范措施，提出事故处理意见及统计分析上报等进行全过程管理。

⑦ 维修保养拆下的零部件由托盘装盛，不可随便乱放；需加润滑油的地方，如果有可能接触到产品，需使用食品级润滑油。

⑧ 缺陷设备也应有适当标识，必要时隔离，防止非预期使用。

5. 相关表单

（1）《设备购置申请表》；

（2）《设备验收单》；

（3）《设备台账表》；

（4）《设备运行记录表》；

（5）《设备维修记录》；

（6）《设备日常维护保养记录表》；

（7）《设备报废单》。

（六）生产工艺管理制度

该制度规定了工艺（操作）规程的制定、修改、贯彻执行以及工艺变更等管理要求，目的主要是为了建立和管理与生产相关的工艺条件，适用于化妆品企业产品生产的工艺管理。

典型的生产工艺管理制度示例如下所述。

1. 目的

建立与生产相适应的生产工艺管理制度，确保生产条件（人员、环境、设备、物料等）满足化妆品的生产质量要求。

2. 适用范围

适应于各车间生产工序的工艺参数、材料、设备、人员和测试方法等所有影响产品质量的生产阶段。

3. 职责

（1）生产厂长　负责制订《生产计划》；负责生产过程中的综合调度。

（2）生产部　负责生产动力设施及时供给合格的水、蒸汽、压缩空气、电力等资源；编制设备的操作规程及设备维护保养计划；负责按生产指令单，在规定的工艺要求和质量要求下，组织安排生产，并对生产过程进行控制。

（3）仓库　负责按照生产派工单所开具的领料单进行原辅材料发放；对各车间退回的物料做入库工作。

（4）技术研发部　负责生产工艺技术及半成品标准制定；在首次生产时进行指导；明确关键工序和特殊工序；负责编制工艺规程和作业指导书。

（5）质管部　负责所有原辅材料、半成品、成品按品质标准进行检验；负责安排现场巡检员对生产现场的产品质量进行过程监督。

4. 工作程序

（1）生产前的准备工作

① 生产计划指令和准备。

a. 计划调度员考虑库存情况，结合车间的生产能力，制订《生产计划》，经经理批准后，发放至相关部门作为采购和生产依据。

b. 在确保每个生产订单所有原材料配套齐全后下达，生产车间根据生产计划制定生产指令，生产前由车间负责人下达批生产指令，包括批号、批生产量、执行标准、生产流程、生产配方等信息。

c. 生产部根据周计划编制《车间每日作业计划》，车间主管/班长把计划分解到各小组或生产线直至各岗位，并对每日计划执行情况进行跟踪。

d. 各车间均须严格按确定的日生产计划安排工作，一切有影响计划实施的因素或异常现象产生，车间主管需做有效的记录，每周统一汇总，报备生产部。

②　资源供给。

a. 各相关责任人员根据生产需要，确认供给合格的水、蒸汽、压缩空气、电力等资源，保障生产设备的正常运转。

b. 质管部微生物检测人员按检测取样规定对纯水和空气进行质量控制。

c. 所有生产员工都需经过岗前培训，尤其是关键和特殊工序的操作人员必须经过严格的培训和考核，以保证生产顺利进行。

d. 本工序的工艺规程及规程文件，批记录等。各车间应有可依据的规程和岗位操作作业指导书。工艺规程包括配方、称量、配制、灌装、包装过程等生产工艺操作要求及关键控制点。按照确保同一批次产品质量和特征的均一性划分生产批次，规定产品批次的定义，设计可追溯的产品批号，确保不同批次的产品能够得到有效识别。

e. 生产前，车间主任或组长落实工艺技术准备工作，对照批生产指令做好生产前确认工作，应确认批号信息，保持已清洁消毒的生产环境及设备，生产设备及计量设备运行良好，标识正确、质量合格的原物料，确认生产过程中相应的操作工艺是否具备且满足要求。

③　物料准备。

a. 各车间依据《生产计划》，生产部根据每日生产计划，由仓库保管员按照订单号遵循先进先出的原则分别进行材料的准备。开出配料单，由称料组到原料仓库领料。

b. 生产所需物料应由生产部根据生产计划的需要填写《领料单》后到仓库领料。进入清洁区和准清洁区的物料根据不同的原辅材料性状做使用前预处理工作，使用的内包装材料按规定的方法，如采用倒置除尘、吹扫等方式进行清洁，必要时经过消毒，保留内包材消毒记录。如：洗瓶、吹瓶、衬盖、脱外包装箱等。

c. 各车间各生产线物料使用控制需有明确的领用数、生产数、次品报废数、剩余良品数的前后原始数据记录，确保物料消耗可控。

d. 生产原材料应经过物料通道进入车间，人流、物流通道分开，避免交叉污染。

④　清洁消毒。

a. 生产前按照规定的清洁消毒规程对生产区域及设备进行清洁消毒，保留清场记录。

b. 清洁工器具选用无纤维物脱落的材质制成的工器具，例如：扫帚不可使用。

c. 清洁工器具按照洁净等级不同分区摆放及使用，不可混用。

d. 消毒用消毒剂应保证具有灭菌效果，是卫生行政部门批准使用的种类，且消毒剂的使用不可对产品造成影响。

e. 消毒剂的领用需建立台账，保留消毒剂配制记录。

（2）生产过程控制

① 生产过程中的卫生控制。所有生产人员在生产过程中必须遵守企业《卫生标准操作规程》的要求。员工卫生管理符合工厂《人员健康卫生管理规范》，各主管如实记录《个人卫生检查表》。

② 生产计划调整控制。

a. 生产部对每日赶货的产品，必须优先安排生产。

b. 《生产计划》将随采购、生产和销售情况的变动而及时做出相应更改。

③ 生产作业控制。

a. 由生产部根据计划部每日生产计划将每日生产安排下达至生产工序主任或组长。下达后，各生产小组进行合理调度，确保生产计划的按期完成。

b. 各岗位员工按化妆品加工工艺和设备设施的操作指引作业，按计划完成任务。

c. 由车间各管理人员负责合理调配资源，并跟进生产进度的完成。

④ 半成品制造过程控制。

a. 配料：从原料库直接领出原料，并同步核对《配料单》上所需原料是否一一到位。由配料称重员严格按照配料称重操作规范及时将每套乳化锅相应的原料做好提前配料工作，配料、称量、打印批号等工序需经复核原料的名称、数量、批号，产品批号打印记录是否与批生产指令相符合，保留操作人和复核人签名，无误后运送到制造车间。

b. 操作人员要仔细阅读配方单上的制造工艺，检查制造锅是否清洗消毒完毕，是否有上一批产品的原料残留，确认清洗消毒无误后，填写《乳化锅清洗消毒记录单》。严格按照工艺要求和制造操作规范进行操作。

c. 制造人员应按照工艺要求将那些需进行预处理的原料按规定的方法执行，注意按照顺序和相别在规定时间、温度、压力等条件下依次或分类投入锅内进行加温、搅拌、乳化、均质、抽真空、降温等操作，确保产品质量。每一个操作环节如实及时地记录在《生产过程记录单》上。

d. 完成一料的所有操作后，要求操作人员请现场检验员对膏体性状进行出料确认，检验外观、颜色、气味、涂抹、pH 值等基本指标合格后在《出料确认单上》签字，即可出料。中间产品需规定储存条件和期限，并在规定的期限内使用。生产过程严格按生产工艺规程和岗位操作规程实施和控制，及时填写批生产记录。

e. 出料时，取样向质管部品控处提供理化、微生物检验用样品及留样，同时填写《半成品送检单》。

f. 由制造人员负责填写《膏体跟踪单》，标明：膏体品名、批号、生产日期、净重、操作人等内容，放置膏体暂存区域，缴库手续完毕后入半成品库。

⑤ 生产过程控制。

a. 生产过程注意防止混淆、差错、污染和交叉污染。产气、蒸汽、喷雾的物料或产品需有良好防护措施，以防止污染和交叉污染。

b. 清场管理控制制度。

ⅰ. 每批产品生产开始和结束，必须对生产线各工序操作间进行清场。

ⅱ. 更换品种、规格和批号前，必须按《清场管理规程》的要求对作业场所进行彻底清理及检查，确保生产线或工序操作间内没有与待生产产品无关的物料及文件，预防混乱/混批事故发生，以确保产品质量。清场人员须认真填写《清场记录》。清场人员、清场检查人员均需在相关清场记录上签名。

ⅲ. 批产品生产操作前，生产操作人员必须查验清场情况。若超过清洁有效期，必须重新清场。

ⅳ. 清场检查由品管担任且必须有丰富的生产经验并经专门培训并考核合格，培训和考核由质管部进行，统一管理。

ⅴ. 清场及清场检查工作不得兼任，清场人员按本程序进行清场；清场检查人员进行独立的复查，生产现场管理人员陪同见证。

ⅵ. 若清场检查时发现任何与待生产产品无关的物料及文件必须立即移走。

c. 设备清洗确认。将要生产的产品所需的半成品、物料备料至生产区域，在灌（包）装前，按组件清单的内容再次予以核对、记录；根据《设备清洗记录单》确认设备已经清洗消毒。

d. 净含量的调试：生产人员根据《设备操作说明书》，《包装作业指导书》进行净含量的调试和灌（包）装。

e. 产品生产过程中，确保灌装量符合要求，内塞、拧盖、贴标、折盒、包彩盒、物流码打印、入中盒、大箱等岗位操作要求符合公司产品质量要求。

f. 暂存区原材料、中间产品、待检品的存放需标识物料名称、有效期、储存条件，需加盖或密闭保存。盛有物料或已清洁的容器及设备不可敞口放置或接触地面放置。

（3）过程质量控制

① 质管部根据公司《检验管理制度》《不合格品控制程序》等品质控制作业指导文件对产品质量严格控制。生产过程应按规定开展过程检验（过程检验包括首件检验、巡回检验和完工检验）；根据工艺规程的有关参数要求，对生产过程进行监控，并对关键工艺参数进行监控和及时记录。

② 首件检验。每条线需严格执行以标准样品进行首件确认的制度，每道工

序员工将品名、膏体、使用包材、包装工序等内容在首检单上一一自检签字，后道工序做互检，质管部做首件的最终确认，保证产品不出错，方可连续生产。

③ 各工序的工作人员，必须时刻做好自主检验，发现不良品时应予以挑出。现场品管员依据《巡检记录》，对生产现场进行过程品质检查，并将检查结果记录于表格中，当发现有不符合项目时，有权力暂停生产，不合格品应按流程处理，并查找原因，进行追溯和纠正，并通报品管部主管及车间主管予以处理。

④ 对生产过程中的中间品和半成品做好状态标识，并适当地进行过程检验，保存好检验记录。

⑤ 包装后的产品，经当值质管人员对产品完工检验，检验合格并在入库单签名后才能入库，入库的产品须待微生物等指标检验合格后才能出货。

（4）生产后检查

① 生产订单完工后，班组长需关注已经生产完毕的派工单，应将相关领料单进行整合，记录相应的完工数量，再根据派工单的领料总数，完工入库总数，推算车间应退的包材或膏体数量，确认所有的良品剩余包材、次品包材和报废品包材都一一对应，则打印相关退料单。

② 车间物料退仓前应重新包装、要求品名、批号、数量、状态、日期标识正确，零星摆放整齐，封箱良好。

③ 每一生产阶段完成后按规定进行清场，并填写清场记录。每批产品应进行物料平衡计算，确保物料平衡符合要求，若出现偏差，需进行原因分析，确认无质量风险后方可进入下一批生产。

④ 生产过程中生产废弃物及时收集，集中存放于不会影响产品的区域且需有标识，分类存放。将每一批的生产废弃物转移出生产车间，防止产品交叉污染。

（5）生产变更控制

① 客服部接到客户订单要求，需对产品进行变更时，计划部按照客服部对于订单要求向生产部提供明确的更改或调整通知单，以便于生产部跟进配合；

② 涉及产品工艺参数及内控标准更改的，由技术研发部提供更改工艺单、半成品内控标准给生产部和质管部；

③ 涉及交货时间、数量变更或取消订单的，客服部必须及时通知计划，由计划调整生产计划并下达至生产部。

（6）在制品、成品的处置　生产部、物流部相关人员将经 QA 和 QC 检验且标识后的产品分别进行以下处置。

① 合格品：由相关人员将合格品存放在合格区域。

② 不合格品：由相关人员将不合格品存放在不合格区域并明确标识，按照《不合格品控制程序》执行适当处置。

（7）生产过程设备使用与管理控制

① 各车间主要设备操作，相关工人必须培训合格考核后上岗操作。

② 各车间所有使用的设备必须由相关操作人进行日常保养、维护并按时认真地记录于《机具设施日常保养记录表》中。

③ 设备简易故障由操作者参阅操作说明书自行调整及解决，对其他故障需由车间技术员通知工程部维修人员解决，并将结果记录于《机具设施维修记录表》中。

④ 各车间所有设备清洗消毒按照《卫生标准操作规程》管理程序执行，所有灌装设备、储存容器及辅助设备、管子、勺子、刮板、过滤装置及网的清洗，须先用高压水枪或毛刷将肉眼可见的污渍除净，然后放置在水槽中清洗。最后用75％乙醇进行消毒。

⑤ 灌装设备使用前组装时需再次用75％的乙醇喷洒各部件及设备上各拐角、死角，保证设备消毒到位。

（8）环境控制和清洁消毒管理

① 各车间环境控制以企业的温湿度控制制度为标准，由各车间主管负责如实记录《温湿度记录表》，定期安排人员做好中央净化系统的回风口滤网清洁工作，同步关注环境微生物测试报告，确保生产环境符合行业卫生规范。

② 各车间清洁消毒按企业的《卫生标准操作规程》管理程序执行，所有的生产设备使用前确认已经清洁和消毒。设备和器具使用完，必须在8h以内完成清洗，以防止微生物污染。

③ 所有的设备要求清洁后表面不得粘有粉尘、污渍、油渍，见其本色及光亮。各车间操作台面、地面、门、护栏等场所无尘埃，废弃物产生及时清理，每天下班后按卫生排班表彻底清洁工作场所。

5. 相关表单（略）

（七）卫生管理制度

化妆品卫生质量要求包括：

①微生物学质量要求；

②化妆品中所含有毒物质的限量。

化妆品中所含有毒物质的控制主要通过控制原料来实现，而微生物污染来源很广，如：生产用水不纯净，原料污染，生产和灌装设备没有灭菌，作业场所污染，包装污染，操作员不卫生，清洗和消毒程序的变化等，故微生物学质量要求控制要从生产的全程进行控制。

卫生管理制度规定了化妆品卫生管理的要求及检测方法，作为检查每批产品（包括半成品和成品）、水质、企业内部作业场所、微生物实验室、生产设备、器皿的清洗状态和从业人员的卫生要求，以防止化妆品微生物污染及其他污染为目的。

典型的卫生管理制度示例如下所述。

1. 目的

为规范化妆品生产相关区域各个方面的卫生管理，明确卫生责任和要求，降低或消除对产品的污染机会，最终保障产品的质量安全，特制定本规定。

2. 适用范围

适用于生产相关区域的日常卫生清理、维护和管理工作。

3. 职责

（1）QC 部门　负责微生物检测。

（2）生产车间　生产操作人员按要求做好主管区域清洁卫生工作。车间主任、车间副主任负责监督车间卫生工作实施情况，并对各班组、个人作考核记录。

（3）仓库　负责保持库区卫生清洁，确保所存物品无变质、霉烂现象；清扫储存、运输和装卸器具。

（4）清洁工　负责打扫控制楼通道、洗手池、卫生间等。

4. 工作程序

（1）产品卫生总要求

① 各类产品的卫生要求见各产品的执行标准。

② 每批产品均由专人进行微生物检测，半成品检测结果记录在《半成品实验单》中，成品结果记录在《成品检测报告》中。

③ 每批产品检测若发现微生物超标，在此批产品上张贴不合格标签，同时通知生产部门进行处理。

④ 检测合格的产品放置 6 个月的，要对其微生物再次检测，并记录检测结果，若微生物超标，则判此批产品为不合格，张贴不合格标签，并通知生产部门进行处理。

（2）原料与包装材料的卫生要求

① 每批产品原料用的去离子水或纯净水应经过消毒（可用紫外线），同时定期（通常为每周一次）取样送 QC 人员进行微生物检测。

② 生产用水洁净度测定。按照"洁净水测定标准"，每星期一次由品管部检查。

③ 水处理区域应及时修理漏水部件，保证进水污染指标不超标，否则暂停使用。细菌滤器压差大于 0.1MPa 时，应立即更换滤芯，拆下后用 2% 草酸清洗。机器滤器压差大于 0.1MPa 时，必须反冲，对整套系统和大储水箱应定期（半年一次）进行清洗和双氧水消毒。

④ 原料入厂后或使用前应由品管部 QC 人员对其进行微生物检测，必要时送法定检测机构进行有毒物质的检测，防止不合格原料的使用。

⑤ 注意包装材料的微生物污染，通常需换包装，进入包装间使用。

（3）实验室、作业场所、设备、器具卫生要求

① 微生物实验室非专人不得进入，进入前要换服装，同时要对需检测的产品外部及需用的工具用 75% 乙醇消毒。

② 微生物实验室在每次实验前半小时进行紫外线消毒，实验完毕，所用器具清洗后用 75% 乙醇消毒，培养皿等玻璃器具用高压灭菌消毒，实验室用紫外线消毒半小时。

③ 作业场所环境卫生要求，按照"清洁度测定基准"的规定，由品管部进行检查，各相关部门负责实施。

④ 制造用的加热釜、搅拌器及转移产品用的塑料管、过滤网及桶盖都要经过清洗和消毒，生产设备、器具和灌装设备的卫生，由生产部门执行，品管部监督检查。

⑤ 按照"消毒液规定"，生产部门依不同用途到仓库领取消毒液，做好现场消毒工作。

⑥ 生产制造人员从仓库领料和称量过程中的所有容器都要经过清洗和消毒，或使用一次性塑料制品，塑料制品每批进货都要经 QC 检测合格。

⑦ 空压机房及空气过滤器要定期清洗油污。

（4）半成品和成品的卫生管理要求

① 半成品在制造完成后，应通知 QC 进行取样检测，合格后才能转序。

② 半成品取样过程中使用的消毒工具应避免污染产品，过滤后进入大桶储存期间应紧盖密封（应加封塑料膜的产品，塑料应与产品紧贴）。

③ 半成品制造区域的环境要避免霉菌产生，每批产品生产结束后，所有用具和操作平台应进行清洗和消毒，必要时用有机溶剂清洗，对反应釜要附清洁单，注明清洗人和日期，清洁后有 10 天的有效期，如需延期使用应征得 QC 人员同意并签发，中间遭遇污染应重新清洗。

④ 成品在包装完成后，品管部需抽样检测，合格后方可入库。

（5）清洗间的卫生管理要求

① 清洗人员要经过培训。

② 进入清洗间的机器设备、软管和储存桶等要及时清洗，以免增加清洗难度及增加污染机会。

③ 清洗和消毒的程序及溶液的配制稀释要按规定的要求进行，并应有备份存放在清洗间，随时备查。

④ 清洗消毒完毕后，要附清洗单，上面要填写清洗人、清洗日期，有效期

为十天，需延期应征得 QC 同意。

⑤ 清洗过程中去除污渍用的刷子和刮勺等专用工具要求及时去污，必要时用有机溶剂清洗，存放不用时用乙醇浸泡。

⑥ 清洗间的墙壁、窗台、天花板要定期清洗和打扫。

（6）生产人员个人卫生管理要求

① 生产人员上岗前应进行健康检查，取得健康证后方可从事化妆品的生产活动。

② 生产人员上岗前还应经过卫生知识培训，并取得卫生培训合格证。

③ 生产人员进入车间前必须更衣，穿戴整洁的工作服、鞋、帽，工作服应盖住整个外衣，头发不得露于帽外，并洗净双手。

④ 直接与原料、半成品和成品接触人员操作时不准染指甲、戴首饰。

⑤ 手接触脏物、进厕所、吸烟、用餐后都必须洗涤双手方能进行工作。

⑥ 工作时不得吸烟、饮酒、进食或进行其他污染化妆品卫生的行为。

⑦ 不得穿工作服、鞋进入厕所或离开生产加工场所。

⑧ 不得将个人生活用品带入或存放在生产车间。

⑨ 化妆品从业人员平时应勤洗头、洗澡、换衣、剪指甲。

⑩ 特殊岗位的操作人员一律戴一次性手套工作，并及时更换。

（八）留样管理制度

该制度要求企业针对每批产品留取一定数量的样品并妥善保留，考察产品的稳定性。目的是为确保产品的可追溯性及产品有效期内的质量特性，并作为质量争议时的仲裁依据。

典型的留样管理制度示例如下所述。

1. 目的

为确保产品的可追溯性及产品有效期内的质量特性，及作为质量争议时的仲裁依据，并为制定产品储存期限提供科学依据，特制定本制度。

2. 适用范围

适用于生产过程中涉及的原料、半成品及成品的留样管理。

3. 职责

质量管理部门负责产品的留样、观察、检测和记录。

4. 工作程序

（1）留样管理

① 留样包括原料、成品的一般留样和重点留样。留样应储存在专用的留样库内，并有专人负责管理。留样应对温湿度进行监控。

② 留样库应按实际需要，每天检查一次留样库内各区的温湿度，并记录结

果，若温湿度有偏差，应采取措施纠正。

③ 留样数量。

a. 一般留样量为一次全项检验量（按产品执行标准）的 2～3 倍；

b. 重点留样量根据考察项目及次数计算，为所有考察用量的 1～2 倍。

④ 样品接收。每批留样都应附有标签，标明品名、规格、批号，排列整齐，易于识别。留样管理员在接收样品时，应检查所有容器是否均贴有标签，认真核对样品的名称、批号、数量，填写"留样登记表"。

⑤ 一般留样的使用。一般留样只在用户投诉处理过程中确有必要时方可使用。动用一般留样必须填写留样取样单，标明所需样品的量及理由，并经质量部经理批准。样品发放后取样员应立即在记录本上登记，并将此取样申请单放入该批档案。

⑥ 留样的保存期。留样必须存放在规定的储藏条件下，一般保存至产品有效期后一年，未规定有效期的保存三年。重点留样与一般留样的样品应分开存放。

（2）重点留样考察

① 重点留样考察计划。质量管理部应当制定本公司全部产品的重点留样考察计划。

a. 新品种　考察计划应包括投产的前三批产品，其余同常规品种。

b. 常规品种　对常规生产的每个品种，每年应留样考察 1～3 批，具体方案如下：每年生产少于 10 批的，考察 1 批；每年生产 10～25 批的，考察 2 批；每年生产多于 25 批的，考察 3 批。

c. 永久性变更的品种　当产品的配方、生产工艺或内包装材料发生永久性变更，而这些变更会影响产品稳定性时，变更后的前三批须包括在重点留样考察计划内。

d. 临时性变更的品种　如果某一批产品生产过程中因特殊原因，作出了可能影响产品稳定性的临时性决定，如配方、生产工艺或内包装材料的变更，则该批产品须包括在重点留样考察计划内。

② 检查频率。每个产品考察至产品（拟定）有效期加 12 个月。新品种重点留样每 6 个月检查一次；正式生产三年后，产品质量稳定的转为常规品种，每 12 个月检查一次。

假如某一批的二次检查间隔时间少于 12 个月，则检验应在距计划日期的前后两周内完成。假如检验的间隔时间超过 12 个月，则检验应在距计划日期的前后 1 个月内完成，但在有效期快到期的那次检验，应在有效期到期前进行。

③ 检验项目与检验方法。检验项目与检验方法由质量管理部制定，原则上应与该品种常规检验相同。

留样管理员应根据留样检查频率，安排留样检查计划，将有关批化验记录填上待检样品的名称、批号和待检项目，和样品一起送化验室，按规定的检验方法检验。

④ 评价和报告。必须在检查频率规定的时间范围内，将检验结果及有关分析数据进行评价。

必须查明及确证对稳定性有影响的疑点或实际偏差。

在有效期内达不到要求或存在不能接受的倾向性问题时，应及时报告有关负责部门，以便采取诸如缩短有效期、修改质量标准或配方、或从市场收回产品等必要措施。

⑤ 每年年底，作留样情况小结，经 QC 主管审核后，汇总到产品质量档案。

（3）留样的销毁　超过保存期的化妆品，填写"留样销毁申请单"，经 QC 主管审核后销毁。QA 主管应现场监督，并填写"留样销毁记录"。

（九）内部审核制度

该制度规定企业应按照一定的频率进行自我检查，以便尽早发现管理上的漏洞和差距，从而不断进行自我改进和提高。

内审制度内容包括但不限于内审计划、内审的频率、内审员的选择、检查项目确定、内审记录、问题的改善和跟踪等。具体要求方面应注意规定内审员不应检查自己部门，内审员应获得相应资格或者通过培训以及其他方式证实能胜任，知悉如何开展内审。内审检查完成后应形成检查报告，报告内容包括检查过程、检查情况、检查结论等。

内审结果应反馈到上层管理层。对内审不符合项应采取必要的纠正和预防措施。企业应定期实施系统、全面的内部检查，确保管理系统的有效实施。

典型的内部审核制度示例如下所述。

1. 目的
验证质量管理体系的持续符合性、有效性。确认过程绩效是否能有效保障产品质量卫生安全。

2. 适用范围
适用于公司建立的管理体系内部审核。

3. 职责
（1）质量负责人或管理者代表　制定内部审核计划、内部审核小组的建立及内审小组长的任命。

（2）审核小组　内部审核的执行及不符合项实施情况及效果追踪。

（3）相关责任部门　内审的配合及审核发现不符合项的原因分析和改善对策的制定与执行。

4. 工作程序

（1）内部审核作业流程　见图3-6。

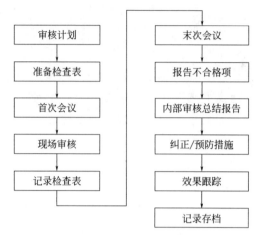

图 3-6　内部审核作业流程

（2）内部审核计划拟定

① 公司质量管理体系内审计划半年进行一次；质量负责人可以将内部审核当作一种管理手段，不断完善体系。

② 当管理体系有重大变化或发生重大不合格时，质量负责人可临时决定增加内部审核的次数、审核范围及审核重点。

③ 每次内审活动开展由质量负责人指定本次内审人员，并认命内审小组长，内审组长提前一周拟定《内部质量审核计划表》，经质量负责人审核并呈送总经理批准。

（3）内部审核检查项目　审核小组组长组织内审人员编写《内部质量审核检查表》做好审核准备。

（4）审核的实施

① 首次会议。质量负责人主持首次会议，宣布审核计划、目的、范围和审核程序，所有审核组成员和被审核部门负责人参加。确认审核的具体时程安排和其他注意事项，并在首次会议上作如下事项的声明：

a. 审核的依据、范围、方法。

b. 审核依据：公司质量管理体系文件、化妆品生产许可检查要点、产品标准、化妆品相关其他法律、法规。

c. 审核范围：质量管理体系所涉及的产品、部门、活动的区域。若因特定的审核目的和方式，可指定具体的审核范围。

d. 审核方法：审核的基本方法为抽样审核，按部门或过程进行集中审核。

② 现场审核。

a. 审核组组成：每次审核前，由质量负责人筹组审核小组。审核小组由具有内部审核资格的人员组成。每次审核时审核小组成员不得少于二人，内审员应独立于被审核的部门。审核人员的选择和审核的实施应确保审核过程的客观性和公正性。

b. 审核组根据现行质量体系文件和审核计划，按内部质量审核计划进行工作分配并审核，检查现场、收集证据、查明与质量体系文件和其他要求不一致的地方，记录于《内部质量审核检查表》，并与受审核单位沟通确认。

（5）不合格报告　审核完成后，举行内审小组会议，检讨审核结果与不符合事项，审核小组人员整理编写《内部质量审核不符合项报告表》。

（6）末次会议　质量负责人主持总结会议，向受审方陈述内审工作情况，提出发现的不合格项，并批准发出《内部审核不符合项报告表》，通知被审核部门依《内部质量审核不符合项报告表》采取纠正预防措施。

（7）不合格项改进

① 审核组将审核过程中的质量管理体系符合性、适宜性及有效性的不合格项记录于《内部审核不符合项报告表》，并交受审部门限期整改。

② 审核组跟踪改进的情况，对无法完成的整改、纠正预防事项，向质量负责人提出，由审核组进行相关的讨论和审查。

（8）审核总结报告　审核组整理内审记录的资料、改进结果等形成《内部质量审核总结报告》，报总经理审阅。内部审核记录由质量管理部门保存归档。

5. 过程记录

①《内部质量审核计划表》；

②《内部质量审核检查表》；

③《内部质量审核不合格项报告》；

④《内部质量审核总结报告》。

（十）追溯管理制度

该制度建立的目的是确保整个化妆品生产过程都是可以追溯的。企业应建立从物料入库、验收、使用及产品生产、检验、销售等全过程的追溯管理制度，保证产品的可追溯性。这一点在产品或材料发生质量问题时显得尤为重要。

具体地说，当企业得知某一批号的产品有质量问题时，应该能够根据生产批号查出与此批次产品相关的所有运输储存记录、生产记录、半成品检测记录、相关设备的清洁消毒记录及原材料和包装材料的接收和检验记录等。由此可以知道整个生产过程是否发生异常，这对于调查质量问题及采取改进行动是十分重要的。相反，如果企业得知某一批次的材料存在质量问题，也可以通过上述系统追溯出所有下游过程的相关记录，及时控制产品，减少损失和对消费者的危害。

典型的追溯管理制度示例如下所述。

1. 目的

对产品进行有效的标识，在有追溯要求时，确保产品具有可追溯性。

2. 适用范围

适用于本公司采购的原材料、过程产品和最终产品的可追溯性控制。

3. 职责

（1）市场开发部　负责开发产品标识的设计。

（2）仓库、生产部　负责对产品进行标识、标识转移以及标识的记录。

（3）生产部　负责物流系统的监督、控制，生产过程标识检查，在需要时负责组织产品的追溯工作。

（4）技术部　负责最终产品标识的文案工作。

4. 工作程序

（1）产品标识　公司对产品实现的全过程物流卡、标牌、记录单、永久性标识、放置地点以及批次管理等形式进行标识。采购物料的标识由供货商负责，仓库保管人员对接收产品的标识进行检查；生产过程中生产部必须做好标识，并负责标识转移。

（2）产品可追溯性标识方法

① 公司根据产品的重要程度和对其后制造、使用性能的影响，对包装材料、原材料、半成品、成品实行批次管理，以便当发生以下可追溯性要求时，进行产品追溯。

a. 顾客或合同中有可追溯性要求的；

b. 发生顾客投诉，且需追溯时；

c. 当发生质量事故且需追溯责任岗位时；

d. 政府规定或内部其他情况必须追溯时。

② 批次管理的基本原则。

a. 不同批次的产品必须分开存放，先进先出，不得混放/混发。

b. 产品标识（如材料领料单等）随本批首件产品一同流动。

c. 制造过程必须按序流动，不同批次适当隔离。

（3）采购物料进货、储存、发放的批次管理

① 仓储部在采购物料时，应要求供应商在采购产品外包装上或附带文件上，以适当的方式标明产品名称、生产厂家、数量、产品批号等内容。

② 采购物料到货后，库房保管员填写《进仓单》，标明产品批号，交检验人员进行产品检验。

③ 对检验合格的物料，仓库保管人员将物料分类放置在定置区域，不同批次的物料应分批存放，包装上的物料批号应易于查找。

④ 物料发放时，仓库保管员在《材料领用单》上注明所发物料的批号，并把批号传递到物料的下一个使用部门。发放时应成批发放，先进先出。

（4）半成品生产过程标识的控制和管理

① 原材料在生产工序投入生产时，将《生产配料单》上注明的原料批号、填写在配料单上，称量核对后，然后再组织生产。

② 半成品完成后，入库/或转入下一道工序时，《进仓单》随当批半成品一起流转。

（5）灌装包装过程标识的控制和管理

① 灌装车间接到车间负责人下达的生产计划单后，根据生产安排进行灌装。

② 当灌装完成后，通知 QC 进行成品检验。

（6）成产品标识的控制和管理

① 成产品在完成检验合格后，由生产部门负责打码标识。

② 成品标识应做到清晰、牢固耐久、保持完整、便于追溯。

③ 无标识的产品禁止出厂。如顾客有特殊要求的，按合同规定处理。

（7）产品标识的跟踪和管理

① 生产管理人员负责，当发生可追溯要求时，可及时查询产品批号、生产时间和责任部门。

② 生产部应在文明生产检查中对物流情况、产品标识情况进行检查和监督。对不认真执行产品标识的责任人员追查责任、给予考核。

（十一）不合格品管理制度

该制度包括不合格品的反馈、标识、隔离、追溯、处理、返工或报废、纠正、记录等操作，目的是为了确保有效地管控不合格品，避免其再次混入生产经营过程而进行的一系列具体的规定。本制度适用于化妆品企业包括原料、包装材料、半成品、成品和退货产品等各种不合格品的控制。

典型的不合格品管理制度示例如下所述。

1. 目的

为了有效控制不合格品，避免原辅材料、半成品及成品不恰当使用或流出，确保产品质量能符合客户需求。

2. 适用范围

本制度适用于本公司各种不合格品的控制，包括原料、包装材料、半成品、成品和退货产品等各类不合格的控制。

3. 职责

（1）质管部

① 负责制定《不合格品控制程序》及合格质量标准；

② 负责组织对重大不合格或不合格品的影响与处理程序；

③ 负责定期对不合格品进行统计、分析和评审；

④ 负责制定和批准返工方案、处理方案及处理建议。

（2）生产车间

① 负责对不合格在制品、半成品及成品进行标识、隔离；

② 负责按经审批后的不合格品处理方案进行处理；

③ 负责不合格品的原因分析并积极预防纠正；

④ 负责培训相关员工不合格品管理制度。

（3）仓储部

① 负责原辅材料等不合格品的标识、隔离；

② 负责按经审批后的不合格品处理方案进行处理。

4. 工作程序

（1）来料不合格品控制

① 来料经检验员检验不合格的，由检验员在相关检验记录上注明不合格后，交质量管理部门负责人批准。

② 质管部责任检验员和责任仓管员根据《原料检验报告》或《包装材料检验报告》上异常审批结果对原料或包装材料进行处理，有以下几种处理办法：

a. 拒收（退货）：检验员标识不合格标签，责任仓管员将其存放于不合格品区，并跟进实物退货。

b. 挑选：检验员标识不合格标签，由本公司生产部或供应商派人进行挑选，挑选后由责任检验员进行全项目复检，合格部分由检验员签单，仓管员将其存放于合格品区办理入库，不合格部分经检验员标识不合格标签后退还供应商。

c. 特采（让步使用）：由仓管员将此物料存放于合格区，正常使用。

d. 换货。

（2）生产过程不合格品（含原辅材料、半成品配制、半成品库存超期及半成品灌、包装全过程检验）的控制

① 生产使用过程中，生产部自检或品管部专检发现批量较大之品质不合格原料或包装材料时，发现单位须即时填写《质量事故处理报告单》，报质管主管确认，退回仓库后，由仓管员将其隔离并督促采购办理相关退货或报废手续。

② 对检验员检验判定的不合格品，须挂上"不合格"标牌或其他不合格标识放置于不合格品区域，并专区存放，发现半成品不合格时须即时报质管部主管确认，经确认异常后品管部填写《不合格产品处理单》，交技术主管调试返工

方案，经不合格的物料、中间产品和成品的处理最终应经质量负责人批准。

③ 半成品库存期超出 3 个月时，半成品仓管员须提请品管部进行超期重检，超期重检项目同半成品初检项目，检验若不合格则即时提报异常，交技术开发部主管评价并提出处理意见。

（3）成品不合格品的控制

① 入库成品不合格管理：质管部对判为不合格的成品进行标识，生产部将其隔离，若为包装材料异常，质管部现场指导生产部返工；若为内容物异常，由质量管理部门会同生产部及责任部门对不合格品进行集中评审，填写"不合格品处理记录"，由质量管理部门提出处置意见，质量负责人批准。

② 退货成品不合格管理：责任检验员检验完退货后，将退货检验结果如实填写于《产品返货报告表》，由质管部主管确认并提出处置建议后上报厂长，由厂长审批处理方案，质管部、仓储部、生产部跟踪处理结果。

（4）不合格品隔离

一旦发现任何不合格品，质管部须及时按《产品的标识和可追溯性控制程序》作出品质状态标识，负责保存或放置该不合格品的部门须注意隔离存放，以防止处理前的误用。

（5）不合格程度分类

① 严重不合格：经检验判定的批量不合格（批量 50％ 以上）、连续重复发生的不合格、造成较大经济损失的不合格（损失 5000 元以上）、出现用户连续抱怨和投诉的不合格以及直接影响产品主要性能技术指标的不合格。

② 一般不合格：经检验判定个别或少量不合格，未造成较大经济损失，且不直接影响产品性能技术指标的不合格。

（6）返工处理

① 若产品需返工，返工后产品需要经过重新检验，合格后由质量负责人签字才能放行，保留返工产品的记录以表明返工产品符合成品质量要求，得到质量管理部门的放行。

② 返工后产品经过重新检验仍不合格，则不可放行，并保留拒绝放行记录。

（7）不合格品的后续工作纠正和预防措施

① 凡检验过程中发现的不合格品均由各工序检验人在各"检验记录"上进行记录，以便汇总分析，保留不合格品处理记录。

② 质量管理部门每月对不合格品进行分类汇总，以确定产品的一次交验合格率。

③ 对于重大或经常性不合格的问题，应按照一定规则进行分类、统计、分析，如鱼骨图、柏拉图、直方图等。经过一段时间的统计，找寻主要类别的不合格品进行纠正和预防，找出源头，采取质量改进措施。

④ 对不合格品产生的原因需由质管部协助责任部门对其进行分析，明确责任，制定行之有效的纠正措施。所采取措施的有效性由质量管理部门进行跟踪验证。

（8）交付或开始使用后发现的不合格品　对于已交付后发现的不合格品，应按严重程度进行分析，由分管领导召集质量管理部门、技术开发部、采购部、生产部等相关部门进行原因分析，采取相应的纠正措施。销售部及时与顾客协商处理的办法，以满足顾客的合理要求。

（十二）投诉与召回管理制度

该制度是充分利用消费者及客户对产品的投诉信息，采取及时有效的行动，妥善处理不符合要求的问题产品，确保正在销售的产品的质量能够持续地满足消费者和客户的要求。

制度的具体内容应包括指定相关部门或人员负责该制度的实施、投诉信息的收集、投诉的调查和分析、产品的处理、原因的确定及改善行动的执行。如果涉及召回，则应规定召回的决定和批准、召回的实施、召回产品的处理和对上述过程的记录等要求。

典型的投诉与召回管理制度示例如下所述。

1. 目的

充分利用消费者及客户对产品的投诉信息，采取及时有效的行动，确保本公司产品在发现存在安全问题或者安全隐患的情况下，能够及时召回全部有问题的产品并妥善处置，确保产品不在市场上流通，尽可能降低造成的危害、损失，保证消费者的人身安全。

2. 适用范围

任何时间已经离开本公司的存在潜在显著危害和存在安全问题的产品。

3. 职责

质量异常小组（召回小组），人员具体职责分工详见以下工作程序相关条款。

4. 工作程序

（1）化妆品质量异常监测日常工作

① 由质管部负责化妆品质量异常监测日常工作。

② 质管部在接到《客户投诉单》后，对销售部门客服部反馈的产品质量不良信息，进行汇总收集、统计整理。相关部门按照投诉记录和调查报告表完成相关记录并调查原因，采取必要措施防止问题重复发生。如果是假货，则需要记录判断依据。

③ 质管部立即在产品档案室查出发生产品质量不良的本批产品档案，到留

样观察室查看留样观察记录及原始资料。同时与技术研发部调查、分析产生不良反应的原因，对产品进行分析、评价、处理，并提出改进措施。生产部协助技术部和质管部对产品质量问题进行调查。正常情况下应于 5 个工作日内完成调查，对于加急的情况需在 2 个工作日内完成调查。

④ 质管部负责定期（如每半年或一年），依据《产品质量异常总表》对所收到的产品不良反应进行年度总结、分析、评价，找出影响较大的问题综合分析，并应采取有效措施减少和防止产品质量问题的重复发生。所有投诉应记录中应注明投诉类别：一般品质、安全卫生。

⑤ 质管部将本年度的产品质量异常总结与上年度总结进行比较，列出由于重复性发生的产品质量问题，加强质量监控的项目。

（2）重要产品投诉分析　质管部对留样样品检验发现的不合格品或由销售部门反馈的不良品反应信息，由质管部收集汇总，并以书面的形式提请产品质量异常处理小组召开评审会议。

（3）产品召回的条件及原则

① 严重安全隐患产品的召回。严重安全隐患一般指消费者使用该产品时有可能导致对消费者人身安全或健康产生的隐患（如错误添加的辅料可能会导致皮肤病变）。

a. 产品在市场上出现多例安全性、稳定性的不良反应，可能引发或诱发对人体健康造成危害的化妆品，极有可能引发严重伤及人身安全或可能引起使用者过敏的化妆品。

b. 变质产品的召回。

质管部对留样样品检验发现质量变质，或市场发现产品变质，并通过该批产品追踪检验结果为不合格品时。

c. 违反本国或进口国有关化妆品法律、法规的产品，如过量添加了限用物质。

② 重大质量问题。重大质量问题一般是指产品不符合其预期质量标准，从而使该产品不能够达到国家或行业的相关标准。

a. 灌装净含量不足；

b. 宣传功效与实际产品功效不符；

c. 保质期内的不合格产品的召回；

d. 发货错误的产品召回。

（4）召回的决定

① 对市场反馈的不良反应信息，由销售部以书面的形式通知质管部，同时提供向市场收集的不良产品样品，以及医院出具的由该产品导致消费者产生不良反应的病历报告。

② 质量异常小组必须对所得到的信息进行评估，并作出是否有必要采取召回行动的决定，或者该问题可通过正常的渠道就能得到令人满意的解决。

③ 如果客户投诉（或者信息）包含了实际的或者潜在的对健康不利的危害，那么召回协调应该立即进行讨论，经确认该投诉（或信息）包含的内容存在本公司产品中。

④ 公司判定客户投诉（或者信息）中显示的化妆品安全质量问题会给公司带来严重的负面影响，不解决将会给公司信誉等方面带来巨大损失。

（5）产品召回前的准备

① 由质管部找出产品的缺陷所在或影响产品安全的因素。

② 确定该缺陷（或因素）是否产生了危害或者有潜在的危害，如果是，则要确定其危害的严重性或者危害发生的可能性。

③ 由销售部客服、仓储部确定产生缺陷（或因素）的产品的生产批次代码、生产数量、库存数量、销售数量以及购买该产品的客户分布情况和联系方式等信息。

④ 采取补救措施，及时根据影响化妆品安全和质量因素的原因进行整改，保证今后产品的安全和质量。对整改措施进行验证，关闭化妆品不安全因素。

⑤ 召回小组也是质量异常处理小组，人员进行具体分工。

a. 质量异常处理小组组长，负责召回决定，并组织召回；

b. 质量异常处理小组，负责不合格品的综合分析、评审、提出召回建议；

c. 质量负责人，负责产品召回协调，承诺并监督该程序执行；

d. 质管部及技术研发部，负责对反馈情况核实，负责追查召回原因，并监督召回具体实施过程；

e. 仓储部，负责隔离库存和召回运输过程中的产品及召回产品的储存；

f. 生产部，负责召回产品的处置工作；

g. 销售部客服负责人，负责市场不合格品的召回，并负责追查产品的流向和接收者信息；

h. 采购部负责人，负责提供供方的信息；

i. 保存产品回收联系表：供应商联系人（原料、包装材料等供应商），应有 24h 联系电话号码，客户的联系人（专人负责），应有 24h 联系电话号码。

（6）召回的启动

① 评审结果确定必须召回不合格品时，拟订不合格品召回通知书，经总经理签批后，制定召回计划，经讨论由召回组长批准后采取行动，并将《产品召回鉴定审核单》发于相关部门。

② 厂部立即停止生产，并提供召回产品的库存、在途和发货数量和批次信息，封存库存产品，并在公司内发布通知。

③ 因可能引发或诱发对人体健康造成危害的原因召回的产品，召回组长或其指定人员负责发布媒体通告。

④ 如果召回是原料或包装物料因素引起，采购部要通知产生问题的原辅料供应商。

⑤ 建立对召回所采取的一切行动的记录，直到召回所产生的影响完全结束，确保提供原始的证明、通知、依据供官方审查。

⑥ 质量负责人负责监督整个召回过程，及时检查召回是否有效，以保证召回的目的能够实现。

（7）信息公开

① 因可能引发或诱发对人体健康造成危害的原因召回的产品，须向政府主管部门报告。向媒体通告、提供事实，但只能提供被证实的事实，只有公司指定的人员才能有权向媒体发表声明。（如有必要，要派遣专员在实施召回行动期间开设专线解答使用者的疑问和指导补救措施。）

② 自确认化妆品属于应当召回之日起，通知有关销售者停止销售，通知客户停止消费，并下达召回计划。召回计划主要内容包括：停止生产不安全情况的化妆品；通知销售者停止销售不安全情况的化妆品；通知顾客停止消费不安全情况的化妆品；产品不合格产生的原因、可能受影响的人群、严重和紧急程度；召回措施的内容，包括实施组织、联系方式以及召回的具体措施、范围和时限等；召回化妆品后的处理措施。自召回实施之日起，相关部门密切跟踪产品召回实施情况。

（8）召回产品的控制措施　确定并跟踪已运至客户或途中的产品。产品到公司后，由负责接收的召回小组成员根据发货记录确认产品是否与之相符。可疑产品到公司后，由质管部监督，由仓储部接收。质管部标注"被召回产品"标识，并存放在上锁的特定区域内，只有指定的人员可以接触和操作，确保该产品能够被清楚地识别出来，防止被错误操作而再次混入正常的生产销售等环节。

（9）处理召回产品的规程

① 对召回的产品如属质量问题，按《不合格品处理程序》执行。对已经退回的产品、在制品、暂存、库存，根据相关资料认真核对数量、批号、生产日期等信息，确认准确无误后进行有效隔离，并由质管部评估后作出相应的处理。

② 查明退货原因，进行处理。

a. 由于原料所造成的不合格品，由质管部通知生产部、采购部，由采购部通知供方，并在清除问题前停止其供应原料。

b. 由于包装材料造成的不合格品，由质管部通知生产部、采购部，由采购部通知供方，并限期整改，整改未确认前，停止其供应包装材料。

c. 在生产加工过程中所造成的不合格品，通知车间负责人，限期作出纠正措施。

d. 对消费者投诉的产品质量问题，由销售部门会同品牌策划部进行危机攻关及事后处理工作，包括理赔、换货、补货、顾客安抚及消费者信心的重新树立等工作。

e. 不合格品按《不合格品控制程序》处理，由质量管理部门进行跟踪和确认。

（10）召回的终止

① 当产品召回小组认为召回项目已经达到要求，各与召回事件相关的部门应及时将总结报告提交于召回小组组长。

② 质量负责人组织召回小组对召回的有效性进行评估。一旦确认产品召回程序结束，可通知相关部门。

③ 对产生质量问题的原因进行全面分析，查明原因和责任，制定可行的预防和纠正措施，获得质管经理批准后，要向公司全体人员和顾客通报，由责任部门实施改进措施，建立文件化的程序，以确保避免不符合要求产品的误用，造成危害。所有召回的产品、相近配方的产品要重点分析研究是否存在相同的缺陷或者危害，并作出适当的处理措施。

④ 以上所有工作程序都必须作书面记录，并存档于产品档案室，保存至化妆品有效期后半年，未制定有效期的保存三年。

（11）召回的模拟演练　产品召回程序必须定期进行模拟演练，以确保其有效性，必要时进行改进。模拟测试的频率每年不少于一次。模拟回收必须在 2h 内可追踪原材料、包装材料和成品。整个模拟演练过程必须严格按照程序执行，如果在模拟过程中发现程序的漏洞，要立即上报并纠正整个召回过程。

（十三）不良反应监测报告制度

不良反应事件应当及时处理，并按照当地的法规监管要求进行汇报，以确保消费者安全与监管法规得以严格遵守。不良事件的来源包括但不限于：消费者、医疗/科学文献报告、当地监管部门、新闻记者或媒体（例如报纸）、网站等。

不良反应监测报告制度应该规定当消费者使用了本企业产品，并产生了人体不良反应之后，如何进行信息收集、调查情况、作出判断、存档和报告等程序。特别是企业应组织相关部门，对引起不良反应的产品进行调查，并采取相应措施，如停止发运产品、停止销售甚至召回产品等。

如果不良反应确实是产品设计、生产运输环节导致的，则应该根据调查结论采取改进措施，以防止类似问题重复发生。同时还应规定企业在向监管机构汇报的同时，应积极主动地采取必要措施，帮助消费者减轻不良反应。例如建议消费者立即停止使用产品、提供相关的健康建议，如建议消费者到医院就诊，定期主动跟进和关心消费者健康问题，了解消费者是否需要公司提供合理费用帮助等，直至消费者的相关健康问题得到解决。

典型的不良反应监测报告制度示例如下所述。

1. 目的

建立本公司产品不良监测报告管理程序。为促进化妆品的合理使用，杜绝流出不良反应产品，保证其安全性和有效性，使产品达到100％合格，特制定本制度。

2. 范围

本制度适用于公司生产过程的生产管理、质量管理、卫生管理和技术管理。

3. 职责

厂长、技术部经理、质管部负责人、生产主管、客服主管、质量管理者代表对此程序负责。

4. 工作程序

① 公司成立不良反应监测工作领导小组，厂长任组长、质管部负责人任副组长，小组成员有技术部经理、生产主管、客服主管和质量管理者代表。

② 由质管部负责化妆品不良反应监测日常工作。

③ 客服部负责收集客户投诉的化妆品不良反应信息，任何用户的投诉均要填写，并应将所有材料（包括样品）送达品控部保存及处理。

④ 质管部在接到《产品不良反应报告表》后，对产品进行分析，同时下达文件到相关部门。

⑤ 质管部负责人应对客户投诉的化妆品的不良反应进行详细记录，必要时报告质量管理者代表，并向本地食品药品监督管理局报告。

⑥ 技术部负责对产品不良反应进行调查、分析、评价、处理，并提出整改措施。

⑦ 生产部协助技术部和质管部对不良反应产品进行调查。

⑧ 生产过程中质管部发现可能与化妆品使用有关的不良反应都应详细记录，记录内容应真实、完整、准确。填写《化妆品不良反应报告表》，并上报技术部。

⑨ 技术部新研发的化妆品监测期为1年，在此期间由技术部实验员、质管部人员和生产管理人员共同对该化妆品发生的所有不良反应进行监测；

⑩ 新研发的化妆品监测期已满的化妆品，如有不良反应的，在产品标识上标注该产品所引起的不良反应。

⑪ 质管部每年依据《化妆品不良反应汇总表》对所收到的化妆品不良反应

进行年度总结、评价。应采取有效措施减少和防止化妆品不良反应的重复发生。

⑫ 质管部将本年度的不良反应总结与上年度总结进行比较，列出由于重复性发生的化妆品不良反应。需要特别注意该产品生产过程中需要加强的质量监控项目。

⑬ 质管部将化妆品不良反应的详细记录、调查、分析、评价、处理等所有资料归入《产品质量档案》，长期保存。

⑭《化妆品不良反应事件监测报告表》（见表 3-3）和《化妆品不良反应汇总表》（见表 3-4）。

表 3-3　化妆品不良反应事件监测报告表

不良反应事件			
不良反应产品名称		产品规格	
发生时间		发生地点	
用户姓名		产品生产日期	
用户电话		用户地址	

不良反应投诉内容：

记录人：
年　　月　　日

调查情况：

调查人：
日期：　年　月　日

处理方式：

处理人：
日期：　年　月　日

表 3-4　化妆品不良反应汇总表

序号	不良反应事件名称	不良反应产品名称	不良反应处理状态

二、质量风险管理

质量风险管理的内容虽然是《化妆品生产许可检查要点》的推荐项，但对于化妆品企业有效地防止质量事故和损失的发生有着重要的意义。

一般来说，质量风险管理就是整体评估企业整个生产经营过程的每个环节，包括但不限于物料的接收和储存、生产、运输等环节，以确认存在的与质量相关的潜在风险，然后根据风险的危害性、发生的概率及企业现有的观测手段，是否能够及时知道风险已经发生等进行综合分析。比如针对上述每个因素逐一打分，然后把所有分值相乘，然后把总分排序，这样可以客观地评价各种风险的综合影响，便于企业按照优先顺序逐步改进提高。

值得注意的是，在没有采取有效的改善行动的情况下，及时有效地沟通质量风险也是非常必要的。它可以让员工知道哪些地方存在风险，从而加以关注。比如企业在风险评估中发现生产线某个压力表显示的数值偏低，在更换新压力表前可以告诉所有员工这一情况，并采取临时措施如调低显示目标值或增加取样量等手段来控制风险，直到新的压力表到位为止。但这种沟通和临时措施只能在短时间内起效，并不能从根本上解决问题，因为没有办法知道出了问题的压力表将来的变化趋势是不是有规律。所以最根本的手段是更换新的合格的压力表，并按照之前的控制方法进行监控。因此，企业必须根据质量风险评估的结果，制定相应的监控措施并保证实施。

另外，相应的风险评估应保留记录，而且应定期确认并更新风险评估。这主要是因为随着企业的不断发展变化，各种情况也在不断地变化，如人员的更替、设备的更新、工艺的改进及操作程序的变化等，这些会导致不同的质量风险。因此企业应该定期更新风险评估，并结合历史记录了解各项改进措施的成效，对那些反复出现的风险则应该深入剖析，制定系统性的解决方案。

风险管理的工具有很多，比如失效模式效果分析（FMEA）、危害分析和关键控制点（HACCP）、风险排列和过滤（RRF）、初步危害分析（PHA）、过失树分析（FTA）等。企业可以根据自身情况选择适合自己的方式管理质量风险。

典型的质量风险管理制度示例如下所述。

1. 目的

树立风险意识，分析查找质量风险并加以控制，力求将风险导致的各种不利后果减少到最低程度，使之符合产品质量和服务质量的要求。

2. 范围

产品的整个生命周期内，应用于化妆品质量相关的所有方面，包括原辅料、包装材料和标签的使用、开发、生产、发放和检查及递交/评审过程。

3. 职责

风险管理由相关部门和领域的专家负责实施，包括：质量保证部、生产设备部、研发部、生产车间及其他相关部门。

4. 工作程序

包括风险评估、风险控制、风险沟通和审核等程序，持续地贯穿于整个产品生命周期。其中每个步骤的重要性会因不同的事件而有所区别，因此应在早期对风险进行确认并考虑如何进行风险管理，并根据从确定的风险管理程序中得到的事实证据（数据和信息）作出最终的决策。

（1）风险评估 风险评估是风险管理程序的第一步，包括风险识别、风险分析和风险评价三个部分，总结为如下三个基本问题：将会出现的问题是什么？可能性有多大？问题发生的后果是什么？

① 风险识别。是进行质量风险管理的基础，即首先系统地利用各种信息和经验来确认工艺、设备、系统、操作等过程中存在的风险，指出将会出现的问题在哪里。

② 风险分析。对已经被识别的风险及其问题进行分析，进而确认将会出现问题的可能性有多大，出现的问题能否及时发现以及造成的后果。通过分析每个风险发生的可能性以及严重性，对风险进行深入地描述，然后在风险评价中综合上述因素确认一个风险的等级。

③ 风险评价。根据预先确定的风险标准对已经识别并分析的风险进行评价，即通过评价风险的可能性和严重性从而确认风险的等级。在风险等级的划分中，可以对风险进行定量描述，即使用从 $0\% \sim 100\%$ 的可能性数值来表示；另外，也可以对风险进行定性描述，比如"高""中""低"，它们所代表的意义需要进行准确的定义或尽可能详细地描述，以便于最后作出是否对该风险采取措施的决定。

④ 案例分析。

a. 案例背景：在生产中的设备清洁环节，规定清洗程序为首先使用清洁剂清洁，再用纯化水最终清洗，清洁剂的选择标准是依据说明书中适用的范围，清洁具体操作是依靠操作人员的经验。

b. 风险识别：这里潜在的对下一批次产品的风险是：前一种产品的活性成分残留超标；清洁剂残留超标。

c. 风险分析：因为活性成分残留的危害性比较大，定义为严重危害；而清洁剂的残留危害相对低，我们可以把它的重要性定义为轻微。

进一步分析发生风险的原因，可能是因为清洁剂不适用或清洗方法不当。清洁剂适用的可能性定义为"中等"，因为虽然说明书标明了适用范围，但结果没有经过验证确认；而清洗方法不当的可能性定义为"高"，因为依靠操作人员的经验是不受控制的行为，发生偏差的可能性很大。

因此，可以将不同的情况下发生的风险的可能性和严重性按照表 3-5 进行风险评价，即确认其风险级别；再进一步结合风险被发现的及时性按表 3-6 对风险待处理的优先性做出判断；然后提出相应解决方案按表 3-7 进行风险评估。

表 3-5　风险级别评价表

风险的严重性	风险发生的可能性		
	高	中	低
严重	高等风险	高等风险	高等风险
一般	高等风险	中等风险	低等风险
轻微	中等风险	低等风险	低等风险

表 3-6　风险待处理优先等级评价表

风险级别	风险被发现的及时性		
	很迟	稍后	立即
高等级	高优先级	高优先级	高优先级
中等级	高优先级	中优先级	低优先级
低等级	中优先级	低优先级	低优先级

表 3-7　风险评估表

风险识别			风险分析			风险评价			控制风险	接受风险
程序	子程序	可预见的失败模式	原因	严重性	可能性	风险级别	发现的及时性	待处理优先级别	措施	残余风险水平
清洁程序	第一步：使用清洁剂清洁	活性成分残留	清洁剂不适用	严重	中	高等级	很迟	高优先	进行清除验证，确定清洁剂品牌	可接受
			清洁方法不当	严重	高	高等级	很迟	高优先	制定SOP，使用培训，双人复核	
	第二步：使用纯化水清洗	清洁剂残留	清洁方法不当	轻微	高	中等级	很迟	高优先	制定SOP，使用培训，双人复核	可接受

（2）风险控制　控制的目的是将风险降低到一个可以接受的水平。风险控制重点可以反映在如下问题上：风险是否在可以被接受的水平上？在控制已经识别的风险是否会产生新的风险？

风险控制的实施一般包括降低风险和接受风险两个部分。

① 降低风险。针对风险评估中确定的风险，当其风险超过了可接受水平时，应采取降低风险的措施，具体包括降低危害的严重性和可能性，或者提高发现质量风险的能力。在实施风险降低措施过程中，有可能将新的风险引入到系统中，或者增加了风险发生的可能性。因此，应当在措施实施后重新进行风险评估，以确认和评价可能的风险变化。

② 接受风险。在实施了降低风险的措施后，对残余风险作出了是否接受的决定。对于某些类型的风险，即使最好的质量风险管理手段也不能完全消除风险，因此在综合考虑各个方面的因素（付出的成本、残余风险的危害性、残余风险发生的可能性等）后，作出接受风险的决定。在这种情况下，可以认为已采取了最佳的质量风险管理策略并且质量风险也已经降低到可以接受的水平，这取决于特定情况下的众多因素以及人员的经验。另外需要指出，风险可接受并非说我们就放弃对这类风险的管理，因为低风险随时间和环境条件的变化有可能升级为严重风险，所以应不断进行控制，使风险始终处于可接受范围内。

第五节　质量控制实验室

《化妆品生产许可检查要点》明确要求，企业应建立与生产规模和产品类型相适应的质量控制实验室，并具备相应的检验能力。实验室应具备相应的检验场地、仪器、设备、设施和人员，应建立实验室管理制度和检验管理制度。

一、实验室资质要求

（一）检验人员资质

因为检验人员提供的数据对化妆品生产起着举足轻重的作用，有时候一个数据就决定着成千上万支产品的命运，因此规定检验人员要具备相应的资质或经相应的专业技术培训，即企业从事化妆品检验工作的人员应该具备本岗位的相关知识和技能，并经考核合格后才可以独立上岗工作。

需要特别说明的是，取得了相关证明后并不代表员工一直具备检验资格，有的员工可能不是经常从事检验工作的。因此，应定期进行考核，比如每半年或每一年考核一次，以便了解所有检验人员的实际操作能力。这里所说的检验人员也包括微生物检验人员。

（二）实验室能力

企业应该根据其产品结构、所使用的材料、工艺控制要求和产品检测要求确定所需的检测项目及频率，并且按照工作量配置足够的检验人员、检验设备和检验场所。也就是说企业应"建立与生产规模和产品类型相适应的"质量控制实验室。实验室应选择在清洁安静的场所，并具备充足的光线以方便工作，并且要与生产加工车间保持一定距离，这样安排既能防止交叉污染，又可以方便取样与检验。

一般来说实验室包括微生物实验室和理化实验室。

1. 理化实验室

理化实验室主要进行各种定性和定量的物理和化学指标检测，比如外观、颜色、气味、含量、pH 值、密度、黏度和重金属含量等。实验室一般又可划分为仪器室和检测室。

① 仪器室通常放置一些贵重的仪器，比如气相色谱仪、液相色谱仪等。这些仪器一般价值高，同时需要一定的专门技能和严格的操作条件才能确保检测结果的准确，需要由专人管理和操作。

② 检测室或检测区则是进行普通检验的工作场所，这里通常会放置常见的仪器比如 pH 计、滴定仪、黏度计等常用仪器。根据检验要求，一些标准试剂和企业自行配制的试液也通常在这个区域配制和存放。此外，企业一般还应该有专门的地方储存化学试剂以确保安全，因为多数化学试剂是易燃、易爆或具有腐蚀性的危险品。

2. 微生物实验室

微生物实验室是专门检验材料和产品微生物水平的场所。一般可划分为清洁区和一般区。

（1）清洁区　清洁区主要是进行样品微生物水平的检测。由于检验过程不能够受到环境的污染和干扰，因此清洁区要符合一些特定的要求，比如有的企业规定空气质量等级应控制在 100 级或是 ISO 5 级水平。为此企业需要安装适合该等级的空气净化系统，或使用生物安全柜或超净台等设施来满足该要求。同时为了保证不受外界环境的污染，该区域要与其他区域进行物理上的隔离以及通风系统的隔离，人员进入到该区域要经过缓冲间，并需要二次更衣等。

（2）一般区　这个区域是为样品检测做准备服务的区域，通常情况下待测样品的接收和储存、培养基的储存和配制、检测器皿的清洗和消毒等活动可以安排在这个区域进行。有条件的企业也可以把上述活动分隔在不同的房间以便减少相互影响。

此外，微生物实验室还应该配备培养箱、灭菌炉、冰箱等以满足日常操作的需求。企业还应该配备不间断电源，以防止突然停电对培养箱或冰箱等有持续控制条件要求的地方造成的影响。

无论是理化实验室还是微生物实验室，企业都应确保实验室具备相应的检验能力。这里所说的检验能力不单单指人员的资质，还包括实验设备能否满足检验方法所规定的检验精度及对环境等的要求。比如检验要求样品称量精度要到小数点后三位，如果企业所配置的天平只能读到小数点后一位就不具备检验能力。还比如有些检验方法要求室温保持在25℃左右，并且检验时要严格记录环境温度。如果企业没有给实验室安装空调，则在极端天气情况下就无法满足这一要求。

二、实验室文件要求

GMPC要求"有章可循、照章办事、有据可查"。在化妆品生产企业中，所有工作都应有相应的程序规定，一切操作都应严格遵照程序要求，一切行为都应有记录，从而提高工作的规范性和准确性，避免差错、混淆或污染的出现。质量控制实验室应当有下列文件。

① 实验室管理制度；

② 检验管理制度；

③ 质量标准；

④ 取样操作规程和记录；

⑤ 检验操作规程和记录（包括检验记录或实验室工作记事簿）；

⑥ 检验报告或证书；

⑦ 必要的环境监测操作规程、记录和报告；

⑧ 必要的检验方法验证报告和记录；

⑨ 仪器校准和设备使用、清洁、维护的操作规程及记录。

（一）实验室管理制度

一个好的实验室离不开有效的管理制度。和生产制度一样，良好的实验室管理制度可以确保实验室可以重复稳定地提供可靠的检验数据，为生产提供正确的指导意见。这方面的管理制度一般包括人员管理、仪器管理、设备设施管理、试剂管理、检验方法管理、环境条件管理和记录要求等方面。其目的是保证影响检验结果的各个因素都处于良好的控制之下，始终符合检验能力所要求的条件。

需要特别提出的是实验室应该建立检验结果超标的管理制度。"超标"是指检验结果超出质量标准规定的范围。针对所有超标情况，企业需要进行分析、确认和处理，并有相应记录。超标管理制度应该包括但不限于以下内容：超标原因分析、复检方式、结果判定和改进措施等。

（二）检验管理制度

检验过程的最终结果是数据，检验管理制度则是针对检验全过程的管理，其目的是确保每项检验都能够按照既定程序进行，确保数据的真实可靠。主要内容一般包括：

1. 样品的接收

这是对实验室接收样品的具体规定。一般来说样品应该明确标识，包括名称、批号、数量、取样人、取样时间、保存条件及保存期限等信息。接收的样品要登记清楚、分类妥善存放，其主要目的是防止样品在储存和流转过程中发生混淆、污染或变质等问题，影响检查结果的准确性。

2. 仪器的检查和校准

所有仪器在使用前必须查询检验方法或仪器使用说明书，如果需要对仪器进行检查或校准后才可以使用，就必须严格遵守要求，否则会导致检查结果的不准确。

3. 检验方法的确定

有时针对同一样品会存在几种不同的检验方法。检查样品前必须要确认使用哪种方法进行检验。这在企业技术标准中应该有相应的说明。

4. 检验操作过程

指的是具体怎样操作一项检验，如同生产设备的操作规程一样，检验的操作过程也必须具体指导每个检验步骤如何进行，确保检验人员能够清楚理解，不产生歧义。

5. 数据的记录

必须保证检验数据记录的真实性和及时性，即数据必须依照检验结果如实记录，并且应该在做完检验时立刻记录，后补记录往往会出现记忆错误或原始数据丢失等情况，一般不允许。数据不得随意丢弃，检验数据记录本要预先标明页码以保证记录的完整性。记录的修改必须保证能够追溯涂改前的原始数据，并注明修改人、原因及修改日期等。

另外，检验记录应至少包括以下信息：可追溯的样品信息、所使用的检验方法（可用文件编号表示）、判定标准及检验所用仪器设备。实验室进行检验的项目，应在检验报告中予以说明。

6. 出具检验报告

检验报告必须是正式的格式，经盖章或相关人员批准生效。当实验室不具备某些检验能力时，企业可以委托具有检验资质的第三方检验机构进行检验，并签订委托检验协议，委托外部实施。

7. 留样管理

根据法规要求，留样量应至少满足做两次全部要求的检测项目的数量，主要是防止遇到质量问题时企业能够提供样品由权威部门做鉴定使用。留样必须标识清楚，按照样品储存条件正确存放，避免污染和失效。

（三）检验操作规程

为保证操作的准确性和重现性，取样、检验、方法验证、仪器设备使用、检验结果超标调查等均应建立操作规程，并确保按照操作规程完成各项操作。检验操作规程应包括方法依据、使用范围、仪器、设备、试剂、操作方法、结果处理与判定等。

法规规定需要验证的检验方法、采用新的检验方法、检验方法变更、法定标准未收载的检验方法均应进行检验方法验证，以保证检验数据的准确性和可靠性。检验方法若不需要进行验证，则需要确认。各项检验的操作规程所用的方法、仪器、设备、操作内容都应当与经确认或验证的检验方法一致。

（四）检验记录

实验室记录包括管理记录和技术记录。管理记录包括仪器设备使用与维修记录、安全检查记录、有毒品使用记录、异常结果调查记录等；技术记录主要指取样记录、检验记录、检验报告等。

检验过程应有详细的记录。检验记录应至少包括以下内容：

① 可追溯的样品信息，一般包含样品名称、取样地点（送检部门）、样品批号、数量、生产日期、外观、性状等；

② 检验方法，可用文件编号或方法编号，涉及方法中的重要参数应记录，如温度、时间等；

③ 判定标准，即检测结果是否符合范围值；

④ 检验所用仪器设备，包括名称和编号等。

各项检验记录应与操作同步，真实、准确、具有可追溯性。检验记录不得随意改动，当确实出现记录错误时，应划改，保持原记录清晰可见，并将正确的数据写在旁边，同时由改动人签名和注明改动日期；所有记录应安全保护或保密，合理归档、妥善保管，便于查阅，防止损坏、丢失；应规定记录的保存日期，记录过期后应监督销毁。

检验报告一般包括但不限于以下内容：样品名称、样品批号、数量、检验依据、检验结果、结论、检验人员和批准人的签名或签章等。

企业也可根据需要将检验记录和检验报告内容合并。

三、实验室仪器要求

实验室检验仪器是实施检测的设备。像生产设备一样，检验仪器必须符合检验方法规定的要求。企业应该按照检验方法所规定的具体要求如型号和精度等采购仪器。仪器到厂后还需做相应的安装、调试、校准等工作；必要时还要对仪器进行验证。企业应该保存设备采购、安装、确认的文件和记录。

仪器的安装和生产设备的安装要求相似，也需要预留足够的操作空间和维护保养空间。如果空间过于狭小，在操作或维护保养过程中有可能对仪器造成无意的触碰，从而影响检查结果的准确性。因此，实验室应具备相应的检验场地。

另外，实验室还应按检验需要建立相应的功能间，例如微生物检验室和理化检验室。由于微生物检验对环境要求相对严格，所以这里的环境控制条件应能确保检测结果准确可靠，比如应该对微生物检验室进行定期的消毒和定期监控环境卫生等。

为保证检验仪器始终处于良好状态，企业应该建立实验室仪器和设备的管理制度，具体内容包括仪器的校验规定和程序、仪器使用方法或操作规程、仪器清洁或消毒程序、仪器维护保养规定和操作方法等。如果某些操作如维护校验等操作企业自身不具备能力，则可以委托供应商或其他有资质的第三方进行。企业要保留相关记录以便跟踪管理。

所有仪器都应该有明确的标识，特别是校验后的仪器要明确标注本次校验时间和下次校验时间，以方便使用者随时进行识别。

检测仪器的使用环境要符合工作要求，这一点可以参考设备使用说明书。有条件的实验室还应该为所有重要的仪器建立档案，这主要是预防紧急情况发生，比如设备突发故障时可以迅速联系供应商或维修人员。如果企业为关键设备准备了备用设备就更好了。有时候设备在短期内无法得到恢复，企业可以寻求有资质的第三方做检验，这也是一种切实可行的办法。

四、取样管理

从大量物品或材料中抽取一部分的操作，称为取样。检验过程通常是破坏性的，产品检验后不能再使用或者销售，而且多数情况下物料或产品数量较大，逐一检验不切合实际。因此，需要从一批物料或产品中抽取一定量的样品进行分析检验或考察。物料入厂、中间品控制、成品放行、产品持续稳定性考察、工艺与方法验证、偏差调查等工作都离不开取样。

企业应按规定的方法取样。取样的规定可包括以下内容：取样方法（取样量、取样部位、取样器具等）、取样程序（取样的准备、注意事项、记录、取样频率等）。

为保证样品能够真实反映物料、产品或环境的质量，样品应具有代表性，并且应避免污染或混淆。

1. 代表性

取样方法应科学、合理。非均一的物料（如悬浊液）在取样前应先摇匀，使其在取样过程中暂时均一；如不可能均一或不了解物料是否均一，则应从物料不同部位取样；如取样不能达到物料的所有部位时，应随机地在可达到的部位取样；物料表面和内部也可能会存在差异，抽样时不能只在表面；在某些情况下，还应在不同阶段或不同部位取样。

2. 避免污染或混淆

取样环境应与生产环境相一致，尽量避免样品与外界环境、其他物料的交叉污染。对有洁净级别要求的物料应在取样间的超净台进行；无洁净级别要求的物料，也应避免环境、其他物料的污染。有害物料取样时，在保证样品不被污染的同时，应注意对人体和环境的污染。取样人员应穿规定服装，戴手套和口罩。

样品应标识清晰，避免混淆。取样的标识可以贴标签或者用记号笔标识，由企业自行确定标识的方式和方法。应标识名称、批号、取样日期、取样数量、取样人等内容。

样品应按规定的条件储存。根据样品的特性需求，需控制储存的温湿度，则样品保存的地方应有温湿度监控和记录；如需干燥存放，则选择在密闭的干燥器里面储存。

五、试剂管理

这里所说的试剂实际上是对试剂、试液和培养基的广义上的统称。具体来说试剂是指在检测方法中规定的，检测过程中需要用到的化学物质。一般试剂可以直接采购到，如盐酸和氢氧化钠。试液是指按照检测方法要求自行配制所得到的不同浓度或配比的试剂液体。培养基则是指供微生物、植物组织和动物组织生长和维持用的人工配制的养料，它一般都含有碳水化合物、含氮物质、无机盐（包括微量元素）以及维生素和水等。培养基可以向有资质的供应商直接采购。

总体来说，试剂、试液和培养基对于企业检测而言就相当于原材料和包装材料，对生产过程一样重要。没有合格的高质量的试剂就不可能产生可靠的检测数据。因此对试剂等的管理是非常重要的，企业应该根据以下规定对试剂、试液、培养基进行管理。

（一）试剂采购和储存

要从合格供应商处采购，并按规定的条件储存。"合格供应商"是指通过考核或评估供应商或生产商的资质，或经现场审核等验证后纳入企业合格供应商清单中的供应商。

这些供应商的营业执照上应该具有生产或经营试剂的范围。试剂一经采购必须按照规定条件储存，确保不因储存条件而导致失效。有些试剂虽然规定了较长的有效期，但同时也规定一旦开封只能维持短时间内有效。比如原包装密封条件下有效期可能是 5 年，开封后则只能保证一年内有效，而且一年的有效期也是基于试剂一直保存在规定的温度下，这种情况企业必须特别注意。

（二）试剂标识

已配制的标准液和培养基要有明确的标识，标识内容包括但不限于名称、批号、配制人、配制日期、浓度和有效期等。已配制的标准液和培养基都必须保留配制记录，详细记录配制所使用的原液名称、批号和配制过程等信息。配制记录应妥善保存，保留对整个过程的可追溯性。

（三）标准品、对照品的管理

标准品、对照品应当有适当的标识。"标准品、对照品"是指用于鉴别、检查或做含量测定时使用的标准物质。这些物质必须标识明确，避免变质或与其他样品混淆。

六、委托检验管理

委托检验，是指受实验室检验条件等限制，将检验项目委托其他机构进行检验。

《化妆品生产许可检查要点》明确规定，委托检验的项目，须委托具有资质的检验机构进行检验，并签订委托检验协议。"具有资质的检验机构"是指可以通过咨询检验机构并由其提供相应证明，或者登录检验机构的官网或 CNAS 官网等途径来查询确认。委托检验协议有时候可以其他方式出现，例如委托检验申请表和合同等。

委托外部实验室进行检验的项目，应在检验报告中予以说明。

第六节　物料和产品放行管理

放行是指通过对物料或产品进行质量评价，作出批准使用、投放市场或其他决定的操作。建立物料和产品放行管理制度，可以有效地防止不合格物料投入生产、防止不合格中间产品流入后续工序、防止不合格成品进入市场，保证化妆品产品安全。

企业应严格执行物料和产品放行管理制度，确保只有经放行的物料才能用于生产。应赋予质量管理部门独立行使物料、中间产品和成品的放行权。成品放行前应确保检查相关的生产和质量活动记录。

一、物料和产品的放行

（一）物料放行

物料放行前，QA 人员一般应对以下几个方面进行审查，然后作出是否放行的决定。

1. 供应商情况

物料的供应商必须是企业批准的定点采购供应商。

2. 物料验收情况

核对物料的品名、规格、批号、数量，应与订货合同单要求相符；对物料进行初验合格，包装完整性、密封性完好、无破损；物料标识清晰可辨；供应商提供的检验报告单中项目和结果均符合质量标准，印刷包装材料应有合格标识；收料记录单填写完整无误。

3. 物料储存情况

待验物料的储存情况应符合该物料储存条件。所取样品检验前，储存情况也应符合该物料储存条件要求。

4. 物料取样情况

请验程序正确；取样操作过程及取样环境符合操作规程的要求；所取样品具有代表性，且数量能够满足检验及留样的要求。

5. 物料检验结果

根据质量标准和操作规程完成物料的全检，检验结果应符合质量标准的要求；检验记录和检验报告单应完整无误，复核人复核无误。

6. 物料放行

QA 审核员确认上述内容均符合规定，填写《物料放行审核单》，并签名，然后将《检验报告单》与《物料放行审核单》交给质量受权人或其他指定人员（通常为 QA 负责人）；当各项内容与规定有偏离时，应有详细的书面说明和批准手续，否则 QA 审核员有权拒绝审核。

质量受权人或其他指定人员（通常为 QA 负责人）接到《检验报告单》与《物料放行审核单》后，进一步确认各项内容无误，符合放行标准，在物料放行审核单上签名，放行；否则不准放行。物料放行审核单通常一式两份，其中一份自留存档，一份交物料部（或仓库管理员）。

（二）中间品放行

中间品放行是通过对生产中关键环节产品按照生产现场监控规程对其每一道工序进行严格审核与监控后，批准该中间产品进入下一生产环节的操作。中间品审核主要包括以下内容。

1. 生产过程情况

① 生产条件符合规定要求。

② 生产操作过程符合工艺、配方、标准操作规程要求，且无交叉污染。

③ 批生产记录、生产记录填写符合规定要求，与生产过程相符。

④ 检查工序得率在合理范围内，物料平衡正确。

⑤ 中间品交接单准确无误。

2. 取样情况

① 车间生产的中间产品，放置于中间站或规定区域，做好待检标识，写明品名、规格、批号、生产日期、数量。

② 车间及时填写中间产品请验单。

③ 取样员按照操作规程完成取样，记录填写完整无误。

④ 样品具有代表性，且数量能够满足检验及留样的要求。

3. 检验结果

① 中间品检验项目齐全，符合质量标准。

② 中间品检验合格报告书填写正确，复核人复核无误并签字。

由 QA 人员按审核内容逐项审核无误后，填写中间品放行审核单，交质量受权人或其他指定人员（通常为 QA 负责人）审核并签发中间品合格证，否则不得放行。

（三）成品放行

成品的放行通常包括生产审核、质量审核及成品放行批准。

1. 生产审核

生产审核通常由生产部门负责人来完成，确保整个生产过程符合企业质量管理体系及相关规程的要求。审核内容一般包括以下几点：

① 使用的物料检验合格，且与生产指令要求一致。

② 生产过程符合质量管理体系及相关工艺、处方要求，操作执行批准的标准操作规程。

③ 批生产记录、批包装记录填写正确，完整无误，各项均符合规定要求。

④ 有物料平衡与收率计算表，物料平衡偏差项目符合规定限度。

⑤ 如发生偏差，执行偏差处理程序，处理措施正确、无误、手续齐备，符合要求。

生产部门负责人对生产进行审核，符合规定后，在成品放行审核单上签名，再交质量管理部进行审核。

2. 质量审核

（1）批检验记录审核　批检验记录通常由 QC 负责人进行审核，其主要审核内容如下：

① 物料、中间品、成品均具有请验单。

② 取样过程符合操作规程的要求；记录完整无误；样品保存完好。

③ 根据质量标准的要求，依据操作规程完成物料、中间品、成品的全检工作；检验结果及计算过程准确，复核无误；检验记录完整无误，附有原始数据图谱；检验报告内容与结论准确，与检验记录内容相一致。

④ 检验过程中不存在仪器、试液、对照品以及执行 SOP 等方面的偏差。

（2）质量审核　在上述审核的基础上，由质量管理部门审核员对批生产记录、批包装记录、物料平衡、监控记录及取样记录、偏差处理、批检验记录及检验报告单等审核内容进一步审核并作出判定，符合规定后在《成品放行审核单》上签名，交质量受权人审批。否则按《质量偏差处理标准管理规程》进行。

3. 成品放行批准

质量受权人根据生产审核和质量审核的结果，并对部分审核内容进行抽查，确认产品是在符合规定的条件下按工艺指令及 SOP 操作，且符合批准销售规格的质量标准，在成品审核放行单上签字并加盖"成品放行专用章"，批准该产品放行销售。

二、不合格品管理

不合格品包括不合格的原辅料、包装材料、中间产品、成品等。化妆品生产企业应加强不合格品的管理，制订切实可行的不合格品处理规程，确保不合格的原辅料、包装材料不得投入生产，不合格的中间产品不得流入下道工序，不合格的产品不得出厂，从而保证产品的质量。

《化妆品生产许可检查要点》对不合格品管理也从以下几点提出了明确要求：

① 企业应建立不合格品管理制度，规定不合格品的处理、返工、报废等操作，并应对相关的员工进行该制度的培训，确保在其职责范围内能清晰表达不合格品的处理流程。

② 不合格的物料、中间产品和成品的处理应经质量管理部门负责人批准。

③ 企业应建立专门的不合格品处理记录，应对不合格品进行相应的原因分析，必要时采取纠正措施。

纠正措施一般是针对那些带有普遍性、规律性、重复性或造成重大影响和后果的不合格采取的措施，而对于偶然的、个别的或需要投入很大成本才能消除原因的不合格，企业应综合评价这些不合格对企业的影响程度后，再作出是否需要采取纠正措施的决定。

④ 不合格的物料、中间产品和成品应有清晰标识，并专区存放。例如，不合格品的标识可以采用盖不合格章、贴不合格标签等方式；专区存放可以采用画线、拉红线的方式等。

⑤ 对于不合格品，应按照一定规则进行分类、统计，以便采取质量改进措施。

第七节　国外 GMPC 对于质量管理的相关规定

一、美国 GMPC 有关质量管理（实验室控制）的规定

实验室控制，检查是否：

① 对原料、加工中的样品和成品进行测试或检查，以确保它们符合产品规范对其物理和化学指标、微生物的要求，以及没有受到有害物质，或其他有害化学物质的污染。

② 批准的每个批次的原料和成品的留样、保留时间符合规定的保留时间的要求，并存放在正确的条件下，以防止其受到污染或变质，而且再次测试以确保它们符合验收规范的要求。

二、欧盟 GMPC 有关质量管理的规定

（一）总则

① 质量管理应涉及公司运作的各个方面。

② 生产部门，同其他直接或间接相关部门应采取行动减少、消除、预防质量缺陷。最重要预防质量缺陷。

③ 对由各责任部门订立各项程序和指引的采用和遵守情况，最好说明在质量管理中生产部门的参与程度。因此，建议生产人员参与到文件的准备和起草等工作中去。

④ 因各公司的组织状况不同，这些活动可能集中由某部门完成或分给不同的部门完成，而不考虑这些部门与生产部的关系。如果某些活动被分派，那些

活动应按以下原则来执行。

（二）质量控制

1. 总要求

（1）在质量管理活动中，检测是非常重要的。在化妆品生产过程中，主要的原辅材料、包装材料、半成品和最终产品均应按照批次留样，其检测的结果应被记录，并适当保存。

（2）通过实验室检测，其结果可以协助生产部门加强管理，如：

① 参与生产过程优化；

② 分析生产制造过程中问题；

③ 质量审核的证据。

（3）所有的检查必须按书面文件执行。

2. 设备、仪器和试剂

（1）为了达到最好的制造条件，设备/安装/仪表和试剂将被恰当地检查或/和测试。

（2）控制程序适用如下。

① 生产场所，包括清洁、通风、照明、加热等；

② 设备，包括电器设备、水泵、洗衣机、水的净化系统等；

③ 过程，包括制造、包装等；

④ 测量仪器，固定期校准和保持良好工作状态。

（3）为了确定测量精确度，日常检查记录必须被实施。因不合格的测量工具会导致质量问题，所以必须识别不合格的测量工具。

（4）校准程序必须明确：

① 仪器的名称；

② 必要时仪器的参数；

③ 校准规定；

④ 校准频率和误差范围；

⑤ 如果校准误差范围超过可接受的范围，需要采取相应的措施。

（5）仪器的标准标签应写明：

① 上一次校准的日期；

② 最初的操作人员；

③ 下次校准的日期。

（6）一旦仪器误差超出误差范围，就应该清楚地被标识。

（7）每次的仪器校准情况都应被清楚地记录下来。

（8）试剂和溶液应有固定的标签来说明：

① 药品名称；

② 药品浓度；

③ 有效期；

④ 最初的配制人员。

（9）实验室必须有其检验操作指导书。

3. 控制活动

控制活动被定义为：于生产过程中实验室控制和生产员工所做的与质量监督相关的一切活动。

所有这些活动必须能够确定原材料、包装材料、散装材料和成品的合格性状态，还包括对生产和包装运作的验证。

为了所有这些活动的有效实施，有关实验室和生产员工必须得到以下信息。

（1）要求的文件

① 详细说明（规格、活动、规范）；

② 取样程序；

③ 检验方法；

④ 建立限值；

⑤ 控制工具的使用准则；

⑥ 控制工具的校准和保养程序；

⑦ 制造过程中的品质监控工作指引；

⑧ 产品标准，原材料、包装材料、散装材料和成品必须达到制造要求或产品规格要求。

（2）规格说明书必须包含下列内容：

① 内部编号（代码）或者是被公司采用的名称；

② 在限值内，质与量的特性；

③ 适用的复检频率；

④ 使用客户指定的方法；

⑤ 特殊的抽样指导书。

（3）控制活动的结果　产品控制可能产生以下三种情况：

① 符合：接受；

② 严重的不符合：拒绝；

③ 轻微的不符合：这类不合格不会影响产品的品质，一批产品可能有一个例外的被接受，这些必须在文中规定。人员的资格授权必须得到识别、确定。（让步放行）

（4）供应管理　根据与供应商的协议，每批来料（包括原料和包装材料）必须达到样品标准或者进行全检，符合性应通过内部控制或分析证明数据来验证。

原材料、包装材料、散装材料的品质必须以适当时间间隔定期进行检验，以保证没有不良的发生。

4. 监控记录

记录的控制必须至少包含以下内容：

① 名称（例如内部代码，商业名称等）；

② 批号与日期；

③ 规格参数和检验方法；

④ 检查结果、测量确认的动作，首检记录，外观检测报告；

⑤ 测试的接收与拒收的准则必须明确规定。

使用的任何记录形式都必须确保信息的可得性和可用性。

5. 样品和样品库

（1）取样程序　取样必须遵守已有的程序说明：

① 要给取样品的人员授权；

② 要抽取的数量；

③ 使用的设备；

④ 当样品是易受微生物感染的样品时，应采取的预防措施；

⑤ 特别的抽取样品情况（例如：全检）。

（2）样品标识　每个样品送到控制实验室后，为了便于标识，应用标签说明：

① 样品或材料的名称；

② 批号，如使用内部来料编码时，能够追溯到具体的供应商；

③ 抽取样品的时间；

④ 首次抽样人员。

（3）样品储存　样品应放置在一个合适的样品室，并且由专人来管理。样品数量必须是双份。

（4）记录保存　分析记录必须依照公司的政策被保存。作为一个指南，原材料和包装材料的分析数据必须至少保存一年以上。例如成品至少保存其保质期的一半的时间，这是由公司规定的。

（三）数据分析

数据分析对于质量管理而言是非常重要的，主要表现为以下方面：

① 生产过程中质量水平的测量；

② 在研究缺陷起因的基础上作出纠正措施；

③ 监测纠正活动的结果。

这些信息通常编制成文件。

通过以上信息的正确使用，公司较高层管理可以处于更好的位置去判断公司的表现，来确定轻重缓急和评估它们的效率。

（四）文件控制

1. 跟踪文件（追溯文件）

① 正确地使用文件追踪管理可以使生产操作管理提高效率。

② 为使涉及一批产品质量异常的调查有效进行，必须在有生产过程和包装过程中形成的批次记录数据。

③ 为追溯每批生产历史，需有书面的记录，同时还有以下行动记录：

ⅰ. 在生产过程和包装过程所做的测量验证；

ⅱ. 自动化生产装置和控制仪器所产生的记录；

ⅲ. 在生产操作过程中，生产处理和包装员工的备注和说明，包括生产事故。

④ 不同生产制造文件（生产、包装、检查确认等文件）之间的联系应使可追溯性成为可能。

⑤ 这些文件可编制成册，相关部门保存这些文件。

2. 文件的管理

① 为了避免口头沟通上不可避免的缺陷（误解、含糊、易忘等），所有活动应用文件记录在案。

② 所有涉及（产品、指示）的文件均要根据每一个公司具体组织和资源状况来起草。

③ 所有文件均要有规则地更新，换版；所有旧版本的文件应及时收回，避免再次使用。

④ 公司的文件目录，应该保持最新版的文件目录。

⑤ 有程序，而程序应特别界定以下几个方面：

ⅰ. 在文件发放之前，确定编写人和签发人；

ⅱ. 确定发放范围；

ⅲ. 编写目的和方法。

⑥ 文件修订时，应给出以下信息：

ⅰ. 更改的性质；

ⅱ. 负责更改的人员；

ⅲ. 更改的理由；

ⅳ. 更改文件的编号和变更日期。

（五）不合格品的管理

为管理不合格品和确保纠正措施和/或返工到位，必须在书面程序中设立并形成记录的系统。

程序介绍必须包括生产过程中的异常和顾客的抱怨。系统要保证所有的不合品处理妥当，以防止重复发生。

（六）卫生管理

化妆品不可以对人的健康造成伤害，并避免因微生物的繁殖产生的变质。所有的制造阶段应该在能做到的最好的卫生条件下进行，以保证生产产品的质量。

生产场所、装备、仪器和设备应该被保持干净和在良好的运行状态中；原料、包装材料、初级产品和成品应保证不被污染。

适合的卫生管理必须在以下两个方面来进行。

1. 工厂卫生管理

① 生产场所应有足够数量的卫生间和洗手盆，其设计应易于清洁和消毒；

② 设备应得到清洗和消毒；

③ 进行必要的例行检查，以防止来自寄生虫、鸟类、其他动物等的污染；

④ 所有生产制造阶段都应有书面程序来规定清洁和消毒方法。

2. 员工卫生管理

① 接触化妆品生产及其组分的人员应保持清洁，并穿适当的工作服；

② 应报告所有影响生产的疾病和受伤情况，采取有效应对措施来确保产品质量不受影响；

③ 饮食、吸烟等行为应限定在与生产区隔离的区域内。

（七）审核

审核的目的是为了验证 GMPC 的符合性，并在必要时提出整改措施。

审核员资格应得到确认，审核应保持中立。

审核必须独立地、有深度、有规则、有要求地操作，由有能力的人指定目的。

审核活动在制造地点或在转包商和供应商。审核应涉及整个质量体系。

审核结果的改进活动是全员参与的（高层管理者和每名员工能参与改进）。

审核应证明改进措施是实际可执行的。

三、东盟 GMPC 有关质量管理（质量控制）的规定

1. 引言

质量控制是 GMP 的重要部分，为化妆品质量持续满足其原来用途提供

保证。

① 应建立质量控制系统，保证产品使用的物料合乎质量和数量要求，并且在标准操作程序条件下生产。

② 质量控制包括对原料、半成品、成品等进行采样、检验及测试。使用时，也包括环境监控程序、批号文件复核、留样程序、稳定性测试及原料成品规格的保持。

2. 返工

① 应对返工方法进行评估，防止污染产品。

② 应对返工的产品进行额外测试。

3. 退货的产品

① 退质的产品应标识并单独存放在指定区域，或者用可移动的例如绳子、带子等隔开。

② 必要时，所有的退货应进行测试。另外，在发货前进行物理评估。

③ 不满足原标准的退货应拒收。

④ 根据适当的程序处理退货产品。

⑤ 退货的记录应保持。

四、ISO 22716 有关质量管理（质量控制实验室）的规定

1. 原则

① 有关人员、厂房设施、设备、任务分包以及文件资料的原则均适用于质量控制实验室。

② 质量控制实验室的责任是采取必要的、相应的质检手段进行抽样测试，以确保所使用的物料均经过合格验收，所发运的产品均经过合格验放。

2. 测试方法

① 质量控制实验室应采取所有必要的测试方法，以确保产品符合验收标准。

② 质量控制工作应基于明确规定的、适当的和实际可行的测试方法。

3. 验收标准

应明确规定验收标准，以便确定对原材料、包装物料、散装产品和成品的质量要求。

4. 质量控制结果（质检结果）

所有质检结果均应经过复查。经复查后应明确作出同意、拒收或待定的决定。

5. 不符合规格的质检结果

① 凡质检结果发现不符合规格要求，均应由经授权的人员进行复核，并相应地进行调查研究。

② 凡需要进行重新检测的均应有足够的理由。

③ 在进行调查研究后，由经授权的人员明确作出不合格、拒收或待定的决定。

6. **试剂、溶液、参照标准、培养基**

试剂、溶液、参照标准、培养基等均应标识下列信息：

① 名称；

② 强度或浓度（依实际情况）；

③ 失效日期（依实际情况）；

④ 按实际情况标出制备人员的姓名和/或签字；

⑤ 开启日期；

⑥ 储存条件（依实际需要）。

7. **抽样**

① 抽样应由经授权的人员进行。

② 抽样应注明：

a. 抽样方法；

b. 所使用的抽样设备；

c. 抽样数量；

d. 为避免污染和劣化应遵守的预防警示；

e. 样品的标识；

f. 抽样的频度。

③ 样品应加标识，注明：

a. 名称或识别码；

b. 批号；

c. 视情况注明抽样日期或其他适用的日期；

d. 样品取自哪个容器（或盛器）；

e. 抽样点（如适合）。

8. **样品的留存**

① 成品的样品应以适当方式保留在指定的地点。

② 样品的多少应根据地方法规的要求以满足检验分析的要求为准。

③ 留存的成品样品应以其原有包装，放置适当的时间。

④ 原材料的样品可根据公司例行方式或依地方法规要求进行留存。

 思考题

1. 我国化妆品企业质量管理的组织机构是如何设置的？

2. 化妆品生产企业如何建立一个适用的质量管理体系？

3. 质量管理部门负责人的主要职责是什么？

4. 我国现行的技术标准是如何分级的？什么是强制性标准和推荐性标准？

5. 质量控制实验室文件包括哪些？

6. 取样的原则要求有哪些？

7. 简述物料放行程序。

8. 如何对不合格品进行处理？

第四章
厂房与设施

Chapter 04

学习目标

1. 熟悉化妆品企业厂房的选择与厂区的布局要求。
2. 掌握化妆品车间布局与主要功能区要求。
3. 了解国外 GMPC 对于厂房与设施的相关规定。

厂房是指用于物料接收、储存、生产、包装、质量控制和运输等活动的空间场所，包括生产、行政、生活和辅助区等。

设施是指为满足生产相关活动的需要而建立的系统，如在厂区建立的建筑物实体、围护结构，在生产车间建立的洁净空调系统、安全消防系统、水处理系统、环境控制系统、管道系统等。

厂房与设施作为硬件，是化妆品生产的基本条件。厂房与设施的合理配置，直接关系到产品的质量。企业应做好厂房与设施的合理配置，为产品质量提供硬件保障。

厂房的选址、设计、布局、建造、改造和维护必须依据有关的法律规范、技术规范或标准，体现其科学性和规范性。

《化妆品生产许可检查要点》对厂房与设施的原则要求是：厂房的选址、设计、建造和使用应最大限度保证对产品的保护，避免污染及混淆，便于清洁和维护。

"避免污染及混淆"可以通过厂房选址远离污染源，厂房设计中按生产、行政等分区布局，人流、物流无交叉污染，车间按环境控制需求分区，仓库按原料、包装材料、成品分区存放，鼠虫害预防与控制等多方面来实现。"便于清洁和维护"可以通过设施材质选择，墙壁与地板、天花板交界处设为弧形，管道安装与墙留有空间便于清洁，给水、排水口、渠道系统内壁平滑不易结垢等多方面来实现。

第一节 厂址的选择与厂区布局

厂房是实施生产的场所，绝大部分生产活动都在这里进行，比如材料的储存、预处理和称量，设备的清洗消毒和维护保养，半成品和产品的取样和检测等。与此同时，生产中产生的废弃物也将在这里存放或直接处理。

厂房的选择与厂区的布局应该科学、规范，能最大限度保证对生产产品的保护。

一、厂址的选择

厂址的选择直接影响工程建设投资和建设速度，同时，合理的选址还能防止化妆品在生产过程中遭受外界环境污染，影响产品质量。为防止交叉污染，选择厂址时应考虑以下几个方面。

1. 自然条件

工业区一般设在城镇常年主导风向的下风向，但考虑到化妆品生产对环境的特殊要求，厂址周围应有良好的卫生环境，无有害气体、粉尘等污染源，也要远离铁路、码头、机场、交通要道以及散发大量粉尘和有害气体的工厂（如化工厂、染料厂及屠宰厂等）、储仓、堆场等有严重空气污染、水质污染、振动和噪声干扰的区域。如不能远离严重空气污染区，则应位于其最大频率风向上风侧，或全年最小频率风向下风侧。

厂址地形应当比较规整而集中，这样可便于各类建筑物与构筑物的布置和场地的有效利用。为此，场地规划时就应尽可能不受铁路、公路干线、河流或其他自然屏障的分割。

厂址应建于环境卫生整洁的区域，周围30m内不得有可能对产品安全性造成影响的污染源；生产过程中可能产生有毒有害的生产车间，应与居民区之间有不少于30m的卫生防护距离。

厂址地势应整齐平坦、开阔，并有一定的自然坡度，以利于排泄雨水、场内交通运输及厂房建筑物基础施工。

厂址处不能在滑坡地质结构上，土层要深厚、性质均一，具有足够的承载能力（承载力不少于1.5~2.0MPa），地表以下不能是砂层、回填垃圾等结构，否则不仅对地基处理增加工程投资造价，严重时还会危及工厂的安全。

厂址不应选在易受污染的河流下游，也不能在古坟、文物、风景区和机场附近，并避免高压线、光缆、国防专用线穿越厂区。

2. 技术经济条件

厂址选择应利于原料供应与产品销售，这样可减少运输成本，为企业节约资源；能源供应充足，为生产制造带来便利；给排水条件良好；交通便利，充分考虑企业的协作和城市规划。

二、厂区布局

为了有效地组织生产活动，厂房应该与生产规模相适应，具备足够的面积和空间，并合理布局。厂区应综合考虑生产、行政、生活、辅助区等布局以及人流、物流之间布局，防止产品在生产过程因受到厂区布局影响而产生污染及交叉污染。厂区布局一般应从以下几方面考虑。

① 生产、行政、生活和辅助区的总体布局应当合理，不得相互妨碍；检验室、留样观察室应与生产区分开，微生物检验室应单独设置。

② 厂区和厂房内的人流、物流走向应当合理。厂区布置和主要道路应贯彻人、物分流的原则，尽量避免相互交叉；车辆的停车场也应远离生产厂房。

③ 企业应当有整洁的生产环境。生产厂房应布置在厂区环境清洁区域；厂区的地面、路面、绿化及运输等不应对化妆品生产造成污染；厂区道路面应选用整体性好、灰尘少的材料，如沥青、混凝土。

④ 化妆品生产区应远离污染源。生产所需的动力、"三废"处理等辅助设施不应对生产环境造成污染，应独立设置必要的废弃物处理设施和场地，并有设施控制可能的虫害污染。

⑤ 在符合消防安全和尽量减少交叉污染的原则下，宜减少独立厂房幢数，建立联合厂房，以减少厂区道路及其造成的污染，减少厂区运输量和缩短运输线路。但危险品库应设于厂区安全位置，并有防冻、降温、消防措施；剧毒药品应设专用仓库，并且设有防盗措施。

⑥ 厂房与道路之间应有一定距离的卫生缓冲带。缓冲带可种植草坪，严禁种花，树木周围以卵石覆盖土壤，绿化设计做到"土不见天"。

⑦ 厂房周围不宜设置排水明沟，宜设环形消防车道（可利用交通道路），如有困难时，可沿厂房的两个长边设置消防通道。

厂区布局示例如图 4-1 所示。

第二节　车间布局与功能区要求

一、车间布局

车间布局应从非生产区（如办公室、更衣室、卫生间）、一般生产区、控制区、洁净区以及生产工艺流程布局进行考虑，防止产品受到污染。车间布局一般应考虑以下几方面。

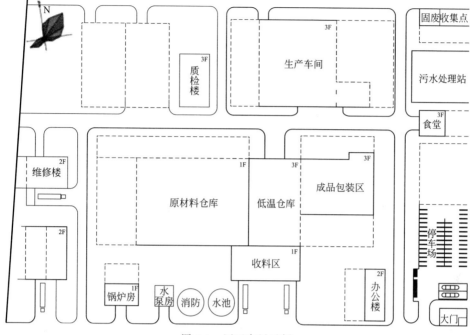

图 4-1　厂区布局示例

① 车间应按生产工艺和产品质量的要求划分一般生产区、控制区和洁净区。其中，一般生产区指无洁净度要求的生产车间、辅助房间等；控制区指对洁净度或菌落数有一定要求的生产车间及辅助房间；洁净区指有较高洁净度或菌落要求的生产车间。

根据物料的暴露情况不同来分区是比较可行的一种方法，但并不是唯一的：

a. 清洁区：一般指有半成品暴露工序的功能间或区域，也包括有洁净要求的区域；

b. 准清洁区：一般指原料、内包材等出现暴露的功能间或区域；

c. 一般区：一般指与原料、内包材、半成品无直接暴露关系的功能间或区域。

洁净度要求相同的房间应相对集中。一般生产区、控制区和洁净区之间应设置缓冲设施。

应制定车间环境监控计划，定期监控。

② 生产车间布局应按照生产工艺流程及其所要求的空气洁净度等级来设置功能间，并合理布局。生产工艺流程应做到上下衔接，人流、物流分开，避免交叉及重复往返，防止原材料、中间体、半成品等的交叉污染和混杂。

应根据实际生产需要分开设置更衣室、缓冲区、原料预处理间、称量间、制作间、半成品储存间、灌装间、包装间、容器清洁消毒间、干燥间、储存间、原料仓库、成品仓库、包装材料仓库、检验室、留样室等各功能间。制作间、半成品储存间、灌装间、清洁容器储存间、更衣室及其缓冲区空气应根据生产工艺的需要经过净化或消毒处理，保持良好的通风和适宜的温度、湿度。

生产车间应配备足够的非手接触式流动水洗手及消毒设施；配备的数量应与生产规模相适应。例如，有的企业按以下比例进行配备：当班员工数量 200 人以下的，每 10 个人配备 1 个水龙头；200 人以上的，每增加 20 人就增加 1 个水龙头（按人数最多的班次进行计算）。

厕所不得设在生产车间内部，应为水冲式厕所，厕所与车间之间应设缓冲区，并有防臭、防蚊蝇昆虫、通风排气等设施。

③ 生产眼部用护肤类、婴儿和儿童用护肤类化妆品的半成品储存间、灌装间、清洁容器储存间应达到 30 万级洁净要求。净化车间的洁净度指标应符合国家有关标准、规范的规定。

采用消毒处理的其他车间，应有机械通风或自然通风，并配备必要的消毒设施。其空气和物表消毒应采取安全、有效的方法，如采用紫外线消毒的，使用中紫外线灯的辐照强度不得小于 $70\mu W/cm^2$，并按照 $30W/10m^2$ 设置。

④ 生产过程中易产生粉尘或者使用易燃、易爆等危险品原料的产品，应使用单独的生产车间和专用生产设备，具备相应的卫生、安全措施，并符合国家相关规定。易产生粉尘的生产操作如筛选、粉碎、混合等应配备有效的除尘、排风设施。生产含挥发性有机溶剂的化妆品（如香水、指甲油等）的车间，应配备相应防爆设施。

⑤ 动力、供暖、空气净化及空调机房、给排水系统和废水、废气、废渣的处理系统等辅助建筑物和设施应不影响生产车间卫生。

⑥ 生产车间更衣室应配备衣柜、鞋架等设施，换鞋柜宜采用阻拦式设计。衣柜、鞋柜采用坚固、无毒、防霉和便于清洁消毒的材料。更衣室应配备非手接触式流动水洗手及消毒设施。生产企业应根据需要设置二次更衣室。

⑦ 另外，厂房内如设参观走廊的生产车间，应用玻璃墙与生产区隔开，防止污染。厂房内应有防止昆虫和其他动物进入的设施。

二、生产车间要求

1. 生产车间要求

① 生产区应有与生产规模相适应的面积和空间。生产区应有良好的通风和消毒设施，进入生产区的新风应经过处理。生产区内使用的卫生工具应无易脱落物，并易于清洗和消毒，其存放地点不应对物料、半成品、成品造成污染，并限定使用区域。

② 更衣室、休息室、浴室及厕所的设置不得对生产区产生不良影响。

③ 生产区内各种管道、灯具、风口等公用设施应易于清洁。

④ 化妆品生产中易产生蒸汽的操作区应有良好的除湿、排风、降温等设施。生产区的水池、地漏不得对产品产生污染。

⑤ 生产区的人员和物料出入应分别设置人流、物流通道，生产区的物流通道应宽敞，采用无阻拦设计。车间应根据各自的洁净度级别，设置相应的卫生通道和生产设施。

⑥ 生产企业应具备与产品特点、工艺、产量相适应，保证产品卫生质量的生产设备。凡接触化妆品原料和半成品的设备、管道，应当用无毒、无害、抗腐蚀材料制作，内壁应光滑无脱落，便于清洁和消毒。设备的底部、内部和周围都应便于维修保养和清洁。

⑦ 称量室或备料室应与生产要求相适应，必要时应有捕尘设施。生产车间的地面、墙壁、天花板和门、窗的设计和建造应便于保洁。

⑧ 车间地面应平整、耐磨、防滑、不渗水，便于清洁消毒。需要清洗的工作区地面应有坡度，并在最低处设置地漏，洁净车间宜采用洁净地漏，地漏应能防止昆虫及排污管废气的进入或污染。生产车间的排水沟应加盖，排水管应防止废水倒流。

⑨ 生产车间内墙壁及顶棚的表面，应符合平整、光滑、不起灰、便于除尘等要求，应采用浅色、无毒、耐腐、耐热、防潮、防霉、不易剥落材料涂衬，便于清洁消毒。制作间的防水层应由地面至顶棚全部涂衬，其他生产车间的防水层不得低于1.5m。

屋顶房梁、管道应尽量避免暴露在外。暴露在外的管道不得接触墙壁，宜采用托架悬挂或支撑，与四周有足够的间隔以便清洁。

⑩ 生产区的照度应与生产要求相适应，厂房应有应急照明设施。生产车间工作面混合照度不得小于220lx，检验场所工作面混合照度不得小于450lx。

⑪ 易燃、易爆、有毒生产工序的厂房设计应符合《工业企业设计卫生标准》和《建筑设计防火规范》等文件的有关条款规定。有毒岗位应密闭集中控制。根据工艺、设备等方面的要求，应备有安全和应急措施。洁净区应有安全出入口及火灾报警消防设施。

⑫ 洁净区的公用系统管线（横向或竖向）宜安装在技术夹层内，不得直接暴露于空间。

提倡化妆品生产企业采用自动化、管道化、密闭化方式生产。生产设备、电路管道、气管道和水管不应产生可污染原材料、包装材料、产品、容器及设备的滴漏或凝结。管道的设计应避免停滞或受到污染。不同用途的管道应用颜色区分或标明内容物名称。

2. 物流规划

物流规划即生产工艺路线的执行，应保证不会对化妆品产品的生产造成不利影响，特别是物流交叉点、物料传递方式与保护、物料接触到的设备设施及容器等。

物流规划应遵循以下几点设计原则。

① 综合考虑物流路线合理性，使之更有逻辑性，更顺畅，最小化交叉污染。

② 减少物料处理工艺步骤和缩短物料运输距离，采取合适的保护措施，避免污染和交叉污染。

③ 进入有空气洁净度要求区域的原辅料、包装材料等应有清洁措施，如设置原辅料外包装清洁室，包装材料清洁室，必要时脱除外包装并将物料放置在更换洁净托板或容器上等。

进入非最终灭菌产品生产区的原辅料、包装材料和其他物品，除满足以上要求外还应设置清洗室、灭菌室和灭菌设施等。

④ 生产过程中产生的废弃物出口不宜与物料进口合用一个气闸或传递窗（柜），应单独设置专用传递设施。

⑤ 分别设置人员和物料进出生产区域的通道。对极易造成污染的物料，如部分原辅料、生产中废弃物等，必要时可设置专用出入口。

⑥ 生产操作区内应只设置必要的工艺设备和设施。用于生产、储存的区域不得用作非本区域内工作人员的通道。

⑦ 输送人和物料的电梯宜分开。电梯不宜设在洁净区内。必须设置时，电梯前应设置气锁间或其他确保洁净区空气洁净度的措施。

⑧ 清洁工具洗涤、存放室宜设在洁净区域外。如需设在洁净区内，其空气洁净度等级应与本区域相同。

⑨ 设置清洗间。清洗间大小合理、功能齐全，能够清洗各类生产设备、设备部件、容器、筛网、滤袋、软管、器具等。

清洗后的设备、物品、工器具等应尽快干燥并在适宜的环境下保存。应避免已清洁的设备部件、模具和未清洗设备部件、模具共用同一储存区域。

⑩ 生产过程中取用原料的工具和容器应按用途区分，不得混用，应采用塑料或不锈钢等无毒材质制成。

⑪ 在物料运输中应充分考虑人机工程设计。如：提升机规格、合适的走道宽度和门洞尺寸。

⑫ 车间内的储存区应有与生产规模相适应的面积和空间。储存区物料、半成品、待验成品的存放应有能够防止差错和交叉污染的措施。

3. 人流规划

人流规划主要关注人员对产品、产品对人员及生产环境的风险。对人员数量、素质应进行严格控制，涉及的人员包括：一般员工、生产人员、参观人员、维修人员、管理人员等。

从保护产品角度来讲，人流规划措施如下。

① 洁净厂房要配备对人员进入实施控制的系统。如：门禁系统。

② 洁净厂房应设置人员净化用室（区），操作人员须经准备、淋浴、更衣、风淋后进入洁净区。

③ 人员净化用室（区）通常包括换鞋区、存外衣区、盥洗区、更换洁净工作服间、气锁间、洁净工衣清洗室等。

④ 通常人员在换鞋区、存外衣区、盥洗区内的活动可视为非洁净的操作活动，可设置一个房间内分区依次操作，不必设置多个房间。

⑤ 更换洁净工作服间和气锁间，视产品风险和生产方式等，可分别单独设置，亦可合并在一起。合适的气流组织和压差控制是必要的。

人流与物流不要求一定是完全分开的，但应尽量减少人流与物流的交叉。

三、洁净区要求及空气净化设施

生产车间应按产品工艺环境控制需求来规定一定的洁净要求，并制定车间环境监控计划，实施定期监控。

（一）洁净区环境要求

1. 空气洁净度

在 GMP 中，空气洁净度分为四个级别，见表 4-1。

表 4-1　空气洁净度分级

洁净度级别	悬浮粒子最大允许数/（个/m³）		微生物最大允许数	
	≥0.5μm	≥5μm	浮游菌/（CFU/m³）	沉降菌/（CFU/皿）
100 级（5）	3500	0（29）	5	1
10000 级（7）	350000	2000（2930）	100	3
100000 级（8）	3500000	20000（29300）	500	10
300000 级	10500000	60000	—	15

进入洁净室（区）的空气必须净化，并根据生产工艺要求划分空气洁净级别。洁净室（区）内空气的微生物和悬浮粒子数应定期监测，监测结果应记录存档。

2. 温度和相对湿度

洁净室（区）的温度和相对湿度应与化妆品生产工艺相适应。

无特殊要求时，温度应控制在 18~26℃，相对湿度应控制在 45%~65%。

3. **压差**

① 洁净室必须维持一定的正压，可通过使送风量大于排风量的办法达到，并应有指示压差的装置。

② 空气洁净度等级不同的相邻房间之间的静压差应≥5Pa，洁净室（区）与室外大气的静压差应≥10Pa，并应有指示压差的装置。

③ 工艺过程如产生大量粉尘、有害物质、易燃易爆物质，其操作室与其相邻房间或区域则应保持相对负压。

4. **新鲜空气量**

洁净室内应保持一定的新鲜空气量，其数值应取下列风量中的最大值：

① 非单向流洁净室应为总送风量的 10%~30%，单向流洁净室应为总送风量的 2%~4%；

② 补偿室内排风和保持正压值所需的新鲜空气量；

③ 保证室内每人每小时的新鲜空气量不小于 40m³。

5. **照度**

洁净室（区）应根据生产要求提供足够的照明。

主要工作室的照度宜为 300lx；辅助工作室、走廊、气闸室、人员净化和物料净化用室，照度可低于 300lx，但不宜低于 150lx；对照度无特殊要求的生产部位可设置局部照明，厂房应有应急照明设施。

6. **噪声**

洁净室内噪声级应符合下列要求：

① 动态测试时，洁净室的噪声级不宜大于 75dB(A)；

② 静态测试时，乱流洁净室的噪声级不宜大于 60dB(A)，层流洁净室的噪声级不宜大于 65dB(A)。

洁净厂房的噪声控制设计必须考虑生产环境的空气洁净度要求，不得因控制噪声而影响洁净室的净化条件。

（二）洁净区厂房要求

① 洁净区的建筑平面和空间布局应具有适当的灵活性，其主体结构不宜采用内墙承重。洁净厂房主体结构的耐久性应与室内装备、装修水平协调，并应具有防火、控制温度变形和不均匀沉陷性能。建筑伸缩缝应避免穿过洁净区。

② 洁净区内设置技术夹层或技术夹道，用以布置风管和各种管线。洁净区内通道应有适当宽度，以利于物料运输、设备安装、检修等。

③ 洁净区内有防爆要求的区域宜靠外墙布置，并符合国家现行《建筑设计防火规范》及《爆炸和火灾危险环境电力装置设计规范》。洁净区应按《建筑设

计防火规范》的要求设置安全出口，满足人员疏散距离要求。

④ 洁净区的室内装修应选用气密性良好，且在温度和湿度变化的作用下变形小的材料。洁净室墙壁和顶棚的表面应无裂缝、光洁、平整、不起灰、不落尘土、耐腐蚀、耐冲击、易清洗、避免眩光（如采用瓷釉漆涂层墙面和金属隔热夹芯板），阴阳角均宜做成圆弧角，以减少灰尘积聚和便于清洁。洁净室地面应整体性好、平整、无缝隙、耐磨、耐腐蚀、耐撞击、不易起尘、不易产生静电、易除尘清洗，如采用环氧自流平整地坪或现浇水磨石地面。

洁净室的门窗造型要简单、平整、不易积尘、易于清洗，密封性能好。门窗不应采用木质等易引起微生物繁殖的材料，以免生霉或变形。门窗与内墙宜平整，不应设门槛，不留窗台。洁净室内的门宽度应能满足一般设备安装、修理、更换的需要。气闸室、货淋室的出入门应有不能同时打开的措施。

⑤ 洁净厂房每层高度应满足洁净室操作面净高和技术夹层布置管线要求的净空高度。需在技术夹层内更换高效过滤器的技术夹层墙面、顶棚宜刷涂料饰面。

⑥ 送风道、回风道、回风地沟的表面装修应与整个送、回风系统相适应，并易于除尘。

⑦ 厂房应有防止昆虫和其他动物进入的措施。洁净室安装的水池、地漏不得对化妆品生产产生污染。100级洁净区（室）不得设置地漏。洁净室（区）内各种管道、灯具、风口以及其他公用设施，在设计和安装时应考虑避免出现不易清洁的部位。

（三）洁净区工艺布局要求

工艺布局应按产品的生产工艺流程要求做到布置合理、紧凑，有利于生产操作，并能保证对生产过程进行有效的管理。工艺布局要避免人、物流之间的混杂和交叉，防止引起污染和交叉污染，并符合下列要求：

① 应分别设置人员和物料进、出生产区域的通道，必要时应设置极易造成污染的物料和废弃物的专用出口。进入洁净区的人员必须有相应的净化用室和设施，其要求应与生产区洁净级别要求相适应；进入洁净区的物料必须有与生产区洁净级别相适应的净化用室和设施，根据实际情况可采用物料清洁室、货淋室（气闸室）或传递窗（柜）进入洁净区；洁净区内物料传递输送路线尽量要短，减少折返；生产中的废弃物不宜与物料进口合用一个气闸或传递窗（柜）。

② 洁净区内的半成品不宜直接进入一般生产区，可采用传递窗（柜）、气闸或设置相应的设施进入一般生产区，传输带不得穿越不同洁净级别区域。

生产操作区内应设置必要的工艺设备和设施。用于生产、储存的区域不得作为非本区域内工作人员的通道。人员和物料使用的电梯宜分开。电梯不宜设置在洁净区内，必须设置时，电梯前设气闸室或采取确保洁净区空气洁净度的其他措施。

③ 在满足工艺条件的前提下，为了提高净化效果，节约能源，有空气洁净度要求的房间尽量做到以下要求：

a. 空气洁净度相同的房间或区域相对集中；

b. 空气洁净度高的房间面积合理布置；

c. 不同空气洁净度房间之间的相互联系应有防止污染措施，如气闸室或传递窗（柜）等。

④ 在化妆品洁净生产区域内应设置与生产规模相适应的备料室、原辅材料、中间体、半成品、成品存放区域。存放区域内应安排待验区、合格品区和不合格品区，并按下列要求布置：

a. 备料室、原辅材料存放区、中间体存放区、半成品存放区的空气洁净度与生产区空气洁净度相同；

b. 视生产规模设置在仓库或生产车间内，并配备相应的称量室（区）；

c. 不合格中间体、半成品需设置专用回收间，其空气洁净等级宜同生产区的等级；

d. 原辅材料、中间体、半成品存放区尽可能靠近与其相联系的生产区域，减少运输过程中的混杂和污染；

e. 成品待验区与成品仓库区应有明显区别标志，不得发生混杂。成品待验区可布置在生产区或入库前区。

（四）空气净化设施与设备

空气洁净度是以空气中飘浮的微粒数或生物粒子数（细菌数）来规定的，一般认为飘浮微粒数多的环境下细菌数也多，但没有必然的联系。对化妆品生产来说，在生产环境中除了对非生命污染物——尘粒要加以限制处理，还必须对有生命的污染物——微生物作出更严格的限制。

进入洁净室的洁净空气不仅要有洁净度的要求，还应有温湿等的要求。洁净室温度一般控制在 18～26℃，相对湿度为 45%～65%，为保证人员的生理学要求，新风比不应小于 15%。

空气净化设施与设备可分为以下几类。

1. 空气过滤器

空气过滤器（air filter）是指空气过滤装置，一般用于洁净车间、洁净厂房、实验室及洁净室等的防尘。

（1）空气过滤器的滤尘机制　空气过滤器的滤尘机制主要有三种：

① 静电过滤器滤尘机制　使含尘空气流经放电电场，致使尘粒带电，被阴

极吸住除去，而将空气净化。

② 干式纤维过滤器滤尘机制　过滤器筛滤比滤材孔径大的尘粒，使空气净化。

③ 黏性填料（滤料）过滤器滤尘机制　含尘空气流沿填料（滤料）空隙的曲折通道运动，尘粒在惯性作用下，偏离气流方向，碰到黏性油料上被粘住，而使空气净化。

（2）过滤器分类及其效能　空气过滤器有初效过滤器、中效过滤器、亚高效过滤器及高效过滤器等型号。各种型号有不同的滤材和使用效能等，详见表4-2。

表 4-2　空气过滤器的分类及效能

分类	滤材	效能	作用
初效过滤器	其滤料一般为无纺布、金属丝网、玻璃丝、尼龙网等	去除 ≥5μm 的尘埃粒子，初阻力≤50Pa	在空调净化系统中作为预过滤器，保护中效和高效过滤器和空调箱内的其他配件，以延长它们的使用寿命
中效过滤器	其滤料主要有玻璃纤维、中细孔聚乙烯泡沫塑料和由涤纶、丙纶、腈纶等制成的合成纤维毡	去除 ≥1.0μm 的尘埃粒子，初阻力≤80Pa	在空调净化系统中作为中间过滤器，减少高效过滤器的负荷，延长高效过滤器和空调箱内配件的使用寿命
亚高效过滤器	其滤材一般为玻璃纤维制品	去除 ≥0.5μm 的尘埃粒子，初阻力≤120Pa	在空调净化系统中作中间过滤器，在低级净化系统中可作终端过滤器使用
高效过滤器	其滤料为超细玻璃纤维滤纸，孔隙非常小	去除 ≥0.3μm 的尘埃粒子，初阻力≤220Pa	在空调净化系统中的终端过滤器，高级别洁净室中(0.3μm 洁净室)必须使用的终端净化设备

2. 气闸室

气闸室即缓冲室，是控制人、物进出洁净室时，避免污染空气进入的隔离室。一般可采用无空气幕的气闸室；当洁净度要求高时，可采用有洁净空气幕的气闸室。空气幕是在洁净室入口处的顶板设置有中、高效过滤器，并通过条缝向下喷射气流，形成遮挡污染的气幕。

3. 空气吹淋室

空气吹淋室又称风淋室，它是人员进入洁净室无尘车间所必备的净化设备，通用性强，可与所有的洁净室和洁净厂房配套使用。工作人员进入车间时，必须通过此设备，用强劲洁净的空气，由可旋转喷嘴从各个方向喷射至人身上，有效而迅速清除附着在衣服上的灰尘、头发、发屑等杂物，减少人员进出洁净室所带来的污染问题。

空气吹淋室由箱体、不锈钢门（钢板烤漆门或带视窗的彩钢板门）、初效过滤器、高效过滤器、风机、静压箱、喷嘴联锁控制器、操作面板、感应装置等几大部件组成。

吹淋室的底板由钢板折弯焊接而成，并附烤漆处理加强筋，表面附不锈钢制作而成。

箱体采用优质的冷轧钢板制造，表面静电喷塑或烤漆处理，美观大方，内底板全不锈钢板制作，耐摩擦、易清洁。

空气吹淋室的两道门电子互锁，可以兼起气闸室的作用，阻止外界污染和未被净化的空气进入洁净区域。杜绝工作人员将头发、灰尘、细菌带入车间，达到工作场地严格的无尘净化标准，生产出高质量的产品。

4. 洁净工作台

洁净工作台又称超净工作台，是一种提供局部无尘、无菌工作环境的空气净化设备，并能将工作区已被污染的空气通过专门的过滤通道人为地控制排放，避免对人和环境造成危害，是一种通用性较强的局部空气净化设备。

洁净工作台由机箱、高效过滤器、可变风量送风机组、中效过滤器、工作台面、消静电离子枪等几大部件组成。机箱采用薄钢板制作，表面烤漆。工作区台面为全不锈钢结构，工作台面活动式安装，便于清洁。工作台采用了直接控制方式，设有风机开关、照明开关、消静电离子开关、直接控制设备。

洁净工作台原理：洁净环境是在特定的空间内，洁净空气（进滤空气）按设定的方向流动而形成的。以气流方向来分，现有的超净工作台可分为垂直式、由内向外式以及侧向式。从操作质量和对环境的影响来考虑，以垂直式较优越。由供气滤板提供的洁净空气以一个特定的速度下降通过操作区，大约在操作区的中间分开，由前端空气吸入孔和后吸气窗吸走，与操作区下部前后部吸入的空气混合在一起，并由鼓风机泵入后正压区，在机器的上部，30%的气体通过排气滤板从顶部排出，大约70%的气体通过供氧滤板重新进入操作区。为补充排气口排出的空气，同体积的空气通过操作口从房间空气中得到补充。这些空气绝对不会进入操作区，只是形成一个空气屏障。

洁净工作台能提供洁净度等级为100级的操作环境，对于粒径$\geqslant 0.5 \mu m$的尘埃可达到不大于3.5颗/L。

5. 净化空调系统

为了使洁净室内保持所需要的温度、湿度、风速、压力和洁净度等参数，最常用的方法是向室内不断送入一定量经过处理的空气，以消除洁净室内外各种热湿干扰及尘埃污染。为获得具有一定状态的空气送入洁净室，就需要一整套设备对空气进行处理，并不断送入室内，又不断从室内排出一部分来，这一整套设备就构成了净化空调系统。

（1）净化空调系统的基本构成　净化空调系统基本由下列设备构成：

① 加热或冷却、加湿或去湿以及净化设备；

② 将处理后的空气送入各洁净室并使之循环的空气输送设备及其管路；

③ 向系统提供热量、冷量、热源、冷源及其管路系统。

（2）净化空调系统的分类　净化空调系统一般分为三大类。

① 集中式净化空调系统　在系统内单个或多个洁净室所需的净化空调设备都集中在机房内，用送风管道将洁净空气配给各个洁净室。适用于工艺生产连续、洁净室面积较大、位置集中，噪声和振动控制要求严格的洁净厂房。

集中式净化空调系统主要有如下特点。

a. 在机房内对空气集中处理，进而送进各个洁净室。

b. 由于设备集中于机房，对噪声和振动较容易处理。

c. 一个系统控制多个洁净室，要求各洁净室同时使用频率高。

d. 集中处理后的洁净空气送入各洁净室，以不同的换气次数和气流形式来实现各洁净室内不同的洁净度。

② 分散式净化空调系统　对于一些生产工艺单一，洁净室分散，不能或不宜合为一个系统，或各个洁净室无法布置输送系统和机房等场合，应采用分散式洁净空调系统，在系统内各个洁净室单独设置净化设备或净化空调设备。

分散式净化空调系统的最大特点就是灵活、简易。它可满足不同房间的不同送风要求。当室内热湿负荷变化时，调节系统反应快，也不影响其他各室进风参数，洁净空间小而单一，管理比较方便，洁净度也易保证。加上没有输送管系及专用机房，节约了输送能耗及沿途冷热损失和污染，减少了辅助占地面积。另外，空调机组体积小，现场安装工作量少，操作使用也方便，不需要专门熟练的操作工人。

③ 半集中式净化空调系统　是一种把空气集中处理和局部处理结合的系统形式。它既有像分散式系统那样，各洁净室能就地回风而避免往返输送，又有像集中式系统那样按需要供给各洁净室经空调处理到一定状态的新风，有利于洁净空气参数的控制。随着生产工艺的发展，人们对洁净室要求也不同了，人们希望在一个洁净室内实现不同洁净度分区控制。因此，出现了半集中式净化空调系统。

四、仓储区要求

《化妆品生产许可检查要点》要求：仓储区应有与生产规模相适应的面积和空间，应设置原料、包装材料、成品仓库（或区）；应设置合适的照明和通风、防鼠、防虫、防尘、防潮等设施；合格品与不合格品分区存放；对易燃、易爆、有毒、有腐蚀性等危险品应设置专门区域或设施储存。

（一）仓储区环境要求

1. 温湿度

应根据产品及物料的储存条件，选择常温库、阴凉库或者冷库等进行物料的储藏。由于库房空间较生产空间大，宜通过当地最热和最冷季节的温湿度分布验证，确定空调通风设施的性能。

阴凉库应装设可正确指示库内温湿度的温度计、湿度计、温度测定器、湿度测定器或温湿度自动记录仪，且对温湿度进行适时监控，并记录。

2. 照明

仓库设计一般采用全封闭式，可采用灯光照明和自然光照明。

（二）仓储区厂房要求

仓储区应以无毒、坚固的材料建成，地面平整，便于通风换气。

仓储区应是完好的防风雨建筑，不能有任何可令鼠类、鸟类、昆虫等进入的地方。应设有防止动物进入的装置（如仓库门口应设防鼠板或防鼠沟），且应设有防火、防盗、防水淹的措施。

（三）仓储区布局要求

应根据产品标准及注册要求，汇总所有物料的存储要求，对存储区进行风险分析与评估，关注存储空间的划分、物料安全性、物料质量要求等，防止污染与混淆。

① 仓储区面积和空间、设施设备应与生产规模和生产品种相适应，同时制定合理的库存量，以保证物料和产品能够有序存放。非 GMP 相关物料（如办公用品、劳保用品、促销用品等），应与 GMP 相关物料区分设置，以缩小 GMP 库房建设规模，降低库房管理成本。

② 仓储区和外界、仓储区与生产区交界处应当能够保护物料和产品免受外界天气的影响，应设有缓冲间，缓冲间两边均应设门，并设互锁，不允许两边门同时开启。

③ 接收、发放和发运区应当能够保护物料、产品免受外界天气（如雨、雪）的影响。接收区的布局和设施应当能够确保到货物料在进入仓储前可以对外包装进行必要的清洁。

④ 仓储区应根据物料的形态、作用或质量状态进行划分，防止混淆。应依据原料、半成品、成品、包装材料等性质的不同分设储存场所，待验、合格、不合格、退货或召回的原辅料、包装材料、中间产品、待包装产品和成品等各类物料和产品应分别划分区域，且应有有效隔离措施和明显的识别标志，其容

量应与生产能力相适应，必要时应设有阴凉库。同一仓库储存性质不同物品时，应适当隔离（如分类、分架、分区存放），并有明显的标识。

⑤ 如采用单独的隔离区域储存待验物料，待验区应当有醒目的标识，且只限于经批准的人员出入。不合格、退货或召回的物料或产品应当隔离存放。如果采用其他方法替代物理隔离，则该方法应当具有同等的安全性。

⑥ 生产过程中的物料储存区的设置应靠近生产单元，面积合适。可分散或集中设置。

⑦ 原材料应分类存放并明确标识，危险品应严格管理。

⑧ 仓储区应设置数量足够的栈板（物品存放架）或地台板，并使物品与墙壁、地面保持适当距离，以利空气流通及物品的搬运，堆放原材料及成品用的栈板应离墙壁 600mm 以上。

⑨ 仓储区应有有效且系统化的隔离措施，以防止物料误用或成品出货混淆。储存区通常分为一般储存区、不合格区、退货区、特殊储存区；辅助区域通常分为接收区、发货区、取样区、办公区、休息区。不同区域应配置合适的空调或通风设施，以保持仓储区内物料对环境的温湿度要求。接收区、发货区均不能露天。

⑩ 在原辅料、包装材料进口区应设置取样间或取样车。取样间内只允许放一个品种、一个批号的物料，取样区的空气洁净度级别应当与生产要求一致。如在其他区域或采用其他方式取样，应当能够防止污染或交叉污染。

⑪ 仓储区的地面要求平整，尤其是高位货架和高位铲车运作区，要求地面平整，一般要求平整度为 1000mm±2mm。仓库地面要进行硬化处理，可用环氧树脂或聚氨酯涂层，一般不用水泥地面，尤其用高位铲车运作时，水泥地面易起尘，难以清洁。仓库地面结构要考虑其承重能力进行强化处理。高层货架已不再用底脚螺丝预埋件固定，而用膨胀螺栓固定，装卸均较简便；货架竖立时要求测量其垂直度，不得有倾斜。物料都应堆放在托盘上，宜采用金属或塑料托盘，其结构应考虑便于清洁和冲洗。仓储区不设地沟、地漏，目的是为了不让细菌滋生。仓储区内应设洁具间，放置专用的清洁工具，用于地面、托盘等仓储设备的清洗。

⑫ 对于储存条件或安全性有特殊要求（如特殊的温度、湿度要求）的物料或产品，应设置特殊储存区域以满足物料或产品的储存要求。

⑬ 仓储区应做到人流、物流分开。仓储区在人流通道中应设有更衣室等设施。

⑭ 成品在出货前应有清楚的标识，并按"先入先出"的方式进出。

五、厂房内布局示例

厂房内布局示例如图 4-2 所示。

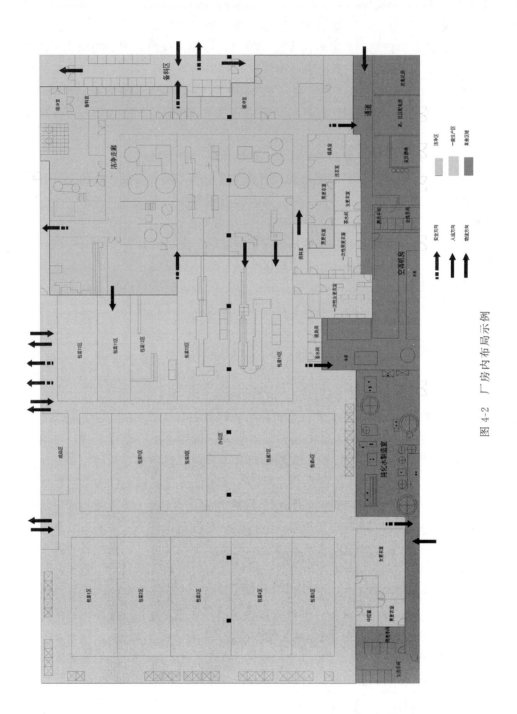

图 4-2　厂房内布局示例

第三节　国外 GMPC 对于厂房与设施的相关规定

一、美国 GMPC 有关厂房与设施的规定

建筑物和设施，检查是否：

① 用于生产或存放化妆品的建筑物应大小合适，设计和结构应保证设备进出不受阻碍，材料存放整洁，操作卫生以及正确的清洁和维护；

② 地面，墙壁和天花板结构表面应光滑，易于清洁，并保持干净和良好状况；

③ 安装的固定装置，管道的滴水或者冷凝水不会污染化妆品原料、器具，以及与化妆品原料、散装产品或成品接触的设备的表面；

④ 照明和排风系统应满足预期员工操作和舒适的要求；

⑤ 供水、清洗和卫生设施，地面排水和废水系统应充分满足清洁操作的要求和设备、器具的清洁要求，并满足员工的需要及易于让员工保持个人清洁。

二、欧盟 GMPC 有关厂房与设施的规定

建筑的设计、构造和装备都应满足在其中开展各种生产活动的要求。例如从蓝图开始，选择何种原材料和如何布局就是关键性的因素。

① 建筑物（工作场所）应保持：有秩序；清洁或消毒；合适的温度；良好的卫生环境。

② 避免：任何产生滞水的风险；空气中的灰尘；昆虫和其他小动物的存在；垃圾的堆积；腐蚀性的材料接触到产品。

③ 提供：充足的自然光或人造光；足够数量的洗手盆，冷热水；洗手液和卫生风干机。

④ 不同的生产区和储存地点必须被划分开来，以避免不必要的移动和交叉流动（比如原材料的样品和成品）。未经许可不可进入、通过该区域。

⑤ 在制造环节中的任何时候，光、通风系统、温度、湿度都不能间接或直接影响到产品的质量。

⑥ 所有的生产现场必须保持干净，维持良好秩序，满足不同制造操作过程中制定的条件。地板和墙的表面、窗户、门和其他任何可能接触到产品的表面，都必须保持干净，维持好的状态。如果需要，进行消毒。

⑦ 作为实验测试的范围区域规模大小适中。只有这样的设计得出的实验分析才是可靠的。

三、东盟 GMPC 有关厂房与设施的规定

厂房的选择、设计、结构及维护应合适。

（1）应采取有效的方法防止周围环境及虫害的污染。如果采取了应有的保护以防止交叉污染及混淆，则不含有害物质/成分的家具产品能和化妆品使用同样的厂房及设备。应使用一些彩色的线、塑料的门帘、弹性的障碍物等绳子或带子的形式防止混淆。提供足够数量的更衣室及其他设施。厕所应与生产间分开，以防止产品污染或交叉污染。

（2）若可能及适用，应提供以下指定区域：来料接收、来料抽样、来料检验、来料储存、称重及分配、加工、半成品储存、包装、成品放行前的储存检验、成品的储存、装卸、实验室、设备清洗。

（3）墙壁、天花板应平整及易于维护。生产区的地板也应易于清洗及消毒。排水沟尺寸合适，并装有气隔的集水沟及合适的流向。应尽量避免明渠，若必要时，则应能进行清洗消毒。空气通风口、排气装置及相关的管道的安装应避免污染。

（4）厂房的照明及通风应足够满足预期操作；管道、灯、通风装置及其他生产区域的设施的安装应避免不可清洁的死角，并在生产区外运转。

（5）实验室应与生产区分开。

（6）储存区空间应足够，并提供合适的照明，合理的规划允许干燥、清洁及储存物料与产品的有序摆放。

① 此区域应适合已检疫的物料及产品的分隔。对于易燃易爆物品、有毒化学物质，拒收，回收或者退回产品的储存应提供特别以及隔离的区域。

② 当产品有特别要求时，应提供合适的温度、湿度及安全的储存条件。

③ 储存应分别设置不同标签及其他印刷物，防止混淆。

四、ISO 22716 有关厂房与设施的规定

1. 原则

① 厂房设施的定位、设计、建设和利用应该：

a. 确保对产品的保护；

b. 便于进行有效的清洁和维护；

c. 确保产品、原材料和包装物料的搬移不致产生混淆的风险。

② 在本指南中介绍了有关厂房设施设计的推荐方案。设计方案应基于所生产的化妆产品的类型、现有条件和所采用的清洁方法。

2. 区域的类型

设置不同的区域，诸如储存区、生产区、质量控制区、辅助区、盥洗和如

厕区，均应分别设置，以避免差错和混淆。

3. 空间

应提供足够的空间，以方便货物接收、储存和生产等操作。

4. 流动路线

应明确划定物料、产品和人员在楼宇中流动的路线以避免混淆。

5. 地面、墙壁、天花板、窗户

① 生产区的地面、墙壁、天花板和窗户的设计或建造均应便于保洁与修缮。

② 在通风足够好的条件下窗户应设计成不开型的。若窗户是可开向外部环境的，则应采取适当的空气过滤措施。

③ 新建的生产区应考虑适当的清洁和维护保养要求。新建生产区的设计应在适当时采用平滑的表面，并要考虑耐受清洁药剂的要求。

6. 盥洗和如厕设施

应为人员提供足够的、清洁的盥洗和如厕设施。盥洗和如厕设施应与生产区分开，但应容易进出。在适当时应提供足够的沐浴和更衣设施。

7. 照明

① 应在所有操作区域提供足够的照明。

② 照明设备的安装应确保能够控制由于可能的破碎而产生的任何碎片。或者，应采取措施保护产品。

8. 通风

对要进行的生产操作应提供足够的通风。或者，应采取具体措施来保护产品。

9. 管道系统、下水及管线

① 管道系统、下水及管线的安装应保证不会发生污染物料、产品、表面及设备的滴漏或凝结。

② 下水应保持清洁，不应发生倒流。

③ 在进行设计时应考虑下述各点。

a. 应避免有暴露在外的屋顶房梁、管道；

b. 暴露在外的管道不得接触墙壁，而应用托架悬挂或支撑，彼此有足够间隔以便于清洁；

c. 采取特殊措施以保护产品。

10. 清洁卫生

① 凡用于本指南中描述的工作内容的任何厂房设施均应保持清洁卫生。

② 清洁卫生工作应达到保护产品的目的。

③ 所使用的清洁卫生药剂应为规定的有效药剂。

④ 应根据每个区域的特定要求制定相应的清洁卫生制度。

11. 维护保养

凡用于本指南中所描述的工作内容的厂房设施均应保持很好的维护保养状态。

12. 消耗品

厂房设施所使用的消耗品不得影响产品质量。

13. 虫害控制

① 厂房设施的设计、建造和维护保养均应保证防止昆虫、鸟类、鼠类和各种害虫的侵入。

② 应制定有关厂房设施相应的虫害防治制度。

③ 应采取措施，防止厂房设施外部吸引害虫或有害虫筑巢。

 思考题

1. 化妆品企业厂址的选择与厂区的布局主要要考虑哪些方面？

2. 化妆品生产车间布局应满足哪些要求？

3. 化妆品生产企业应如何进行人流、物流规划？

4. 洁净区环境应满足哪些要求？

5. 空气过滤器的过滤机制主要有哪些？

6. 化妆品企业常用的空气净化设施与设备有哪些？

第五章
设备管理

Chapter 05

学习目标

1. 了解设备管理的基本原则及国外 GMPC 对于设备管理的相关规定。
2. 熟悉设备管理的主要工作内容。
3. 掌握工艺用水系统的设计与管理。

设备通常是指可供人们长期使用的一套装置，并在反复使用中基本保持原有实物形态和功能的生产资料和物质资料的总称，包括生产设备如乳化锅、灌装机等，检测相关的仪器设备如 pH 计、黏度计等，水处理设备等。设备是生产环节的重要部分，它们会直接或间接地与材料、半成品或成品进行接触。

《化妆品生产许可检查要点》第 49 条明确要求："企业应具备符合生产要求的生产设备和分析检测仪器或设备。"这里所谓符合生产要求的生产设备是指企业应根据产品种类、产品生产工艺要求、生产效率要求、设备设计参数、设备维护保养要求及对环境的影响等因素选择对应的生产设备；符合生产要求的分析检测仪器是指企业要根据产品种类、检测项目、检测精度和频率要求、检测效率和检测人员技能水平等要求选择合适的检测仪器。

设备管理是以化妆品生产企业经营目标为依据，运用各种技术、经济、组织措施，对设备从规划、设计、制造、购置、安装、使用、维护、修理、改造、更新直至报废的整个寿命周期进行全过程的管理。设备管理不仅可以降低设备运行、维护成本，最关键的是最大程度降低因设备对产品产生的污染、偏差等风险，进而最大限度地保证产品质量。

第一节　设备管理原则

设备是与化妆品直接接触的生产工具，各种剂型的化妆品都是通过设备加工而成，所以设备对产品的形成与质量的优劣至关重要，规范的设备管理也是实施化妆品生产质量管理的关键所在。

《化妆品生产许可检查要点》明确企业"应建立并保存设备采购、安装、确认的文件和记录"。具体体现在企业应制定设备管理制度，规范设备的设计及选型、安装及使用、清洁及消毒、校验及维护、水处理系统维护及水质等相关要求，目的是为了确保企业能够拥有合理的设备来满足生产工艺要求，尽可能地降低产生污染、交叉污染、混淆和差错的风险，便于操作、清洁、维护，进而确保生产的顺利进行和产品的质量。

设备在生产过程中改变了产品的形状、性质和位置，参与了从原料到成品的运动过程。设备管理是对设备的购、管、用、养、修等全过程进行有效控制，以保持设备的生产能力，满足生产需要和环境、职业安全健康管理的要求。设备管理要坚持"设计、制造与使用相结合，维护与计划检修相结合，修理、改造与更新相结合，技术管理与经济管理相结合"的原则。

1. 设计、制造与使用相结合

设计、制造与使用相结合的原则，是为克服设计、制造与使用脱节的弊端而提出来的。这也是应用系统论对设备进行全过程管理的基本要求。

从技术上看，设计、制造阶段决定了设备的性能、结构、可靠性与维修性的优劣；从经济上看，设计、制造阶段决定了设备寿命周期费用的90%以上。只有从设计、制造阶段抓起，实行设计、制造与使用相结合，才能达到设备管理的最终目标——在使用阶段充分发挥设备效能，创造良好的经济效益。

贯彻设计、制造与使用相结合的原则，需要设备设计、制造企业与使用企业的共同努力。对于设计、制造单位来说，应该充分调查研究，从使用要求出发为用户提供先进、高效、经济、可靠的设备，并帮助用户正确使用、维修、做好设备的售后服务工作。对于使用单位来说，应该充分掌握设备性能，合理使用、维修，及时反馈信息，帮助制造企业改进设计，提高质量。实现设计、制造与使用相结合，主要工作在基层单位。但它涉及不同的企业、行业，因而难度较大，需要政府主管部门与社会力量的支持与推动。对于企业的自制专用设备，只涉及企业内部的有关部门，结合的条件更加有利，理应做得更好。

2. 维护与计划检修相结合

这是贯彻"预防为主"、保持设备良好技术状态的主要手段。加强日常维护，定期进行检查、润滑、调整、防腐，可以有效地保持设备功能，保证设备安全运行，延长使用寿命，减少修理工作量。但是维护只能延缓磨损、减少故障，不能消除磨损、根除故障。因此，还需要合理安排计划检修（预防性修理），这样不仅可以及时恢复设备功能，而且还可为日常维护保养创造良好条件，减少维护工作量。

3. 修理、改造与更新相结合

这是提高企业装备素质的有效途径，也是依靠技术进步方针的体现。

在一定条件下，修理能够恢复设备在使用中局部丧失的功能，补偿设备的有形磨损，它具有时间短、费用省、比较经济合理的优点。但是如果长期原样恢复，将会阻碍设备的技术进步，而且使修理费用大量增加。设备技术改造是采用新技术来提高现有设备的技术水平，设备更新则是用技术先进的新设备替换原有的陈旧设备。通过技术改造和设备更新，能够补偿设备的无形磨损，提高技术装备的素质，推进企业的技术进步。因此，企业设备管理工作不能只搞修理，而应坚持修理、改造与更新相结合。

许多企业结合提高质量、发展品种、扩大产量、治理环境等目标，通过"修改结合""修中有改"等方式，有计划地对设备进行技术改造和更新，逐步改变了企业的设备状况，取得了良好的经济效益。

4. 技术管理与经济管理相结合

设备存在物质形态与价值形态两种运动。针对这两种形态的运动而进行的技术管理和经济管理是设备管理不可分割的两个方面，也是提高设备综合效益的重要途径。

技术管理的目的在于保持设备技术状态完好，不断提高它的技术素质，从而获得最好的设备输出（产量、质量、成本、交货期等）；经济管理的目的在于追求寿命周期费用的经济性。技术管理与经济管理相结合，就能保证设备取得最佳的综合效益。

第二节　设备管理的内容

设备管理是对设备的购、管、用、养、修等全过程进行有效控制，以保持设备的生产能力，满足生产需要和环境、职业安全健康管理的要求。现代设备综合管理主要包括以下几个方面的内容。

① 根据技术部门和生产部门提供所需设备的工艺参数，正确选择技术上先进、经济上合理、便于安装维护和保养的设备。

② 根据设备的性能和工艺要求，正确合理的使用设备，保持设备良好性能和应有的精度，发挥设备正常的生产效率。

③ 做好设备的日常维护保养工作，使设备处于良好的状态，以减轻磨损，延长设备的使用寿命。

④ 做好设备的检查、保养和修理工作。

⑤ 根据企业发展规划，有计划、有重点地对现有设备进行技术改造和更新，并合理处置老设备。

⑥ 做好设备的日常管理工作，包括设备的分类、登记、编号、调拨、事故处理、清查、报废等内容。

一、设备的设计与选型

化妆品的生产是典型的多品种小批量生产方式，所用各类设备一般是适合小批量生产的小型设备。化妆品的生产设备大体可分为产品的制造设备和成型充填包装设备两大类。

设备的设计与选型，是指企业从生产能力、成品率要求、设备维护的难易程度、节能性、安全性、耐用性等方面考虑，选择合适型号的设备。一般来讲，化妆品设备的设计是由设备设计的专业单位或制造厂来承担的，化妆品生产企业根据生产工艺来选型购买。设备的选型通常由设备使用部门来确认设备安装尺寸、设备产能和操作性评估等，参与选型的部门通常有技术、生产、质量、工程等相关部门。技术部一般从设备与生产工艺适应性、技术可靠性等进行评估；工程部一般从设备的配套性、安全性、环保节能、经济性等方面进行评估。

① 生产设备的设计与选型必须满足产品特性要求，不得对产品质量产生影响。因此生产设备必须严格按照产品要求的型号采购。

② 设备的材质必须满足生产工艺要求。不符合要求的设备在长期的生产过程中会跟材料发生反应，或被材料腐蚀而导致溶出有害物质或设备表面产生剥离、脱落，造成对产品的污染。因此所有与原料、产品直接接触的设备、工器具、管道等的材质应得到确认，企业可以要求供应商提供材质证明资料（如材质来源资料、第三方检测报告、官方发布的认可资料、文献研究资料等），或者企业结合自己的评估情况将其送第三方机构进行检测确认，确保不带入化学污染、物理污染和微生物污染。

③ 与产品直接接触的生产设备（包括生产所需的辅助设备）表面应平整、光洁、无死角、易清洗、易消毒、耐腐蚀；所选用的润滑剂、清洁剂、消毒剂不得对产品或容器造成污染。一般企业可以要求供应商提供成分证明资料或安全评估报告，或者企业结合自身情况对润滑剂、清洁剂、消毒剂等进行安全评估。

二、设备的安装与使用

1. 设备安装与布置

设备安装可能是一次性的行为。对大多数设备而言，一旦安装完毕，如果没有特殊情况则再次移动的可能性很小，而生产活动是围绕设备日复一日进行的，因此设备的安装是否方便生产活动是很关键的，因为这会影响操作人员执行生产相关操作规程的便利性和忠诚度。

一个简单易行的操作多数人都会很好地完成，而一个复杂而又麻烦的操作很可能会引起执行人的反感，从而产生走捷径的想法。所以设备的设计与安装应易于操作，方便清洁消毒等活动的开展。

企业应该根据化妆品生产工艺需求及车间布局要求，合理布置生产设备。企业可以根据车间的面积大小、生产工序的流向、物料移动的方向和距离等，将设备安装在适当的位置，充分利用车间面积，确保设备的正常运行，满足生产工艺要求。设备的摆放应避免物料和设备移动、人员走动对质量造成影响，因为人员频繁地搬动物料会造成物料污染，人员走动也会引起车间微粒数量的增加从而影响车间空气质量，频繁移动设备也会影响设备的稳定性。

设备的合理安装不仅能大大提高生产效率，对质量文化产生的积极作用也是不可估量的，特别是它对生产中因匆忙导致的差错、混淆及交叉污染等问题有时具有决定性的影响。所以设备在安装后都应该进行验证，这一点将在后续的验证部分中作详细介绍。

2. 设备的使用

企业应建立生产设备操作规程。操作规程可以参考设备生产厂商提供的设备说明书，并结合企业设备管理的要求进行制定。包括但不限于以下内容：操作方法/步骤、设备主要工艺参数、常见故障及排除方法、点检和维护保养方法、清洁要求等。操作人员必须经培训、考核合格后才可允许上岗操作。使用时应该严格按照操作规程要求进行生产操作，并做好记录。

三、设备的清洁与消毒

生产设备的清洁与否决定着化妆品是否纯净。当使用同一台设备生产不同产品时，有效的清洁和消毒尤其重要，因为这直接决定下一批次产品是否会受到来自上一批次产品的污染。这里所说的污染包括可见的交叉污染和不可见的微生物污染。

1. 清洁消毒的一般要求

企业应制定生产设备的清洁、消毒操作规程，规定具体的清洁方法、清洁用具、清洁剂的名称与配制方法、已清洁（消毒）设备的有效期等。根据化妆品生产的相关要求，设备的清洁消毒应该保留记录。

即使对设备进行了严格的清洁和消毒操作，在生产操作之前还需对设备进行必要的检查，并保存检查记录。这主要是确认在设备清洁和消毒操作之后及使用之前的时间内，该设备是否又受到其他污染。

即使在连续生产时，也应在适当的时间间隔内对设备进行清洁消毒。因为材料和环境都可能带入一定数量的微生物，不定期消毒，这些微生物就会逐渐累积。另外，每种清洁消毒都具有一定的时效性，如果不进行频繁的清洁和消毒操作，有些残留微生物会产生适应性从而存活下来，久而久之就可能造成大量的产品遭受微生物污染。

2. 设备的状态标识

为了确保操作人员在生产的任何时间都能识别设备状态，如正在生产的产品及批次、设备已清洁、设备待清洁、设备已消毒、设备消毒中等，企业应随时对设备状态做好明确标识。已清洁（消毒）的生产设备，应按规定条件存放，确保不会受到二次污染。

四、设备的校验与维护

1. 计量器具的校验

生产中使用的仪器仪表等计量器具主要是给操作人员提供相关控制数据，以便及时发现问题，做出正确的改善或调整。因此，计量器具必须能够提供准确的数据。

企业应该根据国家相关计量管理要求和生产工艺要求，对仪器仪表等计量器具制定合理的校验计划，并严格执行。需要国家强检的计量器具应该按照国家相关规定进行定期校验，不符合强检规定的仪器仪表企业可以自行规定校验频率和方法。其最终目的是保证所使用的计量器具始终能够提供准确的数据，为操作人员提供正确的参考数值。

当发现校验结果不符合要求时，企业应对该计量器具进行标识并停用，调查是否对产品质量造成影响，并根据调查结果采取纠正措施，并形成记录或报告。

2. 设备的维护

生产设备应该始终处于良好状态，这是保证连续稳定生产的前提条件。生产设备在使用（或闲置）的过程中会逐渐磨损，工作精度降低，功能受到损害，产生故障。生产设备受到的磨损形式有自然磨损和人为磨损两种。自然磨损是生产设备各运行部件摩擦所造成的磨损，是不可避免的。人为磨损是由于使用操作不当，维护保养不当或意外破坏造成的磨损，是可以避免的，必须坚决杜绝。生产设备的磨损虽然不可避免，但可以通过良好的维修保养，从而使得设备功能完好，保证生产正常进行。

企业应该制定生产设备维修保养制度，明确维修保养操作、频率、项目、负责人等内容，定期对设备进行检查和维护。对生产、检验设备的使用、保养、维修等均应形成记录，以便跟踪和有效管理。

由于维修中可能会涉及对设备接触产品的表面的调整、修复、更换或改善等，所以要求维护活动结束后需要按照规定对设备进行必要的清洁或消毒，确保维修保养不影响产品质量。

第三节　工艺用水系统管理

在化妆品生产中，水作为一种特殊的原材料是有严格的质量要求的。企业一般会建立一套水处理系统，以确保原水经加工后满足工艺用水的要求。

一、工艺用水的概念

化妆品生产用水是指生产活动各个环节使用到的水，包括清洁用的水、工艺用水等，可以是自来水、去离子水、反渗透水、纯化水等。工艺用水是指因产品工艺的特殊要求所用的水，一般为去离子水、反渗透水、纯化水等。

生产用水的水质和水量应当满足生产要求。根据《化妆品生产许可检查要点》的要求，化妆品生产用水的水质至少应达到《生活饮用水卫生标准》（GB 5749—2006）（pH 值除外）。

企业应制定所需要的工艺用水标准。一般可参考《生活饮用水卫生标准》《中华人民共和国药典》收载的纯化水等标准进行制定，内容包括检测项目、检测方法、检测频率等。

生活饮用水的微生物限度标准与纯化水的指标一样，都是小于100CFU/mL。但纯化水通常是以生活饮用水为水源加以提纯，在离子等化学指标上要优于饮用水，更适合于化妆品的生产工艺和配方，因此很多企业都以纯化水的标准来设计工艺用水系统。

化妆品厂生产用水的水源多数是来自城市供水系统的自来水（即生活饮用水），其水质标准细菌总数≤100 个/mL。经过水塔或储水池后，短期内细菌可繁殖至 $10^5 \sim 10^6$ 个/mL。这类细菌只限于对营养需要较低的细菌，大多数为革兰氏阴性细菌，如无色杆菌属和碱杆菌属的细菌。这类细菌很容易在水基产品，如乳液类产品中繁殖。另一类细菌是自来水氯气消毒时残存的细菌，即各种芽孢细菌，它在获得合适培养介质时才继续繁殖。自来水厂出水是有指定的质量标准的，不可能含热源、藻类和病毒等，因此，进水水源，除非输水管线污染，否则不会含有这类污染物。

在进一步纯化前，原水可能受到较严重的微生物污染。通过离子交换的水，微生物的污染会更严重，因为树脂床中停滞水的薄膜面积很大，树脂本身有可能溶入溶液，形成理想的细菌的培养基（即碳源、氮源和水），而离子交换树脂吸附并除去各种离子，还完全除去在自来水中起消毒作用的氯元素，所以，由纯水制备装置所制备的纯水一旦蓄积起来，马上就会繁殖细菌。此外，尽管生产设备已消毒，没有细菌玷污，但供水系统的泵、计量仪表、连接管、水管、压力表和阀门都存在一些容易滋长微生物的、水不流动的死角。

减少或消除化妆品厂用水的微生物污染有化学处理、热处理、过滤、紫外线消毒和反渗透。它们可单独使用或多种方法结合使用。

二、化妆品水系统的设计

（一）制水设备设计

企业可根据当地水源的特点来选择适合的水处理设备。水的净化通常分为前处理、脱盐和后处理三个阶段。典型的制水流程为：原水—砂滤—活性炭滤—软化器—离子交换—反渗透—储罐—分配管路。企业也可根据用水标准、产水效率、能耗大小、维护成本等因素综合考虑和选择适合本企业的制水设备。

（二）储罐及分配系统设计

储罐及分配系统的设计有较多的环节需要考虑。

1. 材质的选择

推荐使用 316 或 316L 不锈钢，因它的含碳量较低，耐腐蚀性能优越，尤其适用于用热力消毒的管路。

2. 储罐

为防止储罐上部微生物的滋生，储罐内部水的进口应设计为 360° 旋转式喷淋球；顶部应装有疏水性除菌呼吸器，通常为 $0.22\mu m$，以阻止空气中的微生物进入储罐。

3. 水泵

水泵应采用卫生设计，即泵采用无油及无其他污染的端面密封方式，该方式不会对水质构成污染风险。

4. 分配系统

① 为了避免微生物的滋生，分配系统应设计为循环管路，保证管道内的水不断地流动。

② 管道的安装需要有一定的坡度，一般为 $1cm/m$，并设有排放点，以便必要时系统能全部排空。

③ 要控制盲管的长度，通常不大于 6 倍管内径。

④ 管道应采用热熔式氩弧焊接。焊接需要由有资质的人员完成，焊缝需要 X 光拍片来检查焊接质量。管道的连接也可采用卫生夹头分段连接，两段连续的管壁差不大于 $0.5mm$。

⑤ 所采用的阀门应为卫生阀门，可用隔膜阀、蝶阀等，应避免使用球阀。

⑥ 管道内壁应光滑，以减少微生物和杂质的滞留。内表面粗糙度 Ra 建议小于 $0.8\mu m$。

⑦ 在分配管路上要合理设置取样点，确保所取的水样具有代表性。除各使用点外，通常在储罐以及循环管路的总出水口和回水口都要设置取样点。

⑧ 分配系统上如有热交换器，选型时应充分考虑热交换过程不会因冷却水渗漏而造成交叉污染。建议采用双管板式换热器。

三、工艺用水的制备与管理

化妆品的品种很多，不同的品种对用水的要求也有差别。洗涤类制品要求软化水，不含钙、镁、铁等重金属，无菌或菌量很低。乳液和膏霜、收敛水、古龙水、含水的气溶胶制品、凝胶类制品要求去离子水和无菌。气溶胶制品为了防止罐的腐蚀，对氯离子和某些金属离子还有一些要求。离子的存在也可以添加络合剂进行掩蔽，甚至提供使用硬水的配方。随着对配方稳定性要求的提高，化妆品工艺用水要求使用无菌纯水。

（一）纯化水的制备

1. 饮用水的预处理

自来水虽然经过自来水厂进行沉淀、砂滤和氯气处理，但由于杂质比较多，所以还必须进行过滤，如炭滤，并根据需要加入凝结剂、软化剂、氧化剂、杀菌剂等进行处理，直至达到或超过我国对饮用水的卫生标准。图 5-1 为一种饮用水及纯化水预处理工艺流程示意图。

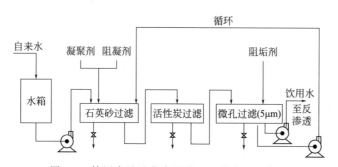

图 5-1　饮用水及纯化水预处理工艺流程示意图

2. 纯化水的制备

纯化进水的有效方法有离子交换、电渗析、反渗透和蒸馏法。目前，食品工业、制药工业和化妆品工业最常用的方法是离子交换法和反渗透法。

① 离子交换法。使用离子交换树脂，除去水中的无机盐。其流程为：原水—预处理—阳离子交换—阴离子交换—混合床—纯化水。混合床离子交换可制取纯度较高的高纯水，目前，它是在水质除盐与高纯水制取中常用的水处理工艺，现已有成套离子交换水处理系统出售。

② 反渗透法。反渗透技术是利用压力差为动力的膜分离过滤技术，其孔径小至纳米级，在一定的压力下，水分子可以通过半透膜，而原水中的无机盐、重金属离子、有机物、胶体、细菌、病毒等杂质无法透过半透膜，从而使可以透过的纯水和无法透过的浓缩水严格区分开来。图 5-2 为一种纯化水制备工艺流程图。

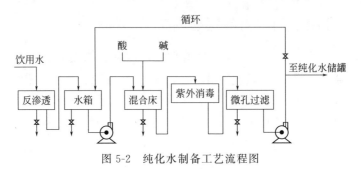

图 5-2　纯化水制备工艺流程图

（二）水系统的管理

水是化妆品生产中一种非常重要的原料，工艺用水的质量对产品质量影响很大，因此应对系统的运行进行严格科学的管理。

1. 水系统的钝化

水系统在使用前需要钝化，其目的是通过氧化反应，使管道内表面的铁和其他金属离子呈化学惰性；同时在内表面形成一层致密的氧化铬膜，提高不锈钢的抗腐蚀能力。

2. 水系统的验证

水系统在安装和钝化结束后，需要进行验证。验证的目的在于考查水系统有能力稳定地供应规定数量和质量的合格工艺用水。只有经验证的水系统，才能被投入使用。完整的验证包括安装确认 IQ（installation qualification）、运行确认 OQ（operation qualification）和性能确认 PQ（performance qualification）三个阶段，共计约一年的时间。通过一年验证的水系统，说明所设定的操作参数以及消毒方法、周期等是可行的，且四季原水和环境的变化不会对水质造成影响，水系统的运行是稳定的。

水系统正常运行后，循环水泵一般不得停止工作。若遇较长时间停机时，需要重新对水系统进行验证。通常在正式生产前需要进行 2～3 周的监测。

3. 水系统的变更控制

水系统一经验证后，原则上不得随意变更。在某些情况下需要对水系统进行变更时，需由工程部门提出变更需求和方案，经质量部门和使用部门评估和批准后，方可正式实施。变更后的水系统需要重新验证（或局部验证），以确认变更不会对水质造成不良影响。

水系统的变更通常有：新增分配管路、管路改线、管材变化、用水点增删、取样点增删、设备更换（含阀门，过滤器）、灭菌周期、灭菌方法、预防维护计划等。

4. 工艺用水的日常监测

水质的日常监测分为在线监测和实验室监测两种。

在线监测的项目主要有在线电导率（conductivity）和总有机碳（TOC）。在线测试的优点是能时时监控水质，仪器对水质的异常波动能及时报警，有助于迅速采取措施。它的缺点是由于管道内的水一直处于流动状态，因此测试的数据不能做到非常精准，但误差通常也在可接受范围之内。化妆品企业可根据制造工艺的特点设置合理的在线监测内控范围。

实验室监测仍是企业监测水质最主要的手段。检测的频率可根据验证的结果而定，通常不少于每个使用点每周轮流取样检测一次。检测的项目至少应包括 pH 值、电导率和微生物，有些企业还会检查水中所含的氯离子浓度或臭氧浓度。

为了确保工艺用水符合生产质量要求，企业必须按照规定对水质进行定期监测，保存水质检测报告或记录。

5. 水处理系统的维护

水处理设备及输送系统的设计、安装、运行、维护应确保工艺用水始终能够达到预期的质量标准要求。

为防止生产或维护保养中产生混淆，不同用途的生产用水的管道应有恰当的标识（包括热水、冷水、原水、浓水、纯水、清洁的水、冷却水、蒸汽或者其他）。企业应制定水处理装置的维护、保养制度和计划，规定水处理系统的维护保养方法、频率等；制定水处理系统的清洁消毒规定，按要求定期清洗、消毒，并形成记录。

企业应该确定所需要的工艺用水标准，制定工艺用水管理文件，规定具体的取样操作（含取样点、取样频率等），取样点应合理选择并明确标识。

工艺用水是化妆品生产中不可缺少的重要原料，也是产品质量的基础。随着化妆品行业的不断发展以及 GMP 理念的日益深入，工艺用水的质量及水系统的管理也受到越来越多企业的重视，进而提高了化妆品的可靠性，保障了消费者的使用安全。

第四节　国外 GMPC 对于设备管理的相关规定

一、美国 GMPC 有关设备管理的规定

① 加工、盛放、中转和灌装过程使用的设备和器具应设计合理，使用的材

料和工艺能防止腐蚀、污垢的堆积，以及被润滑油、灰尘或者消毒剂污染；

② 器具、运送管道以及与化妆品接触的设备表面应维护良好，并定期清洁和消毒；

③ 清洁和消毒后的便携式设备和器具应妥善放置，与化妆品接触的设备表面应罩住，以防止飞溅、灰尘或其他污染物。

二、欧盟 GMPC 有关设备管理的规定

① 生产设备按照一定的目的设计、安装和维持；

② 避免产品变坏或受污染；

③ 为了方便，生产设备应根据原材料、初级产品、包装材料、机器、工具和人员流动的要求来安装定位；

④ 根据预先制定的计划进行正常的维修和保养。

所有用于生产和检查过程中的测量仪器、设备必须是适合的、准确的和可靠的。

为了确保机器和工具处于最佳状态，在任何生产操作之前，必须检查所有的仪器。为了避免产品污染，需适度地清洗和消毒设备。

三、东盟 GMPC 有关设备管理的规定

生产设备设计、安装应满足产品的生产。

（一）设计及构造

① 与加工产品直接接触的设备表面不能吸附或与物料反应。

② 设备不能污染产品，例如阀门漏泄、润滑剂或者其他不适合的修正或改装。

③ 设备应易于清理。

④ 用于易燃物的设备应能防爆。

（二）安装及其位置

① 设备安装应避免拥塞，并应适当标识，避免产品混淆。

② 水、汽、压力及真空管道，其安装应易于拆卸，并易于识别。

③ 加热、通风、空调、水（饮用水、纯净水、蒸馏水）、蒸汽、压缩气、氮气等应按照已有功能操作及标识。

（三）维护保养

称重、测量、测试、记录等仪器应定期保养、维修及校准，并保留所有

记录。

四、ISO 22716 有关设备管理的规定

（一）原则

所用设备应符合操作目的，并便于清洁卫生和维护保养。本节内容适用于本指南所涉及的工作范围内的所有设备。如在本指南所描述的工作范围内使用自动化系统，则这些系统也要考虑应符合有关的原则。

（二）设备的设计

① 生产设备的设计应保证能够防止产品受到污染。

② 应对产品的容器加以保护，使不受环境中的尘埃和潮气的侵害。输送软管和附件在不用时应保持清洁、干燥，并防止灰尘、溅湿和其他污染。

③ 制造设备所用的材料应符合生产产品的要求，并符合清洁卫生药剂的特性。

（三）安装

① 设备的设计和安装应考虑便于排水，以便于清洁卫生操作。

② 设备安装的位置应考虑材料、设备和人员的移动不会造成影响质量的风险。

③ 设备的下部、内部和周围都应便于维修、保养和清洁。

④ 主要设备应加以标识。

⑤ 有缺陷的设备要相应地加以标识。

（四）校准

① 对产品质量至关重要的实验室和生产中使用的测量设备应定期加以校准。

② 若这些测量仪器校准的结果不符合验收标准，则应相应地加以标识并停止使用。

③ 对校准所得结果应加以分析研究，以便确定是否会影响所生产的产品质量，并在此分析研究基础上采取相应的措施。

（五）清洁卫生操作

① 所有设备均应有相应的清洁卫生制度。

② 应采用专门而有效的清洁卫生药剂。

③ 若设备要连续用于生产或连续多批次生产同一种产品，则应定期进行设

备的清洁。

（六）维护保养

设备应定期进行维护保养。维护保养操作不应影响产品质量。

（七）消耗品

设备所用的消耗品不应影响产品质量。

（八）专门授权

用于生产和质量控制的设备或自动化系统只允许经过授权的人员接触和使用。

（九）后备系统

对于一旦发生故障或停机的系统，应事先做好足够的替代安排。

 思考题

1. 设备管理的原则是什么？
2. 设备管理的主要内容包括哪些方面？
3. 设备的设计与选型应满足哪些要求？
4. 化妆品工艺用水的制备方法主要有哪些？
5. 应如何进行工艺用水系统的管理？

第六章
物料与产品管理

Chapter 06

物料是指用于化妆品生产的原料和用于产品包装的材料的总称。包装材料通常又分为内包材和外包材，内包材是指直接接触产品内容物的包装材料，外包材是指不直接接触产品内容物的包装材料。产品是指完成所有生产阶段后可以直接销售的成品。

物料是决定产品质量的重要因素。近年来的化妆品安全事件，罪魁祸首多是物料特别是原料使用问题，做好物料管理可以有效降低产品的质量风险。产品储存、运输等环节也是影响产品质量的重要因素，做好产品储存运输管理，在保证产品最终质量上同样具有重要价值。

化妆品企业应该建立一套完整的物料及产品的管理系统，规范物料的筛选、评估、采购、验收、仓储，产品的仓储、保质期管理、留样管理、运输，以及返厂产品等要求，从源头上把好产品质量第一关。

第一节　概　述

一、物料与物料管理的基本概念

依美国生产及存量管制学会（American Production and Inventory Control Society，APICS）的定义，物料是指制造产品或提供服务时所需直接或间接投入的物品。由该定义可知，物料一词所涉及的范围相当广泛，除企业产销过程中直接投入的物品外，还涉及所需间接投入的物品。

根据欧盟 GMP 的定义，原材料是指所有参与了散装产品的制造加工过程的物质。包装材料是指所有用于盛放产品、提供必要的物质保护和承载着对此产品使用的规定和要求的材料，这些材料在产品的保护、识别和正确使用方面起到一定的作用。

物料管理是指：规划、组织、用人、领导、控制五项管理功能融入企业产销过程，以经济合理的方法获取组织机构所需物料的管理方法。其中，经济合理的方法是指在适当的时间、适当的地点、适当的价格、适当的品质，获取适当数量的物料。

二、化妆品原料与包材

化妆品生产所用的物料包括原料和包装材料。

1. 化妆品原料

根据《化妆品安全技术规范》（2015 版）的规定，化妆品原料是指化妆品配方中使用的成分。其中，在国内首次使用于生产的天然或人工原料又称为"化妆品新原料"，化妆品新原料先行申报后方可使用；非首次在国内使用于生产的化妆品原料称为"化妆品已使用原料"，应在《化妆品已使用原料名称目录》中被收录。

化妆品原料应建立与之配套的管理制度，其中应包括以下要求。

（1）安全性风险评估要求　化妆品原料应经安全性风险评估，确保在正常、合理及可预见的使用条件下，不得对人体健康产生危害。

（2）标签标识要求　化妆品原料应能通过标签追溯到原料的基本信息（包括但不限于原料标准中文名称、INCI 名称、CAS 号和/或 EINECS 号）、生产商名称、纯度或含量、生产批号或生产日期、保质期等中文标识。属于危险化学品的化妆品原料，其标识应符合国家有关部门的规定。

（3）技术要求　化妆品原料应编制对应的原料技术要求，其内容包括化妆品原料名称、登记号（CAS 号和/或 EINECS 号、INCI 名称、拉丁学名等）、使用目的、适用范围、规格、检测方法、可能存在的安全性风险物质及其控制措施等。

（4）质量安全要求

① 化妆品原料质量安全要求应符合国家相关规定，并与生产工艺和检测技术所达到的水平相适应；

② 动植物来源的化妆品原料应明确其来源、使用部位等信息；

③ 动物脏器组织及血液制品或提取物的化妆品原料，应明确其来源、质量规格，不得使用未在原产国获准使用的此类原料；

④ 化妆品原料应无变色、异味，经检验合格后方可使用。

（5）储运要求　化妆品原料的包装、储运等过程，均不得对化妆品原料造成污染。对有温度、相对湿度或其他特殊要求的化妆品原料应按规定条件储存。

2. 化妆品包材

化妆品的包装材料根据接触内容物与否，可以分为内包材和外包材。

直接接触内容物的包装材料称为内包材。化妆品内包材种类繁多，从材质上看，有塑料、玻璃、金属以及复合材料等；从外形上看，有软管、瓶子、袋子、笔等。

不与内容物接触的包装材料称为外包材。外包材的种类也有很多，其中最常见的有彩盒、中盒和标贴。

化妆品包材的主要功能是在产品生命周期内对内容物进行保护，对内容物起到容纳、便于使用的作用。同时，化妆品包材还具有提升产品价值、体现品牌价值等使命。因此，对于化妆品包材，一般有以下功能要求。

（1）保护内容物的要求

① 内容物渗透现象对化妆品的质量影响很大，容易引起内容物变味、变色、变质等现象，同时，也会造成包装或标签上印刷的油墨变色和脱落。因此要求化妆品包材具有耐渗透性。

② 化妆品的包材常常要求能看清楚内容物，但可见光和紫外线会不同程度地透过包材引起内容物变色、变质等。因此要求具有光透过性的同时能保护产品。

（2）与内容物兼容的要求　化妆品的内容物种类繁多，难以找到一种包材适用于所有不同种类化妆品。因此，在产品设计开发阶段，应考虑包材与内容物的兼容性，主要包括化学稳定性和耐腐蚀性。

（3）生产可行性的要求　化妆品生产的规模通常比较大，因此要求选择的包材能满足连续生产，可用于高速充装设备及传送带操作等。

（4）经济环保的要求　化妆品包材的成本应有一定的限度，且应对环境友好，应满足 GB 23350《限制商品过度包装　食品和化妆品》的要求。

三、物料与产品管理的基本原则

《化妆品生产许可检查要点》对物料与产品的基本原则要求是："物料和产品应符合相关强制性标准或其他有关法规。企业不得使用禁用物料及超标使用限用物料，并满足国家化妆品法规的其他要求。"

1. 合规性原则

企业应制定物料和产品的合规性评价制度，确保物料和产品符合国家相关强制性标准或其他有关法规。强制性标准是国家通过法律、法规等形式，明确要求对于一些标准所规定的技术内容和要求必须执行，不允许以任何理由或方式加以违反、变更的标准，通常包括强制性的国家标准、行业标准和地方标准，如《化妆品安全技术规范》等。

企业应对物料与产品所用到的法规与标准进行收集，列出清单并做好档案，便于检索和使用（可以电子版）。如无国家标准、行业标准、地方标准的，企业应自建标准并报当地主管部门备案或公开；若有国家/行业/地方标准的，企业可以直接引用，也可以建立高于国家/行业/地方标准的企业标准。

我国化妆品相关法律法规和技术标准详见本书附录。

2. 安全性原则

禁用物料一般是指国家标准和法律、法规中规定禁止使用的组分或物质；限用物料是指在限定条件下可作为化妆品原料使用的物质。如《化妆品安全技术规范》第二章中规定禁用组分（表1、表2、表3），第三章中规定限用组分（表4、表5、表6、表7）等。

企业应根据生产产品类别及所用到的原料，建立物料清单（原料清单/包材清单），逐一对照《化妆品安全技术规范》，进行识别，确保企业不得使用禁用物料及超标使用限用物料。

需要说明的是，若技术上无法避免禁用物质作为杂质带入化妆品时，国家有限量规定的应符合其规定；未规定限量的，应进行安全性风险评估，确保在正常、合理及可预见的适用条件下不得对人体健康产生危害。

四、物料与产品管理的基本流程

科学合理的物料与产品管理流程对于保证化妆品生产质量管理至关重要。物料与产品管理的基本流程如图6-1所示。

第二节　物料与产品管理的内容

一、物料采购

（一）采购管理原则要求

《化妆品生产许可检查要点》明确要求：企业应建立供应商筛选、评估、检查和管理制度以及物料采购制度，确保从符合要求的供应商处采购物料。供应商的确定及变更应按照供应商的管理制度执行，并保存所有记录。

所谓供应商，可以是物料的生产商，也可以是中间贸易商。

供应商管理制度必须明确供应商的准入程序及管理的方式。准入程序是指企业从供应商筛选到供应商确定，所规定的途径和要求。供应商的确定是指按规定要求和程序对供应商的资质和其提供物料的符合性进行系统评价的过程。

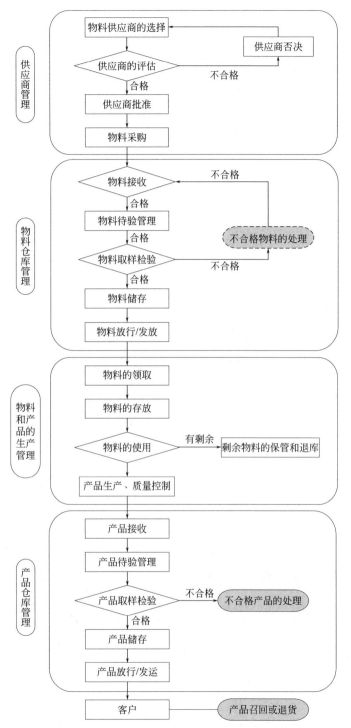

图 6-1　化妆品生产企业物料与产品管理基本流程

供应商管理制度还必须有变更物料、变更供应商的管理规定及相关评估记录。供应商的变更是指出现改变物料供货商或物料生产商的工艺、原料、生产场地等发生变化的情形。当物料或供应商发生变更时应对新的供应商进行质量评估；改变主要物料（如在产品中的作用大、使用比例多、采购成本高的物料）供应商的，还需要对产品进行相关的评估。

（二）供应商的选择及管理

1. 供应商的选择

企业选择供应商之前，首先，应收集供应商的相关资料，并确认这些资料符合国家的相关要求。供应商的资料包括资质资料和技术资料：资质资料一般包含但不限于生产许可证、营业执照、组织机构代码证等；技术资料一般包括技术标准、检验方法、MSDS 等。

其次，企业需要验证供应商提供的物料样品是否符合要求，必要时企业需对供应商进行实地评估。验证样品的符合性一般是指对样品按标准进行检验和用样品在实验室进行小试，对小试的产品进行测试两个环节。评估应该包括技术评估和生产过程的评估，以确保物料不仅在技术上符合各项指标的规定，而且在生产环节能够保证物料的稳定和纯净。

2. 供应商的管理

企业选定供应商后，还应该对所有供应商进行持续的管理，包括建立供应商档案，建立合格供应商清单并及时更新，定期对供应商进行评估和检查，并保存记录。

通常供应商的档案包括资质证件、技术资料、供货过程的问题汇总等；对于证件，要确保其在有效期内，做好更新管理、动态管理。有的企业每年核查档案的符合性，确保供应商档案处于最新状态。

3. 重点物料供应商的现场审核

企业应根据所采购物料对产品质量的影响程度，将采购的物料分为关键、重要、普通物料三个级别，不同级别实行不同的控制等级。对提供关键与重要物料的供应商，应定期开展现场审核。

企业应建立现场审核要点及审核原则，对重点物料供应商的生产环境、工艺流程、生产过程、储存条件、质量管理等影响产品质量安全的因素进行现场审核。具体可以包括下列五个方面的要求。

① 进料的检验是否严格；
② 生产过程的质量保证体系是否完善；
③ 出厂的检验是否符合企业要求；
④ 生产的配套设施、生产环境、生产设备是否完好；

⑤ 考察供应商的历史业绩及主要客户，其物料质量应长期稳定、品牌信誉较高，主要客户是知名厂家，具有足够的生产能力，能满足其连续生产的需求及进一步扩大产量的需要，能有效处理紧急订单，有具体有效的售后服务措施，同等价格择其优，同等质量择其廉，同价同质择其近，样品通过使用且合格。

(三)采购文件要求

1. 建立索证索票制度

企业应建立索证索票制度，包括但不限于以下内容。

(1) 供应商的资质证明　生产许可证、营业执照等。

(2) 供应商供货资料　必须索取有效的检验报告单，即供应商每批到货提供的检验报告应有盖章或负责人员签字，检测项目符合其出厂检验的要求或双方协议的要求，检测结果符合规定的标准，并清晰可读；应保留法定票据（或复印件）并存档，如采购发票等。

(3) 进口原料资料　索取进口检验检疫证明资料。

(4) 质量安全风险资料　对存在质量安全风险原料，应定期索取供应商第三方检验报告或鉴定书。所谓"质量安全风险原料"，一般可以理解为是在《化妆品安全技术规范》中有规格要求或可能带入禁用物质、有害杂质的原料。如：聚丙烯酰胺中可能带入丙烯酰胺，对该类物料应索取供应商关于丙烯酰胺残留的检验报告或第三方检测报告或企业自行检测报告等作为有效证明文件。

2. 制定并执行采购文件

企业应制定采购计划、采购清单、采购协议、采购合同等采购文件，并按采购文件进行采购。

在制定购货合同时，应有质量标准作合同副本。签订合同时，一般应先实行短期合同，经过一段时间考察，确定供货质量好、重合同、守信誉的生产供应厂商，再签订长期合同。应坚持对生产供应厂商进行定期、不定期的质量监督管理，发现问题及时采取措施，随时进行选优劣汰。

3. 加强台账管理，如实记录购销信息

企业应对采购的物料做好台账，台账的信息一般包括物料的到货时间、物料名称、到货数量、批号、供应商等信息，并确保数据与法定票据和检验报告一致。

二、物料的验收

尽管企业在购买物料前已经对供应商进行了一系列的认证和检查，但对于每批到货的物料，企业仍然需要按照物料验收制度验收货物，以确保到货物料符合质量要求。

《化妆品生产许可检查要点》要求如下：

① 来料时应核对物料品种、数量是否与采购订单一致，并查验和保存当批物料的出厂检验报告；

② 应检查物料包装密封性及运输工具的卫生情况，核查标签标识是否符合要求；

③ 按抽样制度进行抽样，并按验收标准检验，保存相关检验记录。

（一）物料验收流程

1. 质量管理部

制定《进料检验控制作业标准》，由质量管理部经理批准后发放至检验人员执行。进料检验包括物料名称、检验项目、方法、记录要求等。

2. 采购部

根据到货日期、到货品种、规格、数量等，通知原料库、质量管理部。

3. 仓管员

接到采购部转来已核准的订货单后，按供应商、物料类别及交货日期等分别依序排列存档，并于到货前安排存放的库位以利于收料作业。

4. 验收

原材料到货后，仓储部验收人员对照订货单、送货单，对物料的数量、重量、规格、包装、外观进行验收，验收的内容如下。

① 检查物料的包装是否牢固，包装前后批次的一致性和外包装的完整密封性，确保无破损或渗漏。例如：检查铁桶包装是否变形、渗漏。若铁桶变形、渗漏或有锈迹，应隔离待检。

② 检查标识，并记录。原料标识应包括原料品名（INCI名）或化学名或商品名、品质分级、数量、供应商、产地、生产批号、保质期等。

③ 核对送货单、采购单，对原料过磅抽查（抽查比例≥30%）；抽查无误后，将原料放置于进料检验区，在送货单上盖章、签名确认。

④ 仓储部验收人员发现物料有破损、变质、受潮情况或外观、数量等不符合要求，应及时通知采购部相关人员解决。

⑤ 仓储部验收人员验收原料的检验报告等相关合格证明后，填写物料标识卡、送检单。通知质量管理部对物料进行质量检验。

⑥ 原材料检验员接到通知后，到标识的待检区域按《进料检验控制作业标准》进行抽样。

⑦ 检验员根据《进料检验控制作业标准》对原材料进行检验，并填写材料检验报告单，交质量管理部经理审核。

⑧ 检验员将审批的材料检验报告单作为检验合格资料放行，通知原料库库管员入库；原料库库管员对原材料按检验批号标识后入库；只有入库的合格品

才能由库管员控制、发放和使用。

⑨ 检验员对抽样样品进行储存和保管。

⑩ 检测中不合格的原材料根据《不合格品控制程序》的规定处置，不合格品不允许入库，移入不合格品库并标识。

⑪ 如生产急需来不及检验时，按《紧急放行控制作业标准》中规定的程序执行。

⑫ 进货检验和试验记录由质量管理部进货检验组按规定期限和方法保存。

（二）物料验收实施

1. 验收步骤

① 物料必须按批或批次验收。所谓批，即在一次或多次操作中得到的相同的原材料、包装材料或产品的特定数量。在一个在线的过程中，一批可以是一段给定的时间内生产的产品的数量。

所谓批次，即一个数字、符号或数字符号的组合来说明/注明特定的某一批。

② 进厂待验的材料，必须于物品的外包装上贴材料标签并详细注明料号、品名规格、数量及入厂日期，且与已检验物料分开储存，并划出"待验区"作为区分。

③ 检验员收到验收单后，依检验标准进行检验，并将进料厂商、品名、规格、数量、验收单号码等填入检验记录表内。

④ 进料检验员检验时，随时记录各项数据，填写《进料检验报告单》，判定进料质量合格与否。检验时，如无法判定合格与否，则应请技术开发部、生产部门等派人共同验收，共同判定合格与否，会同验收者也必须在检验记录表内签字。进料应于收到验收单后三日内验收完毕，但紧急需用的进料优先办理。

⑤ 回馈进料检验情况，并将进料供应商交货质量情况及检验处理情况登记于厂商交货质量记录卡内，每月汇总于厂商交货质量月报表内。依检验情况对检验规格（材料、零件）提出改善意见或建议。

⑥ 检验仪器、量具应按照相关管理制度进行维护与校验，确保其能正常使用。

2. 验收要点

（1）原料验收要点

① 原料与送货凭证（单）和订货合同一致，票、物相符；

② 供货单位是质量管理部门列的"物料供应商名单"中的单位；

③ 外包装无破损、受潮、水渍、霉变、鼠咬、虫蛀的痕迹；

④ 固体原料必须是双层包装并封口严密，每件包装上应贴上（标上）明显

标识，注明品名、批号、规格、数量、生产厂、商标等，并附有产品合格证；

⑤ 液体原料的容器封口严密，无启封迹象，无渗出或漏液，贴上（标上）明显标识，注明品名、批号、规格、数量、生产厂、商标及产品合格证；

⑥ 毒、麻、精细及贵重原料要双人逐件验收。

（2）包装材料验收要点

① 包装材料应与送货凭单、订货合同相一致，票、物相符；

② 生产厂家必须是质量管理部门所列的"物料供应商名单"中的单位；

③ 所有的包装材料必须有外包装，外包装不能使用竹箩、草席包及有毒材料制成的袋，直接接触化妆品的包装材料应该用双层包装，每层包装应封口严密、无破损；

④ 包装材料的外包装应无破损、受潮、水渍、霉变、虫蛀、鼠咬的痕迹；

⑤ 外包装上应标明内容物的品名、规格、数量、生产厂及产品合格证；

⑥ 纸箱、封口签等印刷品还要检查印刷品的材质、尺寸、文字内容、折叠、切割、印刷质量等。

3. 取样与留样

原料、辅料验收取样按《中华人民共和国药典》的有关规定，包装材料可按 GB 2828—2012 中的有关规定取样。

① 原料取样环境需洁净；取样员应着洁净工衣，戴口罩、帽子、手套等；取样器具在使用前应经过消毒处理，若取样用途为微生物检测，该工具/器具应经高压灭菌后，用牛皮纸包好，到取样现场再打开使用；原料取样后应做好取样口处理，避免对物料产生污染。

② 取样容器建议使用 PP 瓶。部分偏酸性、油脂、溶剂或特殊原料，建议使用玻璃器皿盛装。

③ 取样数量一般为 3 份，分别用于检验、复检和留样；每份取样量为检测需求量的 3 倍。

④ 原料留样室环境要求同原料储存环境，部分原料样品应控制温、湿度留存。

⑤ 根据企业实际情况，留样一般每隔 3 个月定期观察，出现异常时进行复检。

⑥ 原料留样一般保存到当批原料使用完后一个月或有效期后一年。

⑦ 原料留样应由专人管理，并做进出记录。

4. 物料检验结果的处理

（1）判定合格　即将进料加以标识"合格"，填写检验记录表及验收单，并通知仓管员办理入库手续。

（2）判定不合格　即将进料标识为"不合格"，填写检验记录表及验收单，

并于材料检验报告表上注明不合格原因，经主管核实，提出处理意见后转采购部门处理，并通知请购部门，再送回仓管部，凭此办理退货，或依据实际情况决定是否需要特采。

① 如不需特采，即将进料标识为"退货"，并于检验记录表、验收单内注明退货，由仓管员及采购部门办理退货手续；

② 如需特采，则将进料标识为"特采"，并于检验记录表、验收单内注明处理情况，通知有关单位办理入库、部分退回或扣款等有关手续。

（三）紧急放行

1. 紧急放行定义
紧急放行即指因生产急需而来不及验证就放行产品的做法。

2. 紧急放行条件
对紧急放行的产品，要明确做出标识和记录，以便一旦发现产品不符合规定要求，能及时追回和更换。允许紧急放行的具体条件是：产品发现的不合格问题在技术上能够纠正，并且在经济上不会产生较大损失，也不会影响相关的产品质量。

3. 紧急放行的操作要求
质量管理部应在进货检验程序中对紧急放行作出规定，明确紧急放行情况的审批人、责任人，规定可追溯性标识的方法，明确识别记录的内容、如何传递、由谁保存等。对紧急放行的产品做出可追溯性标识，同时做好识别记录，记录中应详细记载紧急放行产品的规格、数量、时间、地点、标识方法和供应商的名称及所提供的证据。在紧急放行的同时，应留取规定数量的样品进行检验，且检验报告必须尽快完成。应设置适当的紧急放行停止点（停止点：相应文件规定的某点，未经指定组织授权批准，不能越过该点继续活动），对于流转到停止点上的紧急放行产品，在接到证明该批产品合格的检验报告后，才能将产品放行。

若发现紧急放行的产品经检验不合格，要立即根据可追溯性标识及识别记录，将不合格品追回。紧急放行所使用的全部质量记录，应按规定认真填写，在保存期内不得丢失和擅自销毁。

（四）物料进厂编码

物料进厂编码原则：

① 进厂编码应表示物料进厂的时间、次数，每一批次一个编码。

② 编码应表示进厂物料的类别。

③ 编码最好能表示物料本身的形态。

④ 根据编码便能控制先进先出。

（五）入库原则及入库

① 物料必须按批（或批次）请检、取样及检验。

② 物料经过验收员验收、请检，质量管理部门取样、检验、发放"检验报告单""物料发放单"及"合格证"，仓管员才可以办理入库手续。

③ 入库时，物料移入合格品区，挂上绿色合格标志，填写物料账册、货位卡，并把货位卡挂在该物料前。货位卡应包括品名、编码、规格、批号、数量、产地、进出时间与数量等内容。

④ 不合格的物料要专区存放，有易于识别的明显标志，并按有关规定及时处理，并填写不合格品台账。供应部门应及时联系退货，同时做好退货记录。

三、物料和产品的储存

《化妆品生产许可检查要点》明确要求："企业应建立物料和产品储存制度，如物料应离墙、离地摆放，应确保存货周转，定期盘点，任何重大的不符应被调查并采取纠正行动。"

物料和产品储存制度一般包含但不限于以下内容：

① 物料和产品储存条件和环境要求，防虫、防鼠的方法。有特殊温度、湿度要求的物料和产品应有环境监控的记录。

② 标识管理：在仓物料、产品应有明确的标识，如：待检、合格、不合格。

③ 有效期管理：应有到期的识别方法和预警机制。

④ 发放管理：发放的原则或流程和发放记录规定。

⑤ 盘点规定：对库存的物料、成品实物数量进行盘点的周期。

⑥ 制定物料的盈亏标准，定期盘点，发现有偏离标准范围的，应调查原因，并有纠正、预防、处理措施，储存过程如有任何重大的不符应被调查并采取纠正行动。

GMP对物料储存的要求主要涉及避免物料相互发生混淆与污染、质量发生不良变化、流向可追溯性和特殊管理产品安全性等方面。

（一）物料储存管理的一般原则

1. 物料分类合理性原则

仓储部门应按存货性质，将仓储区域划分为原料、包装材料、半成品、成品及不良品，以便于管理。

2. 仓储区域分类标识原则

将制品按照生产过程在作业现场规划出不同区域，以作为各生产线在制品

暂存管理的标识。

3. 储存管理设计合理性原则

储存管理设计的基本原则应考虑下列四项，以便于接收和发放工作的进行。

① 流动性：较常使用的物品应储存于靠近接收及搬运区域，以缩短作业人员往返时间。

② 相似性：常一起使用的物品宜放在同一区域，以缩短时间。

③ 物品大小：储存设计时储存位置应按照存放物品的大小，而给予适当的存放空间，以充分利用空间。

④ 安全性：物品的保管应安全第一，如危险物品的存放应考虑一些安全措施，以维护库房及厂区安全。

4. 定期整理检查原则

每一种物料都要有一固定的储位，并按照储位来放置物料，而且仓储部门应定期检查库存品储位是否正确，如有错误应查出原因，并注意防止错误状况的再次发生。

（二）物料定置——分库及分区

《化妆品生产许可检查要点》明确要求："对于人工管理的原料和包装材料应分区储存，确保物料之间无交叉污染，原料库内不得存放非化妆品原料。"

所谓交叉污染，是指物料在存放环节因分区不合理可能导致气味混淆、物料渗透、微生物滋生、引入外来杂质等污染。如：存放环节香精散发的味道被粉类物料吸附。

1. 分库——按存货性质分类

（1）原料库：适用于化学原料、辅料、中草药原料。

（2）包材库：直接接触化妆品的包装材料、容器、纸制品等，可分为内包材区（储存直接接触化妆品的包装材料、容器）和外包材区（储存外包装材料）。

（3）易燃易爆库：适用于易燃易爆原料、辅料、溶剂、试剂、汽油等。

（4）标签库（或专柜）：适用于标签、印有与标签内容相同的化妆品包装物、使用说明书、产品合格证、防伪标志等。

（5）致敏库（或专柜）：适用于高致敏的原料。

2. 分区——按检验状态划分

根据生产需要仓库分区：物料仓库应分外包装清洁场院所、收料区、待验区、合格品区、不合格品区、退货区、备料区（或发料区）、办公室等。仓库宜设取样室，其空气洁净度级别与生产要求一致。

各库房按不同检验状态划分为待检区、合格品区、不合格品区三个区。所有进仓货物，未有检验结果前一律存放于待检区，经检验合格后转入合格品区，

不合格者转入不合格品区。（如遇待检区货位不足或来货数量较大，则视情况可直接上货架待检，但须做好标识）

（三）物料堆放

《化妆品生产许可检查要点》第 66 条要求："原辅材料、成品（半成品）及包装材料按批存放，定位定点摆放，并标示如下信息：供应商/代号、物料名称（INCI）/代号、批号、来料日期/ 生产日期、有效期（必要时）。"

"半成品"一般包括配料半成品和分装半成品。完成配制工序但未灌装前的产品内容物属于配料的半成品；完成灌装但未包装的一般叫灌装半成品。

"按批存放"指在物料接收时应按供应商送货单、检验报告中的生产日期、批号进行分类，并做好标识，同种物料不同批次应分开存放，以便在检验和使用时能够追溯。

1. 物料堆放一般原则

物料存放应考虑其忌光、忌热、防潮等因素，仓库内部应严禁烟火，并定期实施安全检查。每个库房应设有定置图，标明仓库面积、储存类别、货位排号等，同时应根据各物料性质及其包装情况规定堆放方式、数量。物料要有托板托放，不宜直接接触地面，托板应保持清洁，底部能通风防潮。零星物料应上架储存，摆放整齐，不得倒置。

按品种、规格、批号堆垛物料，物料码放牢固、整齐，无明显倾斜，本着"安全可靠、作业方便、通风良好"的原则合理安排垛位，地距、墙距、垛距、顶距等应符合距离规定。距离规定要求是：垛与垛的间距不少于 100cm；垛与墙的间距不少于 50cm；垛与梁的间距不少于 30cm；垛与柱的间距不少于 30cm；垛与地面的间距不少于 10cm；主要通道宽度不少于 200cm；照明灯具垂直下方不准堆放物料，其垂直下方与物料垛的水平间距不少于 50cm。

2. 物料堆放内容

货物的堆垛，因物料形状各异，不严格限定货物堆垛时每层的数量，但每层的数量必须相等或有一定规则，以层层扣压的方式进行堆垛；视货物承重情况以不压坏底层货物为原则确定堆码高度，一般连托板高度每托板不超过1.8m；堆垛整齐、稳固，数量清晰。

所有产品必须放在托板或货架上，货物外包装上标有货物名称的一面面向通道摆放，不同型号、不同类别的货物分开摆放，货物上下叠放要做到"上小下大，上轻下重"。

为便于货物按"先进先出"的原则进行管理，保证通道畅通，无行动死角，应留有一定的空间用于货物堆垛时或收发货物时对货物进行排序周转，通常墙距不少于 30cm，柱距不少于 10cm 。

凡库存物料有散包装的，一种物料同一批号应只留一个散包装，并且散包装要封存包装，并在外包装上注明该散装物料的名称、数量、批号、生产日期等信息，严禁物料暴露存放。

（四）物料标识

① 仓储各种货物均需有货物编码、标准名称，并标识于明显处，并设置相应的物料进销存管制卡，记录每次进出仓的数量、生产日期或生产批号、来源及去向等情况。

② 为确保货物按"先进先出"原则进行管理，成品仓所有品种需作发货顺序标识，原材料仓所有原材料不同生产日期、批号均需做到货日期标识。

③ 依据货物所处检验状态，以不同颜色标识区分。

a. 待验物料标志：黄色，其中印有"待验"字样。

b. 检验合格物料标志：绿色，其中印有"合格"字样。

c. 不合格物料标志：红色，其中印有"不合格"字样。

d. 待销毁物料标志：蓝色（或黄绿以外其他颜色），其中印有"销毁"字样。

e. 抽检样品标志：白色，其中印有"取样证"的字样。

f. 更换包装标志：白色，其中印有"换包装"的字样。

④ 储存在货架上的货物需用货位卡进行标识。货位卡应包含货物名称、货位号、批号、数量等信息。仓管员需根据货物的进出情况及时更正货位卡信息。

（五）储存条件

《化妆品生产许可检查要点》第68条要求："应明确物料和产品的储存条件，对温度、相对湿度或其他有特殊储存要求的物料和产品应按规定条件储存、监测并记录。"不同温度需要的物料应储存在符合要求的仓储区，如表6-1所示。

1. 原料储存

各仓均装有温、湿度计，仓管员每天定时（如上午8：30和下午2：00）做温、湿度观测，并认真填写《温、湿度记录表》，出现偏差时，采取措施进行调节，有异常情况应及时向领导或负责人反映。

表6-1 根据不同温度需要分类

名称	温度/℃	相对湿度/%	适用范围举例
冷库	2～10	60～75	维生素类、激素类、脂质体、动植物提取物、海藻类提取物、生物工程制剂等
阴凉库	10～20	60～75	贵重、精细植物提取物，含糖高原材料，仿生类原料
普通库	0～30	60～75	无特殊储存温度要求的油脂、蜡类、脂肪酸、醇和酯、表面活性剂、水溶性聚合物、有机合成类水溶性聚合物等物料

2. 包装材料储存

各仓均装有温、湿度计，仓管员每天定时（如上午 8：30 和下午 2：00）做温、湿度观测，并认真填写《温、湿度记录表》，出现偏差时，采取措施进行调节，有异常情况应及时向领导或负责人反映。控制包装材料空调仓温度为 22℃以下，相对湿度为 45％～75％。

（六）危险品的管理

企业应按国家现行版《危险化学品目录》识别物料是否属于危险品，如是，应按 GB 15603《常用危险化学品贮存通则》《危险化学品安全管理条例》进行储存、领用、管理。

危险品验收、储存、发放、领用除应遵守国家现行要求外，还需定期到中华人民共和国应急管理部网站查新，识别是否符合国家要求，针对不符的应给出应对措施。

① 遇火、遇热、遇潮能引起燃烧、爆炸或发生化学反应、产生有毒气体的化学危险品不得在露天或在潮湿、积水的建筑物中储存。

② 受日光照射能发生化学反应，引起燃烧、爆炸、分解、化合或能产生有毒气体的化学危险品应储存在一级建筑物中。其包装应采取避光措施。

③ 爆炸物品不准和其他类物品同储，必须单独隔离，限量储存，仓库不准建在城镇，还应与周围建筑、交通干道、输电线路保持一定安全距离。

④ 压缩气体和液化气体必须与爆炸物品、氧化剂、易燃物品、自燃物品、腐蚀性物品隔离储存。易燃气体不得与助燃气体、剧毒气体同存；氧气不得与油脂混合储存，盛装液化气体的容器属压力容器的，必须有压力表、安全阀、紧急切断装置，并定期检查，不得超装。

⑤ 易燃液体、遇湿易燃物品、易燃固体不得与氧化剂混合储存。

⑥ 有毒物品应储存在阴凉、通风、干燥的场所，不要露天存放，不要接近酸类物质。

⑦ 腐蚀性物品，包装必须严密，不允许泄漏，严禁与液化气体和其他物品共存。

（七）使用期限规定

《化妆品生产许可检查要点》第 69 条要求：企业应制定产品保质期和物料、中间产品使用期限的制度，并建立重新评估的机制，保证合理性。

"中间产品"是指从产品配制到包装完成品中形成的预配制的混合原料、半成品等，还包括其暂存容器。

企业制定物料、中间产品、半成品/产品保质使用期的规则，一般应从以下方面考虑：

① 物料保质期的制定可根据供应商提供的保质期说明函。

② 半成品/产品保质期的制定可依据稳定性试验、模拟实验。

③ 保质期重新评估：通过留样等方式对产品保质期进行跟踪、验证期间，产品检测结果不符合质量要求的，需分析原因。对于不可接受的质量问题，应采取相应的措施，如变更保质期、调整配方，必要时应对市场的产品进行召回等。

（八）仓管安全与卫生

① 对有毒有害、易燃易爆等危险性物料实行专人管理，专仓存放。

② 为保障货物及人身安全，凡使用电动叉车者需经培训考核合格，领取国家承认的机动叉车驾驶证后才可独立驾驶，使用叉车搬运货物时，需按《仓库安全工作操作指引》执行。

③ 为加强产品安全管理，所有仓管员必须做到人离库即锁门，每天下班前填写好《门窗检查记录表》。仓库设立钥匙箱统一保管钥匙，所有仓管员不得将库房钥匙携带出厂，钥匙箱钥匙由专人保管，正常上班时间可到保管人处领取，非正常上班时间需使用仓库钥匙需经仓务主任同意，并做使用登记。

④ 仓库卫生需符合《卫生标准操作规程》，库区内按岗位由仓管员分工负责。

（九）物料储存管理注意事项

物料管理要根据物料性质制定相应的储存计划，总体来讲要注意以下细节：

① 物料存放区应保持清洁，根据需要设定温度、湿度调节设施，防止物料吸湿、冰冻等。物料堆放要有地架并离开墙壁一定距离，垛与垛之间也必须有足够的距离，保证存放有序，便于通风和先进先出。

② 待检、合格、不合格原料货位要严格分开，并分别用黄色、绿色、红色标明，按批次存放。

③ 原料按分类储存，如固体、液体、挥发性原料等，避免相互污染。

④ 特殊物料、易燃易爆物料要严格执行有关规定。

⑤ 企业应制定物料的储存期，一般最长不超过 3 年。期满后应由质量管理人员按书面规程取样、复验，合格后方可使用。特殊情况应及时复验。

⑥ 标签和使用说明书均应按品种、规格有专柜或专库加锁储存。

四、物料的发放与使用

物料发放管理的目的：规范仓储部的物料发放工作，保证及时、准确发放物料，保证生产和运营的顺利进行，防止错发、多发、少发造成的不必要损失。

（一）物料发放与领用的原则

① 物料应按先进先出的原则和生产指令，根据领料单据发放，并保存相关记录。

"先进先出"原则是指先采购入库先发放的使用原则，目的是尽可能避免物料的过期使用。

"生产指令"是车间执行某产品的生产依据。内容一般包括产品的名称、所用到的物料量、生产量、生产时间、完成日期等。

② 领料人应检查所领用的物料包装完整性、标签等，核查所领物料是否有发霉、变质、生虫、变色等异常情况，核对领料单据和发放物料是否一致，并签名确认。

（二）物料的发放

1. 物料发放的一般流程

① 物料仓管员按《领料单》上所列物料的名称、规格、型号备料，将领用物料放置于仓库的备料区域。

② 物料仓管员清点物料的品种和数量后，领料员清点核对。

③ 确认物料数量准确无误后，仓管员在领料单上签字盖章，一份交领料员，一份交财务部门，一份仓储部留存。

④ 物料仓管员填写发料单，领料员签字盖章，一份交仓储部，一份交财务部门，一份生产部留存。注意发料单上填写实际单价和物料编号，且填写的实际单价和库别不得涂改。

⑤ 领料员将物料装运出库。

⑥ 物料仓管员清理现场，并填写物料台账，与财务部等相关部门共同核对当天发放物料。

2. 物料发放的注意事项

① 物料零头的发放：能拆包的在取样车内拆包发放；不能或者不便拆包的物料应按包件领出，多出限额的领料部分由领料部门在领料单仓储部留存一联内写出所欠数量。

② 特殊物料的发放按《特殊管理的物料储存与发放管理规程》规定执行。

③ 物料发放结束后，仓库管理员立即在《物资货位卡》或台账上填写货物去向，结存情况。

3. 保证物料先进先出的方案

为了保证仓储物料先进先出，识别物料存放时间长短，避免因使用过期物料造成的损失，可以实施以下方案：

① 利用标识颜色实施，将物料入库时间标识做成12种颜色，每个月使用一种颜色，一批物料入库后按照入库月份在物料货架明显处放置相应颜色的标识，同一个月入库的物料还应标明具体入库日期。发放物料时选择最早入库时间的物料优先发放。

② 利用放置位置实施，按入库顺序从右向左或者从左向右依次放置物料，每垛物料分别标记日期和批号，前面的物料发放完后，将后面的物料推到前面的位置。

③ 利用物料编号实施，对入库物料按照前后顺序进行编号并输入电脑保存，发放物料时查找最早的编号，按编号发放物料。

④ 利用外包装的标识实施，物料入库后在外包装明显处标明入库时间，出库时先发入库时间最早的物料。

4. 先进先出方案实施时的注意事项

① 不同入库日期的同一种物料合并包装时，应将最早入库的物料用纸、绳、标签标识，以示区别，后续发料时将此部分优先发出使用。

② 存放物料的货架应挂先进先出指示牌，物料的摆放与进出顺序按照指示牌箭头的指示方向进行。

③ 若同一物料在货架上所占的位置超出一个储位以上且不易移动时，先进先出指示牌应挂在最先进货的物料上，指示牌须随物料的移动按照箭头方向移动，使指示牌所对应的物料始终是最先进货的物料。

④ 物料仓管员在处理台账时应提前把物料对应的编号数据录入电脑并存档，便于进行物料追溯。

（三）物料退仓管理

企业应制定退仓物料的相关管理规定。仓库管理人员及车间领用物料的人员应明确上述管理制度，并按规定执行。

① 生产结存物料退仓时，若确认可以退回仓库，应重新包装，包装应密封并做好标识，标识包括名称、批号、数量、日期等。这里的生产结存物料是指生产完一种产品，准备更换另一种产品时所剩余的物料，通常这类物料是散料，均不是完整包装。

② 质量存疑物料退仓时，应由质量管理人员确认，并按规定处置。质量存疑物料是指生产过程中发现的可能存在质量问题需要再确认的物料。

③ 仓库管理人员应核对退料单据与退仓物料的名称、批号、数量是否一致。

五、现场物料的使用管理

为规范现场物料管理，保证物料供应顺畅，现场生产有序，特对现场物料的领用、存放、使用相关事宜进行管理。

1. 现场物料的储存管理

① 现场应严格区分作业区和物料区。

② 作业区存放立即使用的少量物料，小物料可将每日用量置于作业区，大物料视体积大小以每两日用量存放于作业区。

③ 物料区应区隔为原料区、不良品区、待检区、不合格暂存区、合格暂存区。

④ 原料区存放已领用但是暂不使用的合格原材料，以绿色油漆区隔，悬挂原料区标识。

⑤ 不良品区存放制程中发现的不良待修复品、不良退货品、报废品等物料，以红色油漆区隔，并悬挂不良品区标识。

⑥ 待检区存放生产完毕等待检验或正在检验的制品，以黄色油漆区隔，并悬挂待检区标识。

⑦ 不合格暂存区存放品质检验不合格、等待处理的制品，以红色油漆区隔，并悬挂不合格暂存区标识。

⑧ 合格暂存区存放品质检验合格，等待进入下道工序的制品，以绿色油漆区隔，并悬挂合格暂存区标识。

2. 现场物料的使用管理

① 在生产使用过程中，按生产工艺先后顺序合理摆放物料，严禁乱堆乱放。

② 物料在使用过程中必须责任到人，管理到位。

③ 不可投入使用未经检验或者检验不合格的物料。

④ 使用物料时应轻拿轻放，不得野蛮作业。

⑤ 物料使用前作业人员应依规定做自检工作。

⑥ 自检不良品应予以挑出或者修复后使用。

⑦ 挑出的不良品应贴上相应标识并依原包装方式包装妥当。

⑧ 物料使用应依先进先出的原则顺序使用。

⑨ 上批生产使用的物料，或暂时不需要使用的物料应依原包装方式存放在原料区或者进行退库处理。

⑩ 如果某物料断货，使用代用品，应经质检部、技术部等相关人员依工厂规定流程确认后方可使用。

3. 定额消耗控制管理

实现物料的定量控制，合理利用和节约用料，为产品成本核算和经济核算奠定基础。

明确物料定额消耗管理责任人，物料定额消耗责任人通过工艺量计算及定额测试等方法确定定额指标，上报相关部门审批，审批后各生产车间按照物料定额指标领取和使用物料，仓储部按定额发放物料。

超领管理：车间在物料定额用完不够时，物料使用部门的主管提出申请，注明申请理由，交生产部和物控部相关负责人审核签字后，上报审批。对于生产急需物料，应先行发料，再追究超料责任，切不可由于相互推诿而停止发料，影响生产。

4. 物料耗用统计管理

物料耗用统计管理的目的，是为物控决策提供科学依据和为物料消耗定额执行情况的考核提供量化资料。一般需要统计的项目包括：单种产品的物料消耗数据，各订单的物料消耗数据，各部门物料消耗数据等。

六、产品管理

（一）标签的管理

产品是消费者可以通过正常销售途径购买到的物品。一般情况下产品都会通过标签或包装上的文字、插图等形式说明产品的名称、净含量、成分、用途、注意事项、生产厂家等信息。这些产品的标签、说明书内容应符合相关法规要求，如：GB 5296.3《消费品使用说明　化妆品通用标签》《化妆品命名规定》《化妆品命名指南》《化妆品标识管理规定》等。

1. 化妆品标签的作用

化妆品属于快速消费品，品种日益增多，与人们的生活密切相关，因而化妆品的正确标识对消费者安全使用和政府主管部门监管有重要作用。归纳起来化妆品的标签有以下作用。

（1）正确引导消费者选购和使用化妆品　消费者通过阅读化妆品标签中的文字、数字、符号、图案等内容，了解化妆品的功效、成分、保质期、产品质量责任者及使用事项等信息，便于作出是否购买的决定，并获得如何使用化妆品的信息。

（2）产品质量责任者向消费者作出的承诺　通过化妆品标签，产品质量责任者向消费者作出了其品质和保质期限的承诺。标签向消费者提供了化妆品质量责任者的名称和联系地址，便于消费者在需要时候能够直接与其取得联系，以维护消费者自身的权益。

（3）向政府主管部门提供监督检查依据　政府主管部门通过化妆品标签上的质量责任者、成分、标准编号、许可证号等标识，很容易掌握相关监管检查资料。

（4）提倡公平交易和竞争　通过执行化妆品标签国家标准，能够更加客观和正确地宣传自己的产品，避免为吸引消费者而夸大和虚假宣传一些不切实际的产品功效，或采用各种明示或暗示的方法误导消费者购买，这样才能体现化妆品市场交易和竞争的公平性。

（5）维护化妆品标签上明示的产品质量责任者的正当权益　通过化妆品标签标识，向消费者传递了保质期、使用方法、储存条件、警告用语等信息，违反这些信息的行为造成的后果，化妆品标签上明示的质量责任者亦不再承担相应的责任。

2. 化妆品标识基本原则

化妆品标识应当真实、准确、科学、合法。

（1）真实性原则　是指设计、制作化妆品标识必须实事求是，如实反映化妆品真实属性，真实地标明产品的特性、成分、净含量、日期、生产者的名称和地址等，标识宣传的内容真实，有依据，不应有虚假的宣传内容。

（2）准确性原则　是指化妆品标识所标注的产品名称、生产者名称和地址、净含量、日期、生产许可证编号、产品标准号等要素必须正确无误，并符合国家、行业、企业产品的相关标准。上述要求可以在有相关明示的前提下，对所要求标注信息存在重复的情况进行合并，但不得缺少应标注的信息。

（3）科学性原则　是指化妆品标识内容要符合科学规律，所标识的内容，特别是产品的配方，经过相应的安全性评价程序和必要的试验和调试，功效宣传等内容具有科学依据。

（4）合法性原则　是指化妆品标识的内容符合国家、行业和企业产品的相关标准，所标注的生产者和经营者身份必须合法有效，所标注的企业生产许可证编号、产品标准号等必须符合法律、法规、规章和其他法律规范性文件的相关规定。

3. 化妆品名称的标识

化妆品名称是消费者、生产厂家以及执法人员识别产品的一个重要信息，所以化妆品名称的标注必须规范。化妆品名称应标注在产品销售包装展示面的显著位置，如果因化妆品销售包装的形状和体积的原因，无法标注在销售包装的展示面位置上时，可标注在其可视面上。

展示面是指化妆品陈列时，除底部面外能被消费者看到的任何面。可视面是指化妆品在不被破坏销售包装的情况下，消费者能够看到的任何面。如打开后能够复原的情况，可视为不破坏销售包装。

化妆品名称一般有商标名、通用名和属性名三部分组成。

（1）商标名　即指商标，是任何能够将自然人、法人或者其他组织的商品与他人的商品区别开的可视性标志，包括文字、图形、字母、数字、三维标志和颜色组合，以及上述要素的组合。商标名包括注册商标和非注册商标，必须符合《中华人民共和国商标法》的规定。

（2）通用名　商品通用名是指为国家或某一行业所共用的，反映一类商品与另一类商品之间根本区别的规范化称谓。商品通用名的确定，主要源于社会的约定俗成，既要得到社会或某一行业的广泛承认，又要规范化。通用名应当准确、科学，可以是描述产品的主要原料、用途、功效成分或产品功能的文字，但是不得使用明示或暗示医疗作用的文字。由于化妆品行业是时尚和多彩的，产品名称也可以加入一些修饰渲染词语。

（3）属性名　是指标明产品的客观物理形态的用词，如膏、霜、水、液、粉等。不得使用抽象名称，但是对于消费者和行业内已经广为知晓其属性的产品，以及约定俗成的产品，可以省略其属性名。如：口红、面膜、眼膜、粉底、指甲油、眼影、护发素、精华素、发膜等。

产品名称按照商标名、通用名和属性名分别举例如表6-2所示。

表6-2　产品名称举例

商标名	通用名	属性名
植雅	滋润	沐浴露
植雅	均衡去屑	洗发露
拉芳	亮泽保湿	啫喱水

（4）关于系列产品的标注区分　化妆品生产商经常会生产和设计一系列产品，比如颜色和香味不同而产品的商标名、通用名和属性名相同的系列产品，如：同样名称的染发膏和唇膏，应该在产品名称后面或包装的其他位置对其进行标注加以区分。标注的内容应该容易让消费者识别，不会造成购买和使用的混淆。另外，同样名称产品有针对不同消费使用人群，如：男士、儿童或不同的皮肤类型等，也应该在名称中或包装的其他位置进行标注区分。如：××柔顺洗发露（油性发质），××滋润保湿面霜（男士）等。

4. 化妆品生产者的标注

化妆品标识应当标注化妆品的实际生产加工地。化妆品实际生产加工地应当按照行政区划至少标注到省级地域。由于经济的发展和社会分工的专业化、精细化，委托加工形式的增加，一个产品的生产者、经营者、责任者可能不完全统一，标识中注意实际生产加工地的界定。

化妆品标识应当标注化妆品生产者的名称和地址。生产者名称和地址应当是依法登记注册、能承担产品质量责任的生产者的名称、地址。

有下列情形之一的，生产者名称、地址按照下列规定予以标注。

① 依法独立承担法律责任的集团公司或者其子公司，应当标注各自的名称和地址。

② 依法不能独立承担法律责任的集团公司的分公司或者集团公司的生产基地，可以标注集团公司和分公司（生产基地）的名称、地址，也可以仅标注集团公司的名称、地址。

③ 实施委托生产加工的化妆品，委托企业具有其委托加工的化妆品生产许可证的，应当标注委托企业的名称、地址和被委托企业的名称，或者仅标注委托企业的名称和地址；委托企业不具有委托加工化妆品生产许可证的，应当标注委托企业的名称、地址和被委托企业的名称。

④ 分装化妆品应当分别标注实际生产加工企业的名称和分装者的名称及地址，并注明分装字样。

5. 化妆品日期的标注

化妆品应当清晰地标注日期。日期的标注可以选择以下两种方式中的任意一种：同时标注生产日期和保质期；同时标注生产批号和限期使用日期。消费者购买化妆品时，包装上的生产日期和保质期或者生产批号和限期使用日期应醒目、易于辨认和识别，在流通环节中不应变得模糊甚至脱落。

（1）化妆品生产日期的标注要求　生产日期是生产者完成成品生产，形成最终销售包装的日期，它可以为产品的灌装日期或者包装日期等。标注要求为：采用"生产日期"或者"生产日期见包装"等引导语，按年、月、日的顺序标注，即依次标注 4 位数年份、2 位数月份、2 位数日。

（2）化妆品保质期的标注要求　保质期是指在化妆品产品标准和标签规定的条件下保持化妆品质量的期限。在此期限内，化妆品应符合产品标准和标签中所规定的品质。标注要求为："保质期××年"或"保质期××月"。

（3）化妆品生产批号的标注要求　生产批号是生产者根据产品批次给予产品的编号；一旦发生质量问题，企业可按照批号跟踪追查质量事故的原因和责任者。生产批号由生产企业自定，可以采用明标和暗标两种方法：如 2013 年 10 月 27 日生产的第二批，可以明标为"2013102702"；采用暗标批号，必须清楚知道暗标代码的含义，便于追踪。

（4）化妆品限期使用日期的标注要求　限期使用日期指产品符合其质量的保存日期。标注要求为：采用"请在标注日期前使用""限期使用日期"或"限期使用日期见包装"等引导语。如标注"20131027"表示在 2013 年 10 月 27 日前使用；"201310"则表示在 2013 年 10 月 1 日前使用。

除生产批号外，限期使用日期、生产日期和保质期应采用直接印刷、喷涂或者压印的方式标注在化妆品销售包装的可视面上，生产批号可不标注在可视面上。

6. 化妆品净含量的标注

净含量是指去除包装容器和其他包装材料后内装商品的量。

化妆品净含量的标注依据《定量包装商品计量监督管理办法》执行。液态化妆品以体积标明净含量；固态化妆品以质量标明净含量；半固态或者黏性化妆品用质量或者体积标明净含量。

化妆品体积是去除包装商品容器和其他包装材料后内装物的实际体积；质量是指去除包装商品容器和其他包装材料后内装物的实际质量。

净含量由中文、数字和法定计量单位组成，按照化妆品存在的三种状态（固态、液态和半固态），分别有具体的要求。

① 液态化妆品指在常温常压下，具有一定体积但不具有固定的形态，可以快速流动的产品，如化妆水等。液态化妆品应以体积标明净含量。

② 固态化妆品指在常温常压下，具有一定体积和形状的产品，如化妆粉块等。固态化妆品应以质量标明净含量。

③ 半固态或者黏性化妆品指介于固体和液体之间的化妆品，具有相对的流动性，如蜡状、泡沫状、压力罐装、膏霜状、乳液状化妆品。可以用质量或者体积标明净含量。

④ 同一包装内含有多件同种定量包装商品的，应当标注单件定量包装商品的净含量和总件数，或者标注总净含量。同一包装内含有多件不同种定量包装商品的，应当标注各种不同种定量包装商品的净含量和各种不同种定量包装商品的件数，或者分别标注各种不同定量包装商品的总净含量。

⑤ 已成型的贴膜类产品可以使用"片""张""枚""个""对"等计量单位标识其产品的净含量；而浸液式的无纺布面膜应使用剂量单位来表示其净含量，如 6mL×5 片等。

7. 化妆品成分标识

化妆品成分是指生产者按照产品的设计，有目的地添加到产品配方中的化学物质，比如增稠剂、pH 调节剂、色素、防腐剂、防晒剂、调理剂和保湿、抗皱、祛斑等功效原料。

化妆品生产企业添加某种原料时，可能会带进其他物质。这些物质主要分两类：一类是原料企业生产原料时为了保证原料的质量而添加进去的稳定剂、抗氧化剂等；另一类是原料本身所带有的或者残留的技术工艺上不可避免的微量杂质，这些微量杂质并不是有目的地被添加进入原料的。

目前关于全成分标识采用化妆品成分国际命名（International Nomenclature of Cosmetic Ingredient，INCI）进行标注，这种标注方法有助于成分的标识统一，便于监督和管理。在标注的内容方面，美国和日本不要求标注由于使用某种原料而带来的其他物质。

化妆品全成分表标注方式按照 GB 5296.3《消费品使用说明 化妆品通用标签》的相关要求进行标注，并同步实施。

8. 产品的标准号标注

化妆品标识应当标注产品的标准号，即产品执行的国家标准、行业标准、地方标准或企业标准号。产品标准号由标准代号、标准发布的顺序号和标准发布的年号组成。年号在标签中标注时不需要标注。

9. 产品质量检验合格证明的标注

产品质量检验合格证明是指生产者为表示出厂的产品质量经检验合格而附于产品或产品包装上的标签、印章等。产品质量检验合格证明的形式主要有三种：合格证书、合格标签和合格印章。产品出厂检验分逐件检验和逐批检验两种方式，化妆品属批量生产的产品，检验方式也是采用逐批抽样检验的形式，既可以在产品的标签、说明书、包装物上印制"合格"二字，也可以在运输包装箱内附产品质量检验合格证明。总之，产品质量检验合格证明的标注要有利于保护消费者的合法权益。

10. 生产许可证编号的标注

化妆品标识应当标注生产许可证编号，以明确企业责任，加强溯源管理，有利于监管工作的开展。

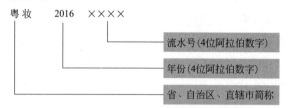

化妆品生产许可证编号是产品标识的主要组成部分，获证企业必须在其已经取证的产品或包装、说明书上标注生产许可证编号，但因产品特点难以标注的裸妆产品，可以不标注生产许可证编号。对体积太小又无外包装，不便于标注的裸妆产品（如化妆笔和唇膏等），即便此类产品有用于密封的吸塑套（无纸板背衬），也可以按照裸妆产品对待，即不需要标注生产许可证编号。

化妆品生产许可证编号格式为：省、自治区、直辖市简称＋妆＋年份（4 位阿拉伯数字）＋流水号（4 位阿拉伯数字）组成，如：粤妆 2016××××。

11. 化妆品使用说明书内容标注要求

化妆品根据产品使用需要或者在标识中难以反映产品全部信息时，应当增加使用说明。使用说明必须通俗易懂，需要附图时须有图示例。

凡使用或者保存不当，容易造成化妆品本身损坏或者可能危及人体健康和人身安全的化妆品，适用于儿童等特殊人群的化妆品，必须标注注意事项、中文警示说明，以及满足保质期和安全性要求的储存条件等。例如：有些易使儿童误服的化妆品应标明"产品应放在儿童接触不到处";气溶胶类、指甲油、卸甲油等具有引燃性产品应标明"产品不准撞击,应远离火源使用,产品存放环境应干燥、通风,温度在 50℃以下,应避免阳光直晒,远离火源、热源,产品用完的空罐勿刺穿及投入火中"等;染发类化妆品(暂时性染发产品除外)应标明"对某些个体可能引起过敏反应,应按说明书预先进行皮肤测试,不可用于染眉毛和眼睫毛,如果不慎入眼,应立即冲洗,专业使用时,应戴合适手套"等。

12. 化妆品标识不得标注下列内容

① 夸大功能、虚假宣传、贬低同类产品的内容;

② 明示或者暗示具有医疗作用的内容;

③ 容易给消费者造成误解或者混淆的产品名称;

④ 其他法律、法规和国家标准禁止标注的内容。

(二)产品留样管理

企业应建立留样管理制度并落实执行。为了保证产品质量的可追溯性,每批产品均应按规定留样。留样保存时间应至少超过产品保质期后 6 个月,有的企业选择超过产品保质期一年或更长时间,无论哪种情况,只要满足国家的最低要求都是可以的。企业应根据自身的质量系统来选择合理的控制方式,但要保证留样按产品储存条件进行存放和管理。另外,留样数量应至少确保产品可以完成两次所有质量项目的检验需求。

(三)产品运输管理

为了满足销售需要,企业必须保证按照严格的生产控制条件生产产品,并能够安全有效地运送到销售渠道中。而运输条件的好坏也直接影响产品的质量,比如过高或过低的运输温度可能对产品的质量起到决定性的作用,因此企业应明确产品运输方面的管理要求,并应确保储存和运输过程中的可追溯性,即产品的原材料来源清楚,从投料、生产、包装、出厂、运输到销售等整个过程都有记录证明,简单说就是产品来龙去脉清楚,即来源可查、去向可追、责任可究。

操作人员应清晰地记录发货过程,以表明货物在转交过程中已进行完全检查。同时对运输的车辆进行卫生检查,并保留记录。

(四)退货管理

有的时候产品出厂后由于种种原因可能会发生退货行为,如滞销、运输破损、投诉等。退货应严格管理,以避免在退货处理过程中可能产生的差错、混淆；同时为降低退货过程中带来的质量风险和假冒品风险提供必要的保障。

企业应建立退货管理的书面程序，内容包括退货申请、接收、储存、调查和评估、处理（返工、重新加工、降级使用、重新包装、重新销售等）；退货相关记录内容至少应当包括产品的名称、批号、规格、数量、退货单位及地址、退货原因、最终处理意见等信息。

退货过程应特别关注的重点通常有以下几个方面。

① 所有退货相关的操作和处理过程均应有记录。

② 退货应严格控制、隔离专区存放，或用具有同等安全性的其他方法替代物理隔离，以避免混淆或误用。

③ 退货在质量管理部门调查评估、给出处理意见前必须处于待验状态。

④ 每次退货必须经质量管理部门进行适当的检验和评估，再作出正式的处理决定。对检验合格的方可放行，检验不合格的按照不合格品规定处理，并做好记录。

⑤ 同一产品同一批号不同渠道的退货应分别记录、存放和处理。

七、物料管理的流程示例

物料管理指化妆品生产所需物料购入、储存、发放和使用过程的管理。化妆品企业物料管理的主要目标包括如下几方面。

① 强化采购管理，确保物料的质量，保证为生产提供符合质量标准的物料，同时提供合格的化妆品给消费者。

② 确保储存条件，发挥储运功能，保证产品质量。

③ 预防污染、混淆和差错，防止不合格物料投入使用或成品出厂。

④ 适当的库存量管制，正确的计划用料；根据销售需求、生产能力和检验周期制定生产计划和原辅料采购计划，合理处理呆滞料。

⑤ 便于物料的控制：可追溯性、数量、状态、有效期等。

物料管理的流程为：供应商→采购→接收→入库→储存→领发→称量→制造包装→流转→成品入库→销售→退货。流程示例如表 6-3 所示。

表 6-3　物料管理的流程、职责和工作要求

流程	职责	工作要求
开始 物料到货 → N → 业务部门联系 Y	仓储部验收人员	1. 原材料到货后，仓储部验收人员对照订货单、送货单对物料的数量、重量、规格、包装、外观进行验收。 2. 仓储部验收人员发现物料有破损、变质、受潮情况或外观、数量等不符合要求，应及时通知采购部相关人员解决。 3. 仓储部验收人员验收通过，填写物料标识卡、送检单。通知质检部对物料进行质量检验

流程	职责	工作要求
检验 N→退货 Y	检验员	1. 原材料检验员接到通知后,到标识的待检区域按《进料检验控制作业标准》进行抽样。 2. 检验人员根据《进料检验控制作业标准》对原材料进行检验,并填写材料检验报告单,交质量管理部经理审核。 3. 检验将审批的材料检验报告单作为检验合格的原材料的放行通知,通知原料库入库。 4. 检测中不合格的原材料根据《不合格品控制程序》的规定处置,不合格品不允许入库,由原料库移入不合格品库并标识。 5. 如生产急需来不及检验和试验时,须按《紧急放行控制作业标准》中规定的程序执行
办理入库手续	仓管员	1. 物料经过验收员验收、请检,质量管理部门取样、检验、发放"检验报告单""物料发放单"及"合格证",仓管员才可以办理入库手续。 2. 入库时,物料移入合格品区,挂上绿色合格标志,填写物料账册、货位卡,并把货位卡挂在该物料前。货位卡应包括品名、编码、规格、批号、数量、产地、进出时间与数量等内容
储存	仓管员	1. 仓储各种货物均需有货物编码、标准名称的标识于明显处,并设置相应的物料进销存管制卡,记录每次进出仓的数量、生产日期或生产批号、来源及去向等情况。 2. 依据货物所处检验状态以不同颜色标识区分。 3. 储存在货架上的货物需用货位卡进行标识。货位卡应包含货物名称、货位号、批号、数量等信息。仓管员需根据货物的进出情况及时跟正货位卡信息
物料发放	仓管员	1. 领料员按每天生产所需领用物料,填写《领料单》。 2. 仓储主管人员接到《领料单》后,核对《物料消耗定额表》,确定所领物料没有超出物料定额,若超出定额,则不予发料。 3. 物料仓管人员核对领料单,应该核对的内容包括: ① 领料单明细所列是否属于本仓库物料。 ② 领料单所列的物料的规格、型号、质量是否与在库物料相符。 ③ 领料单的签章是否符合相关规定。 4. 物料仓管员审核无误后交仓储主管审批
仓库主管审核 N	仓库管理人员	检查上述审核的手续是否齐全,符合予以发料,不符合则返单给用料部门
仓管员发料	仓管员	1. 仓储主管审批后,物料仓管员清点在库所需物料的数量是否满足需要,若不能够满足需要,应通知领料员重新申请。 2. 物料的数量能够满足需要,物料仓管员开始备料。 3. 物料仓管员按《领料单》上所列物料的名称、规格、型号备料,将领用物料放置于仓库的备料区域。 4. 物料发放后,领料员在《领料单》上签收确认,仓管员凭发出量记账,返单给电脑记账员。 5. 物料仓管员填写发料单,领料员签字盖章,一份交仓储部,一份交财务部,一份生产部留存

流程	职责	工作要求
盘点	仓管员	1. 做好日盘点报表。 2. 按盘点要求运作
物料退库	仓管员/检验员	1. 退料部门主管签字,工程和品检共同确认签字。 2. 良品物料需有合格贴纸,若有特采要求时,需在贴纸上详细说明。 3. 不良品需明确不良原因。 4. 套料退库,需按套料料表明细办理退库
仓库主管审核	仓库管理人员	检查上述手续是否齐全,符合则办理退料,不符合则返单给用料部门
仓管员接料 结束	仓管员	1. 按退料单(或电脑单)核对、清点。 2. 物料接收后,由退料员在单上签收确认良品,仓管员凭退料量记账,并返单给电脑记账员;不良品,由仓库填写"物料变卖申请单",申请废料变卖。 3. 来料不良品退换,按要求执行。 4. 电脑记账员凭退库单良品记账后,整理单据并分单,财务联返成本核算处,仓库联自行保存

第三节 国外 GMPC 对于物料管理的相关规定

一、美国 GMPC 有关物料管理的规定

美国 GMPC 标准中对于物料管理,从原料的检查和实验室控制这两个方面作出了详细的规定。

1. 原料的检查

① 原料和初级包装材料在储藏和处理时应防止混淆、被微生物或化学物质污染,或者暴露在过度热、冷、阳光、潮湿的环境下而造成腐败变质;

② 容器应保持密闭,袋装或盒装的材料应离地存放;

③ 容器上应有标签,说明批次和控制状况;

④ 根据程序的要求对原料进行抽样和测试,确保没有受到污物、微生物或者其他外界物质的污染,以及防止成品的掺杂。应特别注意来源于动物或植物的原料,或那些用冷加工方法生产的化妆品可能被污物或微生物污染的情况;

⑤ 不符合接收标准的原料应正确标识和控制,以防止它们使用在化妆品中。

2. 实验室控制

① 对原料、加工中的样品和成品进行测试或检查,以验证他们符合产品规范对其物理和化学指标、微生物的要求,以及没有受到有害物质,或其他有害化学物质的污染;

② 批准的每个批次的原料和成品的留样，保留时间符合规定的保留时间的要求，并存放在正确的条件下，以防止其受到污染或变质，而且再次测试以确保他们符合验收规范的要求；

③ 供水系统，特别是在化妆品中作为原料的水，应定期测试，以确定他们符合化学指标和微生物指标的要求。

二、欧盟 GMPC 有关物料管理的规定

欧盟 GMPC 标准中对于物料管理，从采购、来料接收、水、仓储和存放、物料的控制活动及供应管理这六个方面作出了详细的规定。

（一）采购

1. 总则

采购包括外来生产资源的管理。这些资源包括：

① 从供应商处购买的原材料和包装材料，生产过程中要求的设备和仪器；

② 参与了全部或一部分产品制造的特定承包商；

③ 参与了全部或一部分的包装操作的次承包商。

2. 采购过程

采购的质量要求必须在相关部门，如研发部、生产部、品质保证部，相互沟通共同努力下得到明确和陈述。

程序必须陈述声明以下责任：

① 建立关于原材料、包装材料、生产仪器和次承包商的详细资料、档案。

② 建立技术性合同条款（所实施的检查类型、接受和拒绝的标准、事件中不符合或整改的规定等）。

③ 供应商和次承包商的正式批准（质量和数量的保证）：制造商更愿向先前通过审核的供应商下订单订购特定的物资和服务。

④ 检查和验证供应商和承包商的工作场所和质量体系，在顾客与供应商之间交流和建立合作关系，严禁未经顾客的同意招揽次承包商。

⑤ 除了制造商以外仍可以进行买卖的，比如：批发商，后者必须能够清楚地陈述所卖产品的来源。

3. 采购文件

采购文件必须包括清楚描述产品的数据。

必须用程序来明确以下事项的职责，如采购行为的形式、所需信息的类型等。

（二）来料接收

1. 原材料、包装材料和散装产品

所有用于制造的（原材料、包装材料和散装产品）各项物品应根据目前的安全法规要求，按已规定的程序来接收。

2. 原材料、包装材料和散装产品——来料记录

① 每一次的交付应被记录：收货时应检查货物与交货单的一致性及包装的情况；必要时，应保留任何发现的问题；当货物出现不正常并有可能影响到产品质量时应作为待处理货物等待最后决定。

② 必须记录每批物品的信息；必须根据运输单来检验进料，还必须检验其包装情况；如有必要，应对物品留样存放，观察其缺陷。

③ 若物品显现可能影响产品质量的异常时，应等待处置；当公司制定的来料名称或代码与供应商标明的名称或代码不同时，要标识这些物品，包括接收时间、供应商的名称、批号、数量。

④ 散装材料，应有特别的预防措施来保证（产品）不会受污染和/或变质。

⑤ 对采购物料接收的验证方式依赖于对供应商/分承包方的验证系统及其检验质量体系的能力，物料交付后在公司内部的识别和保存应遵循规定的程序。

（三）水

当水是一种非常重要的原材料时，应重视以下几个方面：水的生产和供水系统应在任何时候都能保证水的质量符合产品生产的要求；供水系统应能按照已建立的程序的要求进行消毒；管道设计时应避免停滞及受到污染；原材料的选择使用应能保证水的质量不受到影响。

应采用适当的标志对制造用途的运输水的管道进行标识（如：热水、冷水、去离子水），以便识别水的类型和用途。同样适用于清洁水、冰水和蒸汽等。

水的化学和微生物质量应按书面程序的要求进行定期检测。当发现任何与规定要求不符的情况时，应采取纠正措施。

（四）仓储和存放

① 应有程序规定来料的储存要求。

② 生产所需要的原料应根据现行的安全规范储存于清洁的仓库内。储存条件应适合于每一种物料（化学品安全储存，如防雷，防泄漏等）。

③ 进出通道应能被清楚地分隔识别。

④ 应保证批次的合适的储存位置。

⑤ 应有一个系统来防止任何物料在未取得首次放行前就投入生产使用。

⑥ 账目登记和周期盘点应保证库存的准确性。

⑦ 仓库管理人员应保证合理的原料周转方式，如：采用先进先出的原则。

⑧ 散装物料的合适的储存条件应在程序中进行描述。

⑨ 如果剩余原材料和包装材料在上线后并未被使用而要退回仓库时，它们的名称、批号和数量应被清楚地标识以重新进入仓库的管理系统。

⑩ 所有形式的包装应是封闭的、干净的。它们应保持原来的用途标识和/或安全指示。

（五）物料的控制活动

控制活动被定义为：与生产过程中实验室控制和生产员工所做的与质量监督相关的一切活动。

所有这些活动必须能够确定原材料、包装材料、散装材料和成品的合格性状态，还包括对生产和包装运作的验证。

为了所有这些活动的有效实施，有关实验室和生产员工必须得到以下信息。

1. 要求的文件

详细说明（规格、活动、规范）、取样程序、检验方法、建立限值、控制工具的使用准则、控制工具的校准和保养程序、制造过程中的品质监控工作指引。

2. 规格说明书

原材料、包装材料、散装材料和成品必须达到制造要求或产品规格要求。

（1）规格说明书必须包含的内容

① 内部编号（代码）或者是被公司采用的名称。

② 在限值内，质与量的特性。

③ 适用的复检频率。

④ 使用客户的指定的方法。

⑤ 特殊的抽样指导书。

⑥ 控制活动的结果。

（2）产品控制可能产生以下三种情况

① 符合：接受；

② 严重的不符合：拒绝；

③ 轻微的不符合：这类不合格不会影响产品的品质，一批产品可能有一个例外的被接受，这些必须在文中规定。人员的资格授权必须得到识别、确定。（让步放行）

（六）供应管理

根据与供应商的协议，每批来料（包括原料和包装材料）必须达到样品标准或者进行全检，符合性应通过内部控制或分析证明数据来验证。

原材料、包装材料、散装材料的品质必须以适当时间间隔定期进行检验，以保证没有不良的发生。

三、东盟 GMPC 有关物料管理的规定

东盟 GMPC 标准中对于物料管理，从原料、物料的储存及控制、物料管理有关的文件及记录这三个方面作出了详细的规定。

（一）原料

1. 水

① 水是重要的物料，应特别注意。水生产设备及水系统应保证提供质量合格的水。应根据已设定的程序定期对水系统进行消毒。

② 应根据书面程序对水的化学及微生物进行监控，对于任何异常情况应采取纠正措施。

③ 水处理方法的选择，例如过滤、蒸馏、去离子等方法，应根据产品的要求来确定，水储存及运输系统应定期维护。

2. 原料的验证

① 所有原料、包材等都应检查并验证是否符合规格，并能追溯到产品。

② 在原料使用前，应对样品进行检查，确认其是否满足标准，原料的标识应清楚。

③ 所有的原料应干净并检查其包装，保证没有泄漏、穿孔等。

3. 拒收的原料

不符合标准的原料应隔离或按照标准操作程序进行处理。

（二）物料的储存及控制

1. 储存区域

① 应有足够的空间以满足有序的储存。

② 储存区设计应满足储存条件，应干净、干燥及维护良好，当有特殊储存要求时（例如温度及湿度），应保证提供并检查、监控。

③ 收货及出货仓应保护物料及产品免受天气影响，必要时，接收区应设计并适当配备相关工具，以便储存前对来料进行清洁。

④ 检验产品的区域应清晰地区分。

⑤ 可能的话，应提供来料取样区以防止污染。

⑥ 危险品的储存应安全。

2. 接收产品

① 对来料应检查相关的文件并验证其类型、数量、标签等。

② 检查是否有缺陷或损坏，并对每一批次保持记录。

3. 控制

① 产品的接收及发货应保持记录。

② 出货应考虑先进先出的原则。

③ 产品的标签及容器不应随意修改。

（三）物料管理有关的文件及记录

① 测试、检验结果及对原料、半成品、散装品及成品的接收或放行记录应保持。

② 记录应包括：测试日期、物料的标识、供应商名称、接收日期、原始的批号（如含有）、质量控制号码、接收数量、取样日期、质量控制结果。

四、ISO 22716 有关物料管理的规定

ISO 22716 标准中对于物料管理，从原材料和包装物料的采购原则、采购、接收、标识和状态、验放、储存、重新评价及生产中使用的水的质量这八个方面作出了详细的规定。

1. 采购原则

所采购的原材料及包装物料应符合与成品质量有关的验收标准。

2. 采购

原材料与包装材料的采购应基于以下条件：

① 对供应商进行评价及选择。

② 确定技术条款，诸如进行选择的类型、验收标准、发生缺陷或需要修改时所采取的行动、运输条件。

③ 明确公司与供应商之间的关系及相互交流方式，诸如协助关系及核验方式。

3. 接收

① 采购订单、送货通知单和交货物料应相互一致。

② 对装运原材料和包装物料的容器（集装箱）必须经亲眼核验以确定其一致性。必要时还要对有关运输数据资料进行核验。

4. 标识和状态

① 装有原材料和包装物料的容器应加标识，以便识别有关材料和批次的信息。

② 原材料和包装物料显示带有可能影响产品质量的缺陷，则不能投入使用。

③ 原材料和包装物料应以适当方式标识它们的状态，如已验收、拒收和已检验。也可以采用其他方式进行标识，但要同样保证准确无误。

④ 对原材料和包装物料的标识应包含下列信息：在交货文件和包装上标明产品名称；公司规定的产品名称（如与供应商规定的名称不同的话）和/或产品编码；如适当时标明接收日期或编号；供应商的名称；供应商标注的批次和接收批次（若二者不同的话）。

5. 验放

① 应设置物理区域（仓库合格品存放区）或可选择的系统（识别状态系统），以确保只有经过验放的原材料和包装材料才可以使用。

② 原材料和包装物料的验放工作应由经过授权的负责质量的人员进行。

③ 可以根据供应商的检验报告来接收原材料和包装物料，但条件必须是：要有明确的技术要求，有既往的经验，并了解供应商、供应商的检验程序以及经同意的供应商的测试方法。

6. 储存

① 各种原材料及包装物料均应有适当的储存条件。

② 原材料和包装物料均应根据它们的特点进行储存和搬移。

③ 在适当条件下应遵守特殊的储存条件并进行监测。

④ 原材料和包装物料的容器应保持密闭并应离地存放。

⑤ 当原材料和包装物料重新打包时，其标识应与原来的标识相同。

⑥ 当原材料和包装物料被检验或被拒收时，应存放在特定的区域。

⑦ 应有确保库存周转的措施。除特殊情况外，库存收转应确保最早验收入库的货最先投入使用。

⑧ 对库存要进行定期盘点以保证库存的准确性。如发现任何重要的差异均应进行追究。

7. 重新评价

应建立适当的对原材料和包装物料重新评价的制度，以便确定在经过一个特定的储存期之后这些材料和物料是否仍能适合使用。

8. **生产中使用的水的质量**

① 水处理系统应能供应符合要求质量的水。

② 水的质量应通过测试或监控生产过程中的参数加以核验。

③ 水处理系统应进行卫生消毒。

④ 所装设的水处理设备应能避免水的滞存和污染的风险。

⑤ 对水处理设备中所用的材料应加以选择，以确保水的质量不受影响。

 思考题

1. 物料与产品管理的基本原则是什么？

2. 简述物流与产品管理的基本流程。

3. 如何进行供应商的选择与管理？

4. 物料验收管理要点有哪些？

5. 简述物料储存管理的一般原则。

6. 物料发放的基本原则是什么？如何保证该原则的实施？

7. 简述物料退仓管理的要点。

8. 简述化妆品标签的作用及化妆品标识的基本原则。

第七章
生产管理

Chapter 07

!学习目标

1. 熟悉生产管理的原则要求。
2. 了解生产管理的基本流程。
3. 掌握化妆品生产管理要素。
4. 了解国外 GMPC 对于生产管理的相关规定。

生产是企业"实现"产品的重要环节。生产管理是对企业生产系统的设置和运行的各项管理工作的总称，包括生产条件（人员、环境、设备、物料等）、工艺规程、生产准备、生产过程、生产后清场、物料平衡等内容。

化妆品企业必须建立一套行之有效的生产管理体系，以规范生产过程操作，降低混淆和交叉污染的风险，使产品生产过程能够持续稳定进行，从而保证产品质量的稳定。

产品质量既是设计出来的也是生产出来的，生产管理是确保产品按照设计标准组织进行生产并最终达到设计质量标准要求的最基础的环节，企业应当追求生产管理水平的不断提高。

第一节　概　述

生产管理是企业通过对一切生产资源进行协调安排，包括材料和产品的计划、人员调配、质量检验、仓储和运输安排、技术服务、业绩与考核等，来实现企业的高效运转，从而以最少的投入达到最大化的产出的过程。

一、生产管理的原则要求

《化妆品生产许可检查要点》第 76 条要求：企业应建立与生产相适应的生产管理制度。生产条件（人员、环境、设备、物料等）应满足化妆品的生产质量要求。企业应建立并严格执行生产工艺规程。

生产车间是实现产品的具体场所，企业能否持续稳定地生产出满足各项技术要求的高质量的产品，取决于能否合理有效地控制各项生产活动。化妆品生产环节最容易出现的质量风险就是污染、交叉污染、差错和混淆，而建立与生产相适应的生产管理制度则是有效防止这些质量风险的前提条件。

企业生产管理制度应涵盖但不限于以下几方面内容。

（1）人员管理　人员卫生、操作技能等要求。

（2）设备管理　设备操作、维护保养、档案管理等。

（3）物料管理　物料储存、物料领用等要求。

（4）文件管理　岗位操作规范、工艺操作规程等。

（5）环境管理　车间卫生、环境要求等。

为规范生产全过程的操作，企业应建立并严格执行生产工艺规程，包括配料表、称量、配制、灌装、包装等全过程的生产工艺要求的操作指导类文件及相关记录表。

原则上，企业应确保以下各项生产条件能够满足化妆品的生产质量要求。

（一）人员要求

所有企业都应该配备足够数量的操作和管理人员，使他们有足够的时间完成各项生产操作，这些人员包括但不限于以下岗位，包括材料准备、材料复核、生产工艺条件的维护、清洁检查和设备调试、取样和质量检查、各项纪录的填写等，同时还要注意给员工预留必要的休息时间。

如果人员安排过少，由于时间紧、任务重，操作者可能产生急躁心理从而导致差错，有的时候甚至违反操作规程而选择"捷径"，这将给企业造成不可预测的风险。

除了人员数量的要求，所有人员还必须具备相应的知识和技能，没有经过考核的人员是不允许独立操作的。大多企业在管理新入职员工时能够有效跟踪他们的技能情况，需要强调的是临时替补人员的技能。比如某个员工突然请病假，为了满足生产要求可能会临时借调其他人员代替操作，这些借调人员的技能是否满足岗位要求需要重点关注，否则将会给企业带来不可估量的损失。

企业还必须强调人员的卫生要求，尤其是直接接触产品的操作人员有很多具体要求，这一点在第二章第二节已经做过介绍，此处不再赘述。

（二）环境要求

环境条件对化妆品生产也是至关重要的，这一点无可非议。针对具体的化妆品种类，企业可以根据法规要求和自身条件选择适当的控制。比如国家要求

"生产眼部用护肤类、婴儿和儿童用护肤类化妆品的灌装间、清洁容器存储间应达到30万级洁净要求"，如果企业的化妆品不在上述范畴则可以不必按照30万级洁净要求控制。当然，企业可以选择高于国家要求的控制级别来保证质量。

值得注意的是，最初的设计并不是一劳永逸的，随着生产环境的变化，当初的设计指标也会发生变化。比如某企业建厂时生产车间洁净控制级别是30万级，随着企业规模的日益壮大，原有的生产车间被扩大了一倍而空气净化系统的能力维持不变，此时车间的洁净要求已经不满足30万级了。所以企业不能够始终参照设计指标默认当前的控制条件，而应该时时监控，确保当前的环境满足生产要求。

对于生产环境的其他方面要求已经做过详细介绍，如工厂的选址、车间布局要求等，请参照第四章"厂房与设施"。

（三）设备要求

设备必须是按照设计要求购买的，所有设备入厂后应该经过必要的安装和运行测试，确保它们能够按照设计要求运转，并产出预期的产品。这就是第八章所说的验证。验证可以由供应商做，也可以企业自己做。设备要标识明确，特别是有清洗和消毒要求的设备一定要标明状态，如待清洗、消毒中、可使用等。这对于防止混淆和污染很重要。详细的设备要求请参照第五章"设备管理"。

（四）物料要求

生产车间使用的物料必须是合格的、在有效期内的。车间对于那些有特殊存储条件的物料，如需要冷藏的物料，必须提供相应的存储条件，特别是有些企业会长时间在生产车间存放物料，这将保证材料不至于在使用时变质。

物料必须始终标识明确以防止混用。标识不仅包括物料名字或代码，还包括状态标识如合格、待验、不合格等。有的时候还有必要标出物料是用于当前生产的还是为下一批次订单提前预备的，这在复杂的生产环境特别是需要频繁更换生产品种的车间里尤为重要。详细的物料要求请参照第六章"物料管理"。

（五）工艺要求

产品一经研发并具备大规模生产条件后，研发和生产部门必须具备书面的生产工艺条件，比如物料添加的顺序、搅拌时间、生产温度、压力和运转速度等。这些条件必须在生产中得到不折不扣的执行，只有这样企业才能生产出质量稳定的产品。如果这些工艺条件需要修改，就必须经过专人审批，任何无关人员不得随意改动。任何不符合工艺条件的生产必须被汇报，经由专门人员特别是质量负责人的评估和审批后，才可以作出对产品或半品的处理决定。

二、生产管理流程

科学合理的生产管理流程对于规范生产过程操作至关重要。按照生产顺序，企业可以从生产的前、中、后三个不同阶段明确对人员、设备、物料、环境及过程方法的管理要求，来避免化妆品生产可能会出现的质量风险（如污染、交叉污染、差错和混淆等），从而确保产品质量持续稳定。

化妆品企业生产管理流程示意图如图 7-1 所示。

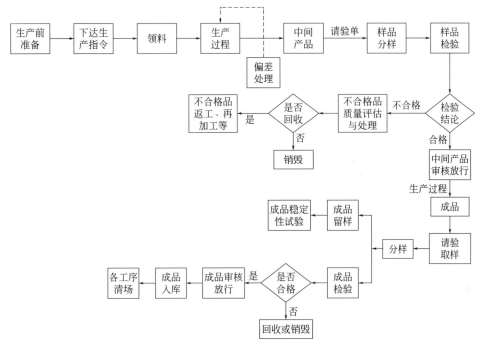

图 7-1　化妆品企业生产管理流程示意图

第二节　生产前准备

完善有序的准备工作是确保生产顺利进行的基础。生产前的准备工作包括抽象的信息准备和具体的实物准备。

一、信息准备

开展生产活动之前，一般需要知道以下信息。

1. 生产计划

生产计划是关于企业生产运作系统总体方面的安排，是企业在计划期应达到的产品品种、质量、产量和产值等生产任务和对产品生产进度的安排。对于一条具体的生产线而言，生产计划就是在某一天的某一时刻该条线应该开始生产哪种规格的产品，需要生产多少，到什么时间停止生产。这对于操作人员来说是最具体的信息，否则员工不知道该做什么样的准备工作。

2. 生产指令

生产指令是计划部门下发给现场，用于指导现场生产安排的报表。不同的企业报表样式千差万别，不过基本要素都是一样的，都必须包含生产的产品名称、规格、数量、批次、作业负责人、作业开始时间、作业结束时间等。

3. 技术标准

这里所说的技术标准是针对具体要生产的产品需要遵守的技术要求的总称。具体包括配方、生产过程指导书、工艺参数，半成品和成品检测项目以及规定的检测方法等。

4. 生产记录表

生产记录表是企业按照相关规定预先设计并经过审核批准的正式表单。内容涵盖了企业和相关法规所规定的内容，例如生产日期、批号、原料名称或代码、原料批号、设备工艺参数、异常处理记录等，这是化妆品生产不可缺少的部分。

5. 产品批次的定义

企业应该建立产品批次的定义。生产批次的划分应确保同一批次产品质量和特征的均一性，并确保不同批次的产品能够得到有效识别。这是信息流非常关键的一部分，因为所有生产信息将围绕批次代码进行。比如某一批号的原料用到了哪批产品中了，该批次产品是谁进行的具体操作，该批产品的检验报告是什么等，所以说批次的建立对于整个生产过程的追溯有着极为关键的作用；而且将来产品发生任何问题都可以根据批号进行调查取证，追溯所有生产及检验等方面的信息。

二、实物准备

生产前具体准备工作一般包括以下几个方面。

1. 操作人员

要确保每个岗位都有符合技能要求的人员。一般情况下操作人员是比较稳定的。但有时因休假或处理紧急事务的需要，有的岗位会有临时人员替岗，这种情况必须预先了解替岗人员的技能符合情况，否则可能对生产和产品质量造成严重影响。

2. 设备

开始生产新的产品前要确保所有设备符合清洗和消毒规定，其洁净度能满足生产要求。要检查设备是否按照技术标准设定了正确的工艺参数，同时还要确认设备是否按要求做过必要的维护保养。

3. 材料

应检查生产线上是否还残留有上一批次的材料，以及当前生产的产品所需要的材料是否已经正确备货。所有与当前生产无关的原材料和包装材料都必须远离当前生产区或做有效隔离，防止使用时发生混淆。

由于内包装材料是会直接接触产品的，所以这些材料应经过清洁，必要时应经过消毒。企业应建立文件化的包材消毒方法，消毒方法需经过验证并保留记录。如企业认为无需对内包材进行清洁消毒，需提供证据证实产品的符合性如材料的特性或防腐体系、材料的生产加工工艺或材料的微生物检验数据等。

4. 环境

环境主要是指生产条件中规定的温度、湿度等是否满足标准，有的区域如清洁区还需要保持正压差，生产眼部化妆品的清洁区空气质量还要达到 30 万级要求等。这些环境条件必须得到确认才可以进行生产。

需要强调的是，在具体的生产准备工作中，生产区域的清洁是非常关键的。如前所述，差错、混淆、污染和交叉污染是生产中常见的质量风险，而有效的清洁则可以大大降低这种风险的发生。因此企业应该建立生产区域清洁程序及清洁计划，生产区域要按照这些计划和程序定期清洁、消毒，为每次生产提供最基本的环境保证。

为了最大限度地降低交叉污染，生产中所用到的物料应该经过物料通道进入车间。物料通道应该和正常的人员通道区分开。如果物料的正常存储区不是清洁区和准清洁区，还应确保它们进入到清洁区和准清洁区之前除去外包装或进行有效的清洁消毒，以免把污染物带入到这些干净的区域。

第三节　生产过程管理

生产过程是最为复杂的，因为各种材料都汇聚在生产车间，通过不同员工的操作，在不同容器和设备间流转，有时还会同时进行退货、返工、更换生产品种等不同的操作，使得这种复杂性更为突出。因此合理地对生产过程进行规范并保证实施将对产品的质量起着决定性作用。

一、标识状态

生产中无状态标识是造成混淆风险的主要原因之一。因此,《化妆品生产许可检查要点》要求:"生产使用的所有物料、中间产品一定要标识清晰。"

化妆品生产过程中,使用的所有物料和盛装的容器、主要设备、计量器具及必要的操作等都应采用必要的标识以标明生产过程中的信息和质量状态,具有可追溯性,避免混淆和差错。

企业常用的标识主要包括:设备状态标识、计量器具状态标识、物料状态标识、清洁状态标识、生产状态标识等。所用标识应当清晰明了,标识的格式应当经企业相关部门批准。除在标识上使用文字说明外,还可以采用不同的颜色来区分,如表 7-1 所示。

表 7-1　企业常用状态标识说明

状态标识	分类	色标	含义
设备状态 标识卡	维修	红色	设备处于正在或待修理状态
	备用	绿色	设备处于完好状态,随时可以进行生产操作
	运行	绿色	设备正处于使用状态
	封存	红色	设备处于闲置状态
计量器具 状态标识 卡	合格	绿色	计量器具有标准检定规程并经检定合格
	准用	绿色	计量器具无检定规程但经校验合格
	限用	黄色	计量器具部分功能经校验合格
	禁用	红色	计量器具已损坏
物料状态 标识卡	待验	黄色	表明所指示的物料或产品处于待验状态,不可用于正式产品的生产或发运销售
	合格	绿色	表明所指示的物料或产品为合格的,可用于正式产品的生产使用或发运销售
	不合格	红色	表明所指示的物料或产品为不合格品,不得用于正式产品的生产使用或发运销售,需要进行销毁或返工、再加工
	已取样	白色	表明所指示的物料或产品已经被取样
清洁状态 标识卡	已清洁	绿色	设备、容器等经过清洗处理,达到生产所需的状态
	待清洁	黄色	设备、容器等未经过清洗处理,未达到生产所需的状态
生产状态 标识卡	经质检员确认允许生产后,生产状态卡悬挂在操作间门上,内容包括:名称、批号、规格、数量、操作人、生产日期及班次		

所有标识应挂/贴在醒目、不易脱落且不影响操作的部位;当被标识物状态改变时,要及时更换标识,避免发生使用错误。

物料标识内容应该至少包括物料名称或代码、批号、质量状态和有效期,这种标识应一直伴随物料、中间产品,无论它们是在存储区、暂存区、转运途中还是在设备上,直到该物料被消耗完。

二、复核操作

复核是指对操作人员的工作结果进行再确认，检查操作人员是否按规定要求执行的过程。企业对配料、称量、打印批号等关键工序应经复核无误后方可进行生产，操作人和复核人要签名确认。

（1）称量工序　复核物料名称和批号是否与物料标识一致，称料量是否与规定的投料量一致等。

（2）配料工序　复核操作人员是否按规范要求进行操作，复核投料量、工艺参数、工艺控制点等是否与产品工艺规程一致。

（3）打印批号　复核批号是否正确、字迹是否清晰、打印位置是否正确等。

企业可以使用电子方式进行复核，但要确保该电子系统的客观性和准确性。有些企业采用盖章的形式来替代签名，那么就应该保证图章始终在本人的掌控中，任何其他人不可以代替本人盖章。

三、遵守程序

生产过程要严格按照生产工艺规程和岗位操作规程实施和控制。当工艺条件无法满足生产要求时必须及时汇报，妥善处理。

化妆品生产过程中出现问题或事故的主要因素有两个，一是没有标准的书面操作规程文件或指令，有的企业有这些文件和指令，但内容不完善或者执行不严格；二是口头传达导致的信息传达不准确。

（一）生产操作的主要程序文件

生产操作中的主要程序文件包括生产工艺规程和岗位操作规程，其合理性和可行性直接影响所生产化妆品的质量以及生产效率。

1. 生产工艺规程

生产工艺规程是规定为生产一定数量成品所需起始原料和包装材料的数量，以及工艺、加工说明、注意事项，包括生产规程控制的一个或一套文件。生产工艺规程是经过验证，对产品的设计、生产、包装及质量控制进行全面描述的基准性技术标准文件，是产品设计、质量标准和生产、技术、质量管理的汇总。制定生产工艺规程的目的是为了给化妆品生产部门提供必须共同遵守的技术准则，以保证生产的批与批之间尽可能地与原设计吻合，保证每一化妆品在整个有效期内保持稳定的质量。

2. 岗位操作规程

岗位操作规程包括岗位操作法和标准操作规程（SOP）两个部分。

（1）岗位操作法　岗位操作法是经批准用以指示生产岗位的具体操作的书

面规定，是对各具体生产操作岗位的生产操作、技术、质量管理等方面所作的进一步详细要求，是生产工艺规程的具体体现。

（2）标准操作规程　标准操作规程或标准操作程序（SOP）是经批准用以指示操作的通用性文件或管理办法。SOP是组成岗位操作法的基础单元。

（二）生产操作程序文件的管理

1. 宣传学习

任何有关生产操作的程序文件在正式下达实施之前，都必须由企业生产技术管理、质量管理、人力资源等部门组织操作人员和管理人员进行学习和培训，尤其是新员工，必须经考核合格后方能上岗。

2. 贯彻实施

生产操作中有关程序文件一经批准实施，各级操作人员和管理人员都应严格执行；对不符合生产工艺规程、岗位操作规程的指令，操作人员应拒绝执行；对无批准手续变更操作的指令，操作人员应拒绝执行。生产技术管理、质量管理等部门应坚持进行追踪随访，了解其执行情况，并给予必要的指导、帮助和纠正。

对非正常情况下不能按岗位操作规程操作时，操作人员应做紧急处理并记录，及时上报，由生产技术管理、质量管理部门提出处理方案，经批准后方可继续生产。

3. 及时记录

企业应及时填写生产记录，即生产过程的操作与操作记录必须同步进行，不可以事后补记。所有的记录要符合记录规范，包括对记录的修改和保存。原始数据不得随意丢弃。

生产记录可以为系统化的电子记录。企业应制定电子记录的存储、查阅等相关制度，并在生产现场可调阅。

四、设定批次

批次是生产过程中为了区分不同生产情况、相同产品间微小区别的管理方式。比较正规、严格的生产批次的确定，应是同一次投料、同一条生产线、同一班次生产的同种产品。同一批次的产品在统计学意义上质量是一样的。因此企业在生产中应该定义生产批次，建立产品批次记录，即将每批产品的生产过程记录（一般包括清场记录、配料记录、灌装记录、包装记录等）均整理在一起，形成完整的可追溯性的记录。

生产中产生的半成品或中间产品也应该规定批次以方便追溯，并应规定储存条件和期限，确保在规定的期限内使用。

五、防止风险

生产中要特别注意防止混淆、差错、污染和交叉污染等质量风险，尤其是当这些环节可能接触到暴露的材料、半成品和成品时，比如以下情况：

（1）产生气体、蒸汽、喷雾物的产品或物料　这些气态或雾态的物品很容易随空气飘浮并扩散，对周围暴露的物品造成污染。

（2）生产过程使用的敞口容器、设备、润滑油　敞口容器和设备一直处于暴露状态，非常容易被污染。有效的防止污染的方式是给它们加上盖子或防护罩。润滑油如果可能接触到产品则应考虑使用食品级润滑油。

（3）流转过程中的物料、中间产品等　这些物品所经过的地方都需要仔细检查，任何接触点、暴露点和停留点都有可能对其产生污染，需要小心预防。

（4）重复使用的设备和容器　重复使用前必须确保它们按照规定进行有效的清洁或消毒。不符合要求的坚决不能够使用，因为这个过程最容易产生交叉污染。特别需要注意的是这里提到的清洁也包括气味。有时候看上去干净并不代表没有污染，这对于那些容易吸收气味的产品尤其重要。

（5）生产中产生的废弃物等　应制定废弃物的管理制度，废弃物必须标识明确，有效隔离并及时清理。特别注意不可以使用正常生产中使用的容器（比如装成品的容器）盛放废弃物，这可能会导致把废弃物当成正常产品卖给客户。废气、废液排放出洁净区时应防止倒灌。

六、质量确认和过程检验

企业在生产过程中应按规定开展过程检验，这是对所生产的产品进行质量确认的必要步骤。企业应根据工艺规程的有关参数要求，对过程产品进行检验，包括首件检验、巡回检验和完工检验。

首件检验是指对每个班次生产出的第一件或一定数量的产品，或者是生产过程发生改变后（比如操作人员改变、批号修改、设备停机或调试后、设备维修后等情况）加工的第一件或一定数量的产品所进行的检验和质量确认。

巡回检验是指检验人员在规定的时间间隔内，采用抽查的方式检查产品是否符合工艺规程有关参数要求的工作。

完工检验是指检验人员对在机器关机前最后生产的产品是否符合工艺规程有关参数要求的工作。

上述首件检验、巡回检验和完工检验统称为过程检验。过程检验的执行部门可以是质量管理部或生产部，但生产部门的过程检验人员需要被授权。所有的过程检验都应做好过程检验记录。对于在线检测的仪器，如在线检重秤、在线 pH 计、视觉识别系统等，可保留电子记录。

应对检验状态进行标识。如将检验状态标识区分为待检、已检、合格、不合格等情形。

在灌装作业前，需要对灌装量、灌装速度、灌装参数等进行调机，经相关人员确认符合灌装条件后方可以进行正式生产。

第四节　生产后续管理

一次生产的完成即预示着下一次生产的开始。妥善地做好生产后续管理不仅可以为下一次生产做好准备，还有可能帮助企业发现生产中忽略的问题。

一、现场清理

为了防止化妆品生产中不同批号、品种、规格之间污染、混淆和差错，每生产完毕一种产品后应按规定对生产现场进行全面清理，包括与下批次无关的物料、容器、文件、记录等分类清离现场，对环境、机器设备、工器具等清洁消毒，确保设备和工作场所没有前次生产的遗留物。这不仅是为下批次生产做准备，有时还可以帮助发现正常生产时没发现的问题，比如用错了某种材料等。

二、物料退库

清理完生产结余的物料应该统计好数量，按规定办理退库手续。

应将结余物料恢复原包装，并封口处理。如原包装已破坏，则选择合适的外包装，标明物料的名称、代码、批号、数量、日期、状态等信息。生产车间填写退库单，标明物料的相关信息，将物料连同退库单一起送交仓库或者存放到规定的地点。需要注意有些材料可能有特殊存储温度或湿度要求，需按规定特殊存放以免影响质量。

三、清场记录及检查

1. 清场记录

清场结束后，应有清场记录。清场记录需要双人复核，检查结束后在清场记录上签字。清场记录内容包括：操作间名称或编号、产品的名称、批号、生产工序、清场日期、检查项目及结果、清场负责人及复核人签名。清场记录应纳入批生产记录。

2. 清场合格证

清场结束后由 QA 人员或车间质量管理员按规定检查，合格后签发"清场合格证"，或者以其他合适的方式证明清场合格。"清场合格证"一般有正、副本，正本纳入本批产品的批生产记录中；副本作为下批次产品的生产凭证之一，纳入其批生产记录中。清场不合格、未通过质管员批准前，不得进入下批次产品的生产。

四、物料衡算

有些企业规定关键生产步骤需要严格控制偏差，比如材料的投入和产出必须符合配方上的预期要求。所以在生产后就应该针对这些关键步骤进行物料衡算，核算产品的实际产出与物料投入量之间的比值。

企业需制定物料平衡标准。可通过收集同批量一定批次的产品实际产量，统计分析给出标准范围。产品若有连续生产和间歇生产两种情况，可分别制定连续生产时的物料平衡标准和孤立批次的物料平衡标准。

若实际生产过程中，物料平衡超过标准范围，必须查明原因，并给出处理方法及纠正预防措施。每批产品应确认无质量风险后方可进入下道工序。如存有质量风险的，应按不合格品处理程序处理。

第五节　国外 GMPC 对于生产管理的相关规定

一、美国 GMPC 有关生产管理的规定

检查是否已经建立制造和控制的程序，并有书面的工作指导书，即已制定了配方、加工过程、周转和灌装，以及加工中的控制方法等的作业指导书。

确定这些程序要求如下：

① 加工、周转和灌装工具，以及装原料和散装原料的容器要保持干净，并维护在良好的状况下；

② 仅使用被批准的原料；

③ 适当时，在加工过程中和/或加工过程后、周转当中、灌装时对产品进行抽样测试，以确定混合或其他加工步骤没有受到有害微生物或化学物质的污染，并应符合其他应接受的产品规范要求；

④ 称量和计量原料应由另外一个人来进行检查，存放原料的容器应正确标识；

⑤ 用于加工、灌装或存放化妆品的主要设备、周转箱、容器应标识清楚，并说明内容物、批号、控制状况和其他相关信息；

⑥ 为避免混淆，贴标签之前应对其进行识别检查；

⑦ 用于加工、存放、周转及灌装的设备，每批都进行标识，以确定批次和控制状况；

⑧ 在成品的包装上，应打上永久性编码；

⑨ 对退回的化妆品应进行是否变质或被污染的检查。

二、欧盟 GMPC 有关生产（制造过程）管理的规定

1. 准备

① 根据配方的要求，所有原料使用时应进行识别和确定数量。

② 配方所列的所有原料都要测量或称重。

a. 原料应在干净和适合的容器里，应标有必要的信息，例如名称标识和安全要求；

b. 直接加入生产设备中。

③ 原料在处理过程中，应防止任何污染。

④ 所有包装一旦开口，应封口良好，并存放在合适的条件下，避免任何对其成分的损害，并再次输入库存管理系统。

2. 实际的生产加工

① 制造加工前，应确保：

a. 所有必需的原料都已备好；

b. 所有生产加工需要的文件都已备齐（操作模式）；

c. 需要使用的设备工作状况良好；

d. 所有设备清洁，必要时，已进行了消毒；

e. 如果新的生产加工不需要使用，所有用于生产不同散装产品的物品都应在生产加工后移走（原材料，程序文件，等等）。

② 所有制造过程都应根据配方和详细的作业指导书的要求进行：

a. 必要的设备；

b. 指定产品的准确配方；

c. 根据公司指定的配料清单，记录原料批号和称量的数量；

d. 每个步骤的详细生产过程，如：加工次序、温度、速度、混合时间、在制造过程中或加工完成后的抽样和验证活动、设备的清洁程序、散装产品转换成小包装的管理要求。

③ 产品在任何时候都应可通过指定的名称和批次被确认。

3. 散装产品的储存

对将进行包装的散装产品的储存，程序上应规定：

a. 储存器材的特性；

b. 储存的条件；

c. 对超过储存期的产品进行测试。

三、东盟 GMPC 有关生产管理的规定

1. 原料

（1）水　水是重要的物料，应特别注意。水生产设备及水系统应保证提供合乎质量的水。

① 应根据已设定的程序定期对水系统进行消毒。

② 应根据书面程序对水的化学及微生物进行监控，对于任何异常情况应采取纠正措施。

③ 应根据产品的要求选择水处理方法，例如过滤、蒸馏、去离子等水储存及运输系统应定期维护。

（2）原料的验证

① 所有原料，包材等都应检查并验证是否符合规定，并能追溯到产品。

② 在原料使用前，应对样品进行检查，确认其是否满足标准，原料的标识应清晰。

③ 所有的物品应干净并检查其包装，保证没有泄漏、穿孔等。

（3）拒收的物料　不符合标准的原料应隔离或按照标作操作程序进行处理。

2. 批号系统

① 每一件成品应具有生产识别号，以便追溯。

② 针对产品需有特殊的批号系统，批号应唯一，防止混淆。

③ 任何时候，产品批号应直接打在产品或其外包装上。

④ 批号的记录应保持。

3. 称重及测量

① 使用经校准的设备，在指定区域进行称重。

② 所有的称重或测量应进行记录，必要时，复查。

4. 程序及过程

① 所有的来料应根据规格进行批准。

② 所有的制造程序应根据书面程序进行。

③ 进行在线控制并记录。

④ 散装产品应适当标识，直到质量控制批准。

⑤ 特别注意所有过程的交叉污染。

5. 干的产品

应特别注意干的产品或者原料，可能的话，应使用中央空调系统或者含粉尘的生产系统。

6. 湿的产品

① 液体、膏霜、洗液的生产应避免产品受微生物及其他的污染。

② 推荐使用密闭的生产及传输系统。

③ 用于传输半成品或配料成分的管道，应采取措施，使其易于清洗。

7. 标签及包装

① 生产前应进行包装线清理，设备应干净及功能完好，所有上一操作的物料或产品应移开。

② 贴标签及包装时，应进行采样并随机检查。

③ 每个标签及包装线应清楚的标识，防止混淆。

④ 过量的标签及包材应退回仓储并记录。任何不合格的包材应作相应的处理。

8. 成品的检验及交付

所有成品放行前应经过评估批准。

四、ISO 22716 有关生产管理的规定

（一）原则

在生产制造工序和包装工序的每个阶段均应采取措施以保证所生产的成品符合规定的性能指标。

（二）生产制造工序

1. 备有相关的文件

① 生产制造工序的每个阶段均应备有相应的文件资料。

② 生产制造工序应按照相关的生产制造文件资料来进行，用于生产制造的文件资料包括：

a. 所用的设备资料；

b. 产品的配方资料；

c. 根据相关的文件资料列出的各种原材料清单，标明批号和数量；

d. 每个阶段详细的生产制造工序，诸如装料顺序、温度、速度、混合时间、取样、设备的清洁以及散装货的传送。

2. 开始的检验

在开始任何生产制造工序之前，均应确保：

① 所有与生产制造相关的文件资料均已齐备；

② 所有原材料均已齐备，并且都是经过验收合格的；

③ 所有用于生产制造的设备均已齐备，且均处于良好工作状态并经过清洁和/或消毒；

④ 清理工作现场，避免与先前工序遗留的东西发生混杂。

3. 标上批号

每批制成的散装产品均应加上批号，不一定要与标在成品上的批号相同；但是如果不同，应能很容易与成品上的批号相关联。

4. 工艺过程中工序的识别

① 根据配方，所有原材料均应经过测量或称量装入贴有相应标识的清洁和适当的容器中，或直接装入用于生产制造的设备中。

② 任何时候均应能够识别出主要的设备、原材料的容器和散装产品的容器。

③ 散装产品容器的标识应能注明：

a. 识别编码的名称；

b. 批号；

c. 存储条件（如有关存储条件的信息对确保产品质量是很关键的话）。

5. 生产制造工艺过程中的质量控制

① 要明确规定生产制造工艺过程中的质量控制工作和验收标准。

② 要按照规定的程序进行生产制造工艺过程中的质量控制工作。

③ 任何不符合验收标准的情况均应报告并相应地进行调查研究。

6. 散装产品的储存

① 散装产品应按适当的条件存储在规定的地点和适当的容器中。

② 应明确规定散装产品最长的存储时间。

③ 当已达到最长的储存时间时，散装产品的使用应加以控制。

7. 原材料的再入库

若经过称量的原材料有剩余，并欲送回重新入库，则其容器应予密闭并加上适当标识。

（三）包装工序

1. 相关文件资料的齐备

① 在包装工序的每个阶段都应有相应的文件资料。

② 包装工序应按照包装文件资料的规定进行。这些文件资料包括：

a. 有关所使用设备的文件资料；

b. 根据要生产的成品所规定的包装物料清单；

c. 详细的包装工序，如装瓶、密封、打标签和编码等。

2. 开始的检查

在开始任何包装操作之前，应进行检查以确保：

① 对操作现场的物料进行清理，避免与前道工序遗留的物料相混；

② 所有与包装工序有关的文件资料均已齐备；

③ 所有包装物料均已齐备；

④ 所有用于包装工序的设备均已齐备，且处于良好可用状态并经过清洁和/或卫生消毒；

⑤ 进行在线编码，以便能够按规定识别产品。

3. 打上批号

① 每个成品均应打上批号。

② 批号不一定要与散装产品标识上的批号相同；但若不同，应与该批号相关联。

4. 包装线的识别

任何时候都要能够通过包装线的名称或识别码、成品的名称或识别码以及批号对包装线加以识别。

5. 在线质量控制设备的检查

应按照明确规定的程序定期对在线质量控制设备进行检查。

6. 工艺过程中的质量控制

① 应明确规定工艺过程中的质量控制工作内容，并规定要达到的验收标准。

② 工艺过程中的质量控制工作要依照规定的程序进行。

③ 任何不符合验收标准的情况均应被报告并相应地究其原因。

7. 包装物料的再入库

如在完成包装工序后仍有剩余的未用包装物料并准备退回仓库，则应将容器密闭并加适当的标识。

8. 工艺过程中要做工作的识别和操作

装瓶和打标签通常是一个连续的操作过程。如果不是连续操作的话，则应采取专门的措施，如隔开并加以标识，避免发生混淆或打错标签的现象。

 思考题

1. 化妆品生产的质量风险是什么？生产过程中应如何防止风险？

2. 生产管理的原则要求主要有哪些？

3. 简述生产管理的基本流程。

4. 化妆品生产的过程检验包括哪几种？

5. 化妆品生产中应对哪些关键工序进行复核？如何复核？

第八章
验证管理

Chapter 08

🕯**学习目标**

1. 掌握验证的有关概念与原则要求。

2. 熟悉验证的分类方式与适用范围，验证的基本内容以及验证的基本程序。

3. 了解验证文件的管理。

验证在化妆品生产和质量保证中有着重要的地位和作用。《化妆品生产许可检查要点》提到验证是建立并提升企业、监管机构和消费者对产品质量信心的重要保障，规定了验证的基本原则、实施要求和适用范围，并对持续验证和变更验证提出了明确的要求。其中有关验证的检查项目虽然都是推荐项目，但绝不意味着不重要，这样规定可能是基于现有企业整体水平的考量。如果企业能够做好验证工作并符合规定要求，恰恰说明其质量管理水平跃上了新台阶。

验证是化妆品生产企业定标及达标运行的基础。企业常规的生产运行需要确立可靠的运行标准。这一广义的标准除了产品的质量指标外，还包括厂房、设施、设备的运行参数、工艺条件、物料标准、操作及管理规程，如人员通过培训考核上岗等。验证是确立生产运行标准的必要手段。一个新建化妆品厂如未经验证投入运行，可视为无标生产，其化妆品生产及质量管理全过程的受控将无现实的基础。而一个已运行多年的化妆品厂，如不以回顾性验证的方式对已获得的各种数据资料进行回顾检查，对关键的工艺不作适当的再验证，或对已验证过的状态缺乏有效的监控，它也不可能做到过程受控。在这种条件下，成品最终检查的合格并不能确保出厂批的产品都达到了规定的标准。

第一节 验证的概念及分类

一、验证及其分类

验证是证明任何程序、生产过程、设备、物料、活动或系统确实能达到预期结果的有文件证明的一系列活动。由此可知，验证是一系列的活动，涵盖了生产活动的全过程，它是化妆品生产及质量管理中一个全方位的质量活动。

化妆品生产企业可通过建立并实施验证系统来证明企业有能力持续稳定地生产出满足要求的产品。如果某一对象（比如设备或工艺）没有经过验证，即使可以生产出满足要求的产品，却无法证明它可以持续稳定地生产出满足要求的产品。

验证通常分为前验证、同步验证、回顾性验证和再验证四种类型。每种类型的验证活动均有其特定的适用条件。

二、前验证

前验证是指一项工艺、一个过程、一个设备或一种材料在正式投入生产使用前，必须完成并达到设定要求的验证。

前验证是正式投产前的质量活动。这一方式通常用于产品质量要求高，但历史资料不足，难以进行回顾性验证，靠生产控制及成品检查不足以确保重现性及产品质量的生产工艺或过程。化妆品生产中所采用的灭菌工艺，如蒸汽灭菌、干热灭菌等应当进行前验证，如配制系统及灌装系统的在线灭菌，灌装用具、工作服、手套的灭菌以及最终可以灭菌的产品灭菌等都属于这种类型。作为这类型安全生产的先决条件，要求在工艺正式投入使用前完成验证。

新品种、新型设备及其生产工艺的引入应采用前验证的方式。前验证的成功是实现新工艺从开发部门向生产部门转移的必要条件。它是一个新品种开发计划的终点，也是常规生产的起点。由于前验证的目标主要是考察并确认工艺的重现性及可靠性，而不是优选工艺条件，更不是优选配方，因此，对于一个新品及新工艺来说，应注意前验证前必须有比较充分和完整的产品和工艺的开发资料，应能确信：

① 配方的设计、筛选及优选确实已完成；

② 中试性生产已经完成，关键的工艺及工艺变量已经确定，相应参数的控制限已经摸清；

③ 已有生产工艺方面的详细技术资料，包括有文件记载的产品稳定性考察资料；

④ 即使是比较简单的工艺，也必须至少完成了一个批号的试生产，且从中试放大至试生产中应无明显的"数据漂移"或"工艺过程的因果关系发生畸变"现象。

验证是一项技术性很强的工作，人员的素质将直接影响验证的结果和可靠性。为了使前验证达到预计的结果，应在前验证之前对相关生产和管理人员进行必要的培训，使其清楚地了解所需验证的工艺及其要求，消除盲目性，否则验证就有流于形式的可能。

三、同步验证

同步验证是指生产中在某项工艺运行的同时进行的验证，即从工艺实际运行过程中获得的数据来确立文件的依据，以证明某项工艺达到预定要求的活动。以水系统的验证为例，人们很难制造一个原水污染变化的环境条件来考察水系统的处理能力，并根据原水污染程度来确定系统运行参数的调控范围。这种条件下，同步验证就成了理性的选择。

采用同步验证方式通常有以下先决条件：

① 有完善的取样计划，即生产和工艺条件的监控比较充分；

② 有经过验证的检验方法，其灵敏度及选择性等比较好；

③ 对所验证的产品或工艺已有相当的经验和把握。

在这种情况下，工艺验证的实际概念即是特殊监控条件下的试生产，而在试生产性的工艺验证过程中，可以同时获得两样东西：一是合格的产品；二是验证的结果，即"工艺的重现性及可靠性"的证据。验证的客观结果往往能证实工艺条件的控制达到了预计的要求。但应当注意到这种验证方式可能带来的产品质量上的风险，所以切忌滥用这种验证方式。

具体什么条件下采用何种验证方式，企业应根据自己的实际情况作出适当的选择。重要的是在制订验证方案并实施验证时，应当特别注意所采用的验证方式的先决条件，分析主客观的情况并预计验证结果对保证质量可靠性的风险程度。

四、回顾性验证

回顾性验证系指以历史数据的统计分析为基础的，旨在证实正式生产的工艺条件适用性的验证。当有充分的历史数据可以利用时，可以采用此种验证方式进行验证。同前验证的几个批或一个短时间运行获得的数据相比，回顾性验证所依托的积累资料比较丰富；从对大量历史数据的回顾分析可以看出工艺控制状况的全貌，因而其可靠性更好。

实施回顾性验证通常也应具备如下必要条件。

① 有不少于 6 个连续批号的符合要求的数据；

② 检验方法经过验证，检验的结果可以用数值表示并可用于统计分析；

③ 批记录符合质量体系的要求，记录中有明确的工艺条件；

④ 有关的工艺变量必须是标准化的，并一直处于受控状态，如原料标准、生产工艺的洁净级别、分析方法、微生物控制等。

同步验证、回顾性验证通常用于非无菌工艺的验证，一定条件下二者可结合使用。在移植一个现成的非无菌产品时，如已有一定的生产类似产品的经验，则可以以同步验证作为起点，运行一段时间，然后转入回顾性验证阶段。经过一个阶段的正常生产后，将生产中的各种数据汇总起来，进行统计及趋势分析。这些数据和资料包括：

① 成品检验的结果；

② 生产记录中的各种偏差的说明；

③ 中间控制检查的结果；

④ 各种偏差调查报告，甚至包括产品或中间体不合格的数据等。

系统的回顾及趋势分析可以了解工艺运行的情况，预示可能的"不合格"发生。回顾性工艺验证还可能导致"再验证"方案的制订及实施。回顾性工艺验证通常不需要预先制订验证方案，但需要一个比较完整的生产及质量监控计划，以便能够收集足够的资料和数据对生产和质量进行回顾性总结。

五、再验证

验证不是一次性行为。关键设备大修或更换，趋势分析中发现有系统性偏差，生产作业有关的变更，程控设备经过一定时间的运行后，这些情况都需要进行再验证。

再验证，系指已经验证过的生产工艺、设施及设备、系统或物料在生产一定周期后，旨在证实其"验证状态"没有发生漂移而进行的验证。根据再验证的原因，通常可以将再验证分为强制性再验证、改变性再验证、定期再验证三种类型。

1. 强制性再验证

强制性再验证是化妆品监管部门或法规要求的再验证，如无菌操作的培养基灌装试验、计量器具的强制检定等。

2. 改变性再验证

化妆品生产过程中，由于各种原因需要对设备、系统、材料及管理或操作规程作某种变更。有些情况下，变更可能对产品质量造成重要的影响，需要进行验证，这类验证称为改变性再验证。

《化妆品生产许可检查要点》也明确要求，当影响产品质量的主要因素，如生产工艺、主要物料、关键生产设备、清洁方法、质量控制方法等发生改变时，应进行变更验证。

企业应根据运行和变更情况以及对质量影响的大小确定再验证对象，并对原来的验证方案进行回顾和修订，以确定再验证的范围、项目及合格标准等。重大变更条件下的再验证犹如前验证，不同之处是它有一个现成的验证资料可供参考。

3. 定期再验证

《化妆品生产许可检查要点》明确提出，企业应根据产品质量回顾分析进行再验证，关键的生产工艺、设备应定期进行再验证。由于有些关键设备和关键工艺对产品的质量和安全性起着决定性的作用，如产品的灭菌釜、关键洁净区的空调净化系统等，因此即使是在设备及规程没有变更的情况下，也应定期进行再验证。

第二节　验证的组织与实施

一、验证管理组织与制度

《化妆品生产许可检查要点》要求，化妆品生产企业应建立验证管理组织，制定验证管理制度以明确规定各项验证工作。

1. 验证管理组织

验证管理组织就是具体负责建立验证制度并管理企业验证工作的组织。组织成员应具有足够的知识和技能，他们知道什么需要做验证、如何做验证并能够对需要做验证的对象（比如设备或生产工艺）提供理论上、技术上的建议和支持。

企业可以常设一个职能部门来负责验证管理，其主要职责有：

① 负责验证管理的日常工作；

② 制订及修订验证规程；

③ 年度计划的制订及监督；

④ 验证方案起草或协调；

⑤ 验证工作的协调；

⑥ 验证文件管理等。

对于管理基础较好、生产非无菌产品的化妆品企业来说，也可采用兼职机构的办法来负责验证管理。通常这类企业能进行的大量验证工作是回顾性验证，故可由质量管理部门来承担验证的责任，作为他们正常生产时的一项重要工作内容。

一般来说，验证实施过程中几乎涉及企业的所有部门，需要各部门的通力合作。验证中企业各部门的职责如下。

（1）质量管理部门　审阅和批准验证方案、检验方法验证、取样、检验、环境监测、报告、结果评价及对供应商的确认。

（2）生产部门　参与验证方案的制订，实施验证，同时培训、考核人员，起草生产有关规程，收集验证资料、数据，会签验证报告。

（3）工程部门　设备及公用工程系统的预确认，制定设备公用工程系统验证的标准、限度、能力和维护保养要求，培训操作人员，安装及验证中提供技术服务。

（4）研发部门　确定新产品的验证工艺条件、标准、限度及检验方法，起草新产品、新工艺的验证方案。

（5）物料部门　物料验证，供应符合要求的物料。

2. 验证管理制度

验证管理制度是详细指导企业进行验证工作的文件，一般该制度要列出本企业当前业务范围包含哪些需要做验证的对象包括但不限于当前的产品、设备、程序、检验方法、清洁方法和生产工艺等，并且应阐述不同的验证对象应该按照什么原理和步骤进行验证。

二、验证合格标准的确定

验证是确立并保持企业稳定可靠运行状态的必要手段，因而验证合格的标准远远超出了成品质量标准的范围。它总体上包括管理标准及技术标准两大方面。

实施验证必须确立适当的验证合格标准，它是企业质量定位的基础。

1. 验证合格的三个基本条件——现实性、可验证性和安全性

① 现实性即验证不能超越客观物质条件的限制或造成超重的经济负担，以致无法实施。

② 可验证性系指标准是否达到，可以通过检验或其他适当的手段加以证实。

③ 安全性是指标准应能保证产品的安全。作为化妆品生产企业，验证合格的标准应以保证产品的安全性作为先决条件。一个错误或不合理的设计，以及按此设计建造的系统，应当在改造后再用验证的方法去证明它的可靠性，而不要用有限试验的结果，为它的不合理性庇护。

2. 在设定验证合格标准时，应遵循的原则

① 凡质量保证体系中有明确规定的，验证合格的标准不得低于相关法规规定的要求及设计标准。

② 从全面质量管理的理念出发来设定验证方案及有关标准。在许多情况下，

特别是管理方面的标准，合格标准有时难以量化，难以从现成的资料上去寻找制订标准的依据。企业应从验证的内涵上，从全面质量管理的理念出发，根据工艺、设备及人员的实际情况自行设定标准。以人员的培训和考核为例，一些企业除理论考核外，还规定了实际操作的考核标准。

③ 样品的代表性及取样计划。

三、验证的实施程序

任何企业、任何化妆品生产相关的验证，其基本程序都是大致相同的。即：建立验证小组、制定验证计划、制定验证方案、组织实施、验证报告及总结、验证文件管理。

1. 建立验证小组

根据不同的验证对象，分别建立由各有关部门组成的验证小组。验证小组由企业验证总负责人，即主管验证工作的企业负责人领导。验证小组成员可以是兼职的，但必须包括质量管理部门成员。根据验证对象的不同，一般还包括工程部、设备部、生产技术专家及微生物专家等，且各成员应就验证工作有明确的分工与职责，共同承担验证项目的具体实施工作。

2. 制定验证计划

验证管理部门应根据验证管理制度结合验证项目制定验证计划。验证计划是企业总体安排什么时间要对什么对象做验证的文件，一般包括验证总计划和验证子计划。

（1）验证总计划　验证总计划又称作验证规划，它是指导一个项目或一个新建企业进行验证的纲领性文件。企业的最高管理层须用验证总计划给企业质量定位。

验证总计划一般包括如下内容。

① 简介，即对项目/企业的概述，包括项目/企业的总投资、建筑面积、生产能力和产品等内容。

② 验证的目标及合格标准，即质量体系和其他化妆品法规的要求，以及企业产品及工艺的特殊要求。

③ 组织机构及其职责，包括验证组织机构的人员组成以及各个人员的职责权限。

④ 验证的原则要求，包括一般验证活动的概述、验证文件的管理、偏差的处理原则等。

⑤ 验证范围，结合图文对项目的各个需验证的系统及相关验证项目作出的原则性说明。

⑥ 相关文件，列出项目验证活动所涉及的相关管理及操作规程的名称和代

号，如"人员的培训""厂房验证指南""化妆品用水系统验证指南""湿热灭菌程序验证指南""变更的管理"等，它们是项目验证的支持系统。

⑦ 验证进度计划。

⑧ 附录，包括平面布置图、工艺流程图、系统图以及其他各种图表等。

从上可见，验证总计划包括了与化妆品生产及质量控制相关的各个方面。为了适应不同企业的不同验证要求，它通常需将企业所属的系统，按其与产品质量的相关性分为两个大系统：与产品质量直接相关的系统列入主系统；其他的则列入辅助系统。

（2）验证子计划　企业可以根据验证总计划的要求对单个验证系统制订验证子计划。验证子计划一般应包括下述内容。

① 简介，概述被验证系统的验证内容。

② 背景，对待验证的系统进行描述，最好结合图文说明系统的关键功能及操作步骤。

③ 目的，阐述系统所要达到的总体验证要求，如应符合质量体系的要求，及设备的材质、结构、功能、安装等应达到的各种标准。

④ 验证的有关人员及其职责。

⑤ 验证内容，分别介绍所需进行的试验/调试或检查。

⑥ 验证进度计划。

⑦ 附录，包括相关文件、表格等。

3. 制定验证方案

实施验证活动以前，必须制定好相应的验证方案。验证方案是指导企业如何做验证工作的计划文件。该文件是实施验证工作的依据，也是重要的技术标准。验证的每个阶段都应有各自的验证方案。

验证方案一般由验证小组专业人员起草，并由主管部门经理审核，必要时应组织有关职能部门进行会审。如生产工艺的验证方案可由来自生产部门的主管负责起草，生产经理负责审核。验证方案只有经批准后才能正式执行。与产品质量直接相关的验证方案均须由质量经理批准，其他情况下也可采用相关部门经理批准、质量部门会签的办法。

验证方案一般应说明验证工作的理论依据、计划步骤、收集数据的取样计划及取样量、使用什么检验方法和判断验证是否成功的具体标准等。验证方案包括指令及记录两大部分，其基本内容包括：目的、概述、验证范围、实施人员、验证项目及接受标准、验证前准备工作、验证实施、验证数据及评估、偏差处理、验证报告及评审、验证原始记录表等。

验证的记录应及时、清晰并有适当的说明。验证过程中必然会出现一些没有预计到的问题、偏差，甚至出现无法实施的情况，这种情况称为漏项。它们均应作为原始记录并加以详细说明。这部分的内容可作为验证方案的附件，附在验证报告中。原始记录中还有一些是设备的自动记录。这类记录只有实施验证的人员在记录上作出必要的说明，签名并签注日期后，才能成为文件，进入原始记录。

4. 组织实施

验证方案批准后，由验证小组组织各个职能部门共同参与实施。实施过程可按安装确认、运行确认、性能确认、工艺验证、产品验证等阶段进行，并做好各阶段报告的起草。验证小组负责收集、整理验证的记录与数据后，起草阶段性和最终结论文件，上报验证总负责人审批。

5. 验证报告

某一系统所有验证活动完成后，应同时完成相应的验证报告。这同生产作业一样，每一工序生产作业完成，就得到该工序的生产记录。验证各个阶段的工作全部完成后，应准备一份验证小结，对所有相关的验证报告进行总结。验证小结应包括以下内容：

① 简介。概述验证小结的内容和目的。

② 系统描述。对所验证的系统进行简要描述，包括其组成、功能，及在线的仪器仪表等情况。

③ 相关的验证文件。将相关的验证计划、验证方案、验证报告列一索引，以便必要时进行追溯调查。

④ 人员及职责。说明参加验证的人员及各自的职责，特别是外部资源的使用情况。

⑤ 验证合格的标准。

⑥ 验证的实施情况。预计要进行哪些试验，实际实施情况如何。

⑦ 验证实施的结果。各种验证试验的主要结果，如果可能，应有一汇总表。

⑧ 偏差及措施。阐述验证实施过程中所发现的偏差情况以及所采取的措施。将验证过程中观察到的各种问题及解决办法记录在案，对今后设备的维修及生产运行极为重要。那些对产品质量有直接影响的因素，应充分注意，它们是制订常规生产操作规程的重要背景资料。在验证小结中，务必不要遗漏这些内容。验证完成后，人员工作发生了变动，临时参与验证工作的人员从事其他工作去了，而系统或设备的使用者对整个验证过程未必都很清楚，因此，应当将小结作为验证的结果，切实写好，它是使文件转化为生产力的重要途径。

⑨ 验证的结论。明确说明被验证的系统是否通过验证，并能否交付使用。

验证小结必须由验证方案的会签人加以审核和批准。

需要说明的是，由于验证的书面总结和审批需要较长时间，因此，在验证实验完成后，只要结果正常，验证总负责人可以临时批准已验证生产过程及产品投入生产。因验证需要而处于待验的产品，经过质量管理部门审核，也可以按验证结果决定是否可以出厂。

6. 验证总结

在整个验证全部结束后，验证经理应对项目验证进行总结，对各验证小结作出评价，说明验证完成的情况、主要偏差、措施及整合评估意见。项目验证总结的内容一般包括概述、背景、范围和验证小结报告的要点、结论意见和验证文件清单。

7. 验证文件管理

验证过程中形成的文件应按验证品种分类，归档保存。验证文件在验证活动中起着十分重要的作用。它是实施验证的指导性文件，也是完成验证、确立生产运行各种标准的客观证据。验证文件主要包括验证总计划（即验证规划）、验证计划、验证方案、验证报告、验证总结及实施验证过程中形成的其他相关文档或资料。

（1）文件的标识　验证文件的标识是验证资料具备可追溯性的重要手段，同其他质量文件一样，每一份文件都须用专一性的编号进行标识。标识的方法与标准操作规程或基准批生产记录相类似。具体方法可由企业根据自己的情况决定，基本要求是它的专一性、可追溯性及方便使用。

（2）文件的会签　所有的验证文件必须由下述人员批准并签注姓名和日期。

① 文件起草人。通常是验证小组的人员，对文件的准确与否承担直接责任，包括文件中的数据、结论、陈述及参考标准。因此，文件起草人员往往是有一定资质的专业技术人员或管理人员。

② 质量部经理。文件须经过质量部经理签字批准，以保证验证方法、有关试验标准、验证实施过程及结果符合质量管理规范和企业内控标准的要求。

③ 主管副总经理。验证文件是重要的质量体系文件，它直接关系到验证活动的科学性、有效性以及将来的产品质量水平，因此必须得到企业最高管理机构的认可和批准。

④ 生产部或工程部经理。他们是日后生产运行的负责人，应当通过验证熟悉并掌握保持稳定生产的关键因素，以便履行各自的职责。此外，他们应提供验证所必需的资源、人员、材料、时间及服务。他们的会签意味着实施验证试验的可行性，或对验证报告和验证小结中的结果、建议及评估结论的认可。

⑤ 验证实施人员。按文件要求实施验证，观察并做好验证原始记录，对实施验证的结果负责。

⑥ 审核人员。签字确保文件准确可靠，并同意其中的内容与结论。审核人员通常是专业技术人员。

第三节　验证工作基本内容

验证工作的基本内容主要包括：厂房与设施的验证、设备与工艺验证、清洁验证、检验方法验证等。《化妆品生产许可检查要点》明确要求，企业应对空气净化系统、工艺用水系统、与产品直接接触的气体、关键生产设备及检验设备、生产工艺、清洁方法、检验方法及其他影响产品质量的操作等进行验证。

一、厂房与设施的验证

化妆品生产企业的厂房与设施，涉及各种建筑物、给排水、空气净化系统（HVAC）、安全消防等公用工程。厂房与设施的验证工作主要包括对空气净化系统、工艺用水系统及工艺用气系统进行验证。

1. 空气净化系统的验证

（1）HVAC系统测试仪器的校验　对HVAC系统的测试、调整及监控过程中，需要对空气的状态参数、冷热媒的物理参数、空调设备的性能参数、房间的洁净度进行大量的测定工作，将测得的数据与设计数据进行比较、判断。这些物理参数的测定需要使用经过检定的且准确的仪器、仪表来完成。

所有仪表的检定、校正、标定均应在系统测试和环境监测前完成并记录在案，作为整个验证文件的一个组成部分。

（2）HVAC系统安装确认　HVAC系统安装确认主要由工程部门负责，其内容包括：空气处理设备（主要是空调和除湿机）的安装确认；风管制作、安装的确认；风管及空调设备清洗的确认；空调设备所用仪表及测试仪器的一览表及检定报告；HVAC系统操作手册、SOP及控制标准；高效过滤器的检漏试验。

（3）HVAC系统的运行确认　HVAC系统的运行确认由工程部门负责，主要为检查并认可施工队对以下内容调整测试的结果：空调设备的测试；高效过滤器的风速及气流流向测定；空调测试和空气平衡；悬浮粒子和微生物的预测定。

（4）控制区环境验证的周期　HVAC系统在新建、改建以后可做全面验证（即性能确认）；正常运行后，只需记录房间的温、湿度，检查房间的风压即可。空调系统中空气平衡一经调整，平时不可随便变动风阀位置，一般只需每年检查一次风量，从而核算出各房间的换气次数即可。无菌产品的生产对环境要求较严，除HVAC系统安装结束做验证外，还要定期测试一些相关项目。

2. 工艺用水系统的验证

水是化妆品生产中不可或缺的重要原料。由于检测的滞后性，要求工艺用水具有高度的可靠性和稳定性，所以工艺用水系统的验证在化妆品生产中就尤为重要。

（1）水系统的安装确认　水系统的安装确认工作由工程、设备部门完成。主要是根据生产要求，检查水处理设备和管道系统的安装是否符合设计要求，能否满足需要。主要内容有：制水装置的安装确认；管道分配系统的安装确认；仪器仪表的校正；列出水系统所有设备操作手册和日常操作、维修、监测的SOP等。

（2）水系统的运行确认　水系统运行确认的主要内容有：检查水处理各个设备的运行情况；测定设备的参数；检查阀门和控制装置是否正常；检查贮水罐的加热保温情况等。

（3）水系统的监控及验证的周期　水系统在建成或改建后必须做验证；根据设计和使用情况应有持续3周各取样点每天取样化验的记录，如有不合格点，则在重新取样后重测结果必须合格；水系统正常运行后，一般循环水泵不得停止工作，若停用，在正式生产3周前开启水处理系统并做3个周期的监控；水系统的管道一般每周用清洁蒸汽消毒1次。

3. 工艺用气系统的验证

工艺用气一般指直接接触产品的气体，如作为保护性气体用的氮气、二氧化碳及压缩空气等。应对以下几个方面进行验证：

（1）气体供应　气体要化验其纯度，最大的使用量必须小于系统的供应量。

（2）储存设施　其规模必须合适，而且是由合适的材料制成的，不与气体起反应。

（3）分配系统　其规模大小必须合适，以提供要求的气量；如果材料合适，分配系统对气体的质量就不会有影响。用来运送气体的系统不允许与可能污染气体的其他任何系统相连。

二、设备验证

设备验证是指对生产设备的设计、选型、安装及运行的正确性以及工艺适应性的测试和评估，证实该设备能达到设计要求及规定的技术指标。设备验证的程序大致如下。

1. 设计确认

设计确认是对设备的设计与选型的确认。从性能、参数等多方面考察设备是否适合生产工艺、校正、维修保养、清洗等方面的要求。主要考虑因素有：设备性能；符合要求的材质；便于清洗的结构；设备零件、计量仪表的通用性和标准化程度；合格的供应商等。

2. 安装确认

安装确认是为保证生产工艺所用的各种装置正确安装并能运行而完成的各种检查和测试。安装确认方案必须在安装确认前批准，并由经过培训的人员执行安装确认。主要工作内容为核对供应商所提供的技术资料是否齐全、确认设备安装的地点、安装的完整性、设备上的计量仪表的准确性和精确度、设备与提供的工程服务系统是否符合要求、设备的规格是否符合设计要求等。在安装确认过程中测得的数据可用来制定设备的校正、维护保养、清洗及运行的书面规程，即设备的相关 SOP 草案。

3. 运行确认

根据 SOP 草案对设备的每一部分及整体进行模拟试验。通过试验考察 SOP 草案的适用性、设备运行参数的波动情况、仪表的可靠性以及设备运行的稳定性，以确保设备能在要求范围内正确运行并达到规定的技术指标。在进行运行确认前，必须确保：发生在安装确认过程中影响产品质量的偏差已经关闭；运行确认方案已经批准；运行确认过程中使用的设备或仪表必须经过校正并在校正期内。

4. 性能确认

性能确认是为了证明设备是否达到设计标准和质量体系有关要求而进行的系统性检查和试验。它是通过系统联动试车的方法，考察设备运行的可靠性、主要运行参数的稳定性和运行结果重现性的一系列活动，实际就是模拟生产。

模拟生产时，应根据产品的特点设计工艺运行条件，所用原料多数情况下可用替代品代替。对一些技术含量较高或工艺条件较为苛刻的产品而言，需要用产品配方中规定的原料按产品的配方（可酌情修改，以降低验证费用）进行模拟生产，以便为试生产打下良好的基础。性能确认中往往需要做清洁验证的一些预试验，因此，用水来代替产品进行模拟存在一定的局限性。这时，可将清洁验证的试验放到产品验证中去做。

一般情况下，模拟生产至少应重复 3 次。对于比较简单、运行较为稳定、人员已有一定同类设备实际运行经验的生产线，也可跳过模拟生产，直接进行试生产。

性能确认中应注意以下几方面：

① 流量、压力和温度等监测仪器必须按国家技术监督部门规定的标准进行校验，并有校验证书；

② 制订详细的取样计划、试验方法和试验周期，并分发到有关部门或实验室；

③ 性能确认时至少应草拟好有关的标准操作规程和生产（及包装）草案，按照草案的要求操作设备，观察、调试、取样并记录运行参数；

④ 将验证数据和结果直接填入方案的空白记录部分，或作为其附件，避免转抄。人工记录和计算机打印的数据作为原始数据。数据资料必须注明日期、签名，并具有可追溯性。

三、工艺验证

工艺验证是证明工艺参数条件、操作等能适合该产品的常规生产，并证明在使用规定的原辅料、设备的条件下，按照制定的相关标准操作规程生产、检验，始终能生产出符合预定的质量标准要求的产品，且具有良好的重现性和可靠性。

1. 工艺设计验证

工艺设计目标是设计一个适合于日常商业化生产的工艺，能够始终如一地生产出满足其关键质量属性的产品。工艺设计首先要筛选合理的配方和工艺，然后进行工艺验证，最后通过稳定性试验获得必要的技术数据以确认工艺配方的可靠性和重现性。

工艺设计验证运行次数取决于工艺的复杂性或工艺变更的大小。一般来说，在初步完成处方筛选和确认工艺路线后进行 3～5 个试制批次，连续成功批次不得少于 3 批。然后通过稳定性试验写出总结报告作为对生产配方、工艺条件合理与否的技术支持数据。

2. 工艺验证

注册批准的工艺在投入正式生产前要进行工艺验证，证明其能够进行重复性的商业化生产。用于评估物料和产品的分析实验和方法须被验证。工艺使用的设施、设备和仪器须被确认，仪表须被校验。

工艺验证通常需要连续 3 个验证批。新产品的工艺验证可与产品从中试向商业化生产移交一起进行。如果设备为新设备，产品为非无菌产品时，可根据情况将设备确认与工艺验证结合在一起进行，以减少人力、物力资源的耗费。

3. 持续工艺验证

持续工艺验证的目标是持续保证工艺能保持在持续受控状态（验证的状态）。必须收集和分析与产品质量相关的工艺数据，所收集的数据应该能够证明产品的关键质量属性在整个工艺过程中处于持续受控状态。

商业化生产中的缺陷投诉、工艺偏差报告、工艺收率变异、批记录、操作者的错误、到货原料记录以及不良事件记录应及时评估，应根据评估结果确定可能的工艺趋势或漂移，然后进行工艺改进并协调任何纠正或后续行动。当工艺、仪器、设备或原辅料的变更影响产品效力或产品特性时须再验证。同时须定期评估设备、系统、仪器和工艺包括清洁是否符合验证状态。

四、清洁验证

化妆品生产过程，由于存在粉尘飞扬、液体或固体残留物，因此在产品生产后，与产品相接触的生产设备总会残留若干原辅料，并有可能被微生物污染。如果这些残留物和微生物进入下批化妆品生产过程，必然对下批的产品质量产生不良影响。因此，必须通过切实有效的清洗操作将这些污染源从化妆品生产的循环中除去。在化妆品生产中，清洁的概念就是设备中残留物（包括微生物）的量不影响下批产品规定的质量和安全性的状态。设备的清洗必须按照预先制定的清洁规程进行。因此制定切实可行的清洁规程，并验证它的有效性是保证产品质量、防止交叉污染的有效措施，也是化妆品生产质量管理的主要组成部分。

清洁验证就是通过科学的方法采集足够的数据，以证明按照清洁规程进行清洁后的设备能始终如一地达到预定的清洁标准，即其残留物的量确实达到了预定标准的限度要求，不会对将生产的产品造成交叉污染。

科学、完整的清洁验证一般可按以下几个步骤依次进行。

① 选定清洁方法，根据经验及设备情况制定清洁规程草案。

② 制定验证方案，包括确定最难清除的物质和最难清洁的设备（部位），确立合格标准，制定取样和检验的方法。

③ 按书面的验证方案开展实验、获取数据、评价结果、得出结论、确立规程。

④ 如验证的结果表明初定的清洁程序难以达到预定标准，则需修改程序，重新验证，直至最终确定清洁程序。

1. 清洁方法

（1）清洁方式　工艺设备的清洁通常可分为手工清洁和自动清洁两种方式。

手工清洁就是由人工持清洁工具清洗设备的方式。自动清洁就是由自动的专门设备按一定的程序自动完成清洁过程的方式。生产实践中这两种方式均有采用。

清洁方式的选定必须全面考虑设备的结构与材质、产品的性质以及设备的用途。不管采用何种清洁方式，都必须根据设备说明书的要求、所生产的品种及工艺条件制定一份详细的书面规程，规定每一台设备的清洗程序，从而保证每个操作人员都能以可重复的方式对其清洗，并获得相同的清洁效果，这是进行验证的前提。

（2）清洁规程　清洁规程至少包括以下内容：

① 清洁开始前对设备必要的拆卸要求和清洁完成后的装配要求；

② 使用清洁溶液的浓度和数量；

③ 清洁剂的名称、成分和规格；

④ 配制清洁溶液的方法；

⑤ 清洁溶液接触设备表面的时间、温度、压力、流速等关键参数；

⑥ 淋洗要求；

⑦ 生产结束至开始清洁的最长时间；

⑧ 设备连续使用的最长时间；

⑨ 已清洁设备用于下次生产前的最长存放时间。

（3）清洁剂　清洁剂应能有效溶解残留物，不腐蚀设备，且本身易被清除。此外，还应要求清洁剂对环境尽量无害或可被无害化处理。应尽量选择组成简单、成分确切的清洁剂。对于水溶性残留物，水是首选的清洁剂。根据残留物和设备的性质，企业也可以自行配制成分确切的清洁剂，如一定浓度的酸、碱溶液等。企业应有足够灵敏的方法检测清洁剂的残留情况，并有能力回收废液或对废液进行无害化处理。

2. 清洁验证的合格标准

清洁验证方案中最关键的技术问题是如何确定最难清洁物质、最难清洁部位和取样点、最大允许残留限度和相应的检测方法。

（1）最难清洁物质　一般化妆品都由活性成分和辅料组成，所有这些物质的残留物都必须除去。由于相对于辅料而言，活性成分的残留物对下批产品的质量和安全性有更大的威胁，通常的做法是将残留物中的活性成分确定为最难清洁物质。如果某种辅料的溶解度非常小，则应根据具体情况决定是否也应将该辅料列为最难清洁物质进行考察。如存在两个以上的活性成分时，其中最难溶解的成分即可作为最难清洁物质。

（2）最难清洁部位和取样点　一般来说，凡是死角、清洁剂不易接触的部位（如带密封垫圈的管道连接处）、压力和流速迅速变化的部位（如管径由小变大处）、容易吸附残留物的部位（如内表面不光滑处）等，都应视为最难清洁的部位。取样点应包括各类最难清洁部位。

（3）残留量限度的确定　企业确定合理的残留量限度，一般基于以下原则：

① 分析方法客观能达到的能力，如浓度限度为百万分之十；

② 生物活性的限度；

③ 以目检为依据的限度，如不得有可见的残留物。

（4）微生物含量限度　微生物污染水平的制定应满足生产和质量控制的要求。企业应综合考虑其生产实际情况的需求，自行制定微生物污染水平应控制的限度，以及设备清洗后到下次生产的最长储存期限。

3. 取样与检验方法

（1）最终淋洗水取样　即收集适当量最后一次淋洗水作为测试样来检测其

残留物浓度。淋洗水取样为大面积取样方法，其优点是取样面大，对不便拆卸或不宜经常拆卸的设备也能取样，因此适用于擦拭取样不易接触到的表面，尤其适用于设备表面平坦、管道多且长的液体制剂的生产设备。

淋洗水取样的缺点是当溶剂不能在设备表面形成湍流进而有效溶解残留物时，或者残留物不溶于水"干结"在设备表面时，淋洗水就难以反映真实的情况。

（2）擦拭取样　即用蘸有适当溶剂的棉签在设备或容器的规定大小内表面上擦拭取样，然后用适当的溶剂将棉签上的样品溶出供测试。该法的优点是能对最难清洁部位直接取样，通过考察有代表性的最难清洁部位的残留物水平评价整套生产设备的清洁状况。通过选择适当的擦拭溶剂、擦拭工具和擦拭方法，可将清洗过程中未溶解的、已"干结"在设备表面或溶解度很小的物质擦拭下来，能有效弥补淋洗取样的不足。检验的结果能直接反映出各取样点的清洁状况，为优化清洁规程提供依据。擦拭取样的缺点是很多情况下需拆卸设备后方能接触到取样部位。

4. 清洁规程的优化及验证

在实际生产中，一台（组）设备用于多种产品的生产是非常普遍的现象。有时各种产品的物理、化学性质有很大差异。清洁规程的制定者是否要为每个产品分别制定清洁规程呢？实践经验证明，为一台（组）设备制定多个清洁规程并不可取。这不但由于为每个规程进行验证的工作量过于庞大，更主要的是操作者要在多个规程中选择适当的清洁方法很容易造成差错。比较可行的方法是：在所有涉及的产品中，选择最难清洁的产品为参照产品，以所有产品原料中允许残留量最低的限度为标准（最差条件），优化设计足以清除该产品原料以达到残留量限度的清洁程序。验证就以该程序为对象，只要证明其能达到预定的要求，则该程序能适用于所有产品的清洁。当然，从环保和节约费用的角度考虑，如果实践证明该清洁程序对大多数产品而言过于浪费，也可再选择一个典型的产品进行上述规程制定和验证工作。这时，在规程中必须非常明确地规定该方法适用于哪些产品，还须明确为防止选择时发生错误所需要采取的必要的措施。

根据设备的情况、已确定的清洁剂和残留限度，设计清洗方法。在生产后依规定清洗并验证。清洁验证试验至少进行3次，每批生产后按清洁规程清洁，按验证方案检查清洁效果、取样并化验。重复上述过程3次。3次试验的结果均应符合预定标准。如果出现个别化验结果超标的情况，必须详细调查原因。如果有证据表明结果超标是因为取样、化验失误等原因造成，可将此数据从统计中删除。否则应判验证失败，不得采用重新取样再化验直至合格的做法。验证失败意味着清洁规程存在缺陷，应当根据化验结果提供的线索修改清洁规程，随后开展新一轮的验证试验。

在发生下列情形之一时，须进行清洁规程的再验证。

① 清洁剂改变或清洁程序有重要修改；

② 增加生产相对更难清洁的产品；

③ 设备有重大变更；

④ 清洁规程有定期再验证的要求。

五、检验方法验证

化妆品的生产过程中，原料、中间体、成品均需进行检验，检验结果既是过程受控的依据，也是评价产品质量的重要依据。为保证检验结果准确可靠，必须对检验方法进行验证。

检验方法验证的目的是证明所采用的方法达到相应的检测要求。检验方法验证的基本要求是证明检验方法的适用性，证明检验方法能够准确体现产品的质量属性。

检验方法验证的内容有准确度、精密度、专属性、检测限、定量限、线性、范围和耐用性等。

1. 准确度

系指用该方法测定的结果与真实值或参考值接近的程度，一般用回收率表示。准确度的测定至少要取方法范围内的 3 个浓度级别，每个浓度级别至少要测定 3 次，计算 9 个测定结果的回收率及相对标准偏差，回收率及相对标准偏差均应在规定限度之内。

2. 精密度

系指在规定的测试条件下，同一个均匀被测物经多次取样测定所得结果之间的接近程度。精密度一般用偏差、标准偏差或相对标准偏差表示。精密度又分为重复性、中间精密度、重现性 3 类。在相同条件下，由同一检验人员测定所得结果的精密度称为重复性；在同一实验室，不同时间由不同检验人员用不同设备测定结果之间的精密度，称为中间精密度；在不同实验室由不同检验人员测定结果之间的精密度，称为重现性。

3. 专属性

系指在其他成分（如杂质、降解产物、辅料等）可能存在下，采用的方法能正确测定出被测物的特性。鉴别反应、杂质检查和含量测定方法，均应考察其专属性。

4. 检测限

系指试样中被测物能被检测出的最低量。可通过非仪器分析目视法、信噪比法进行检测。

5. 定量限

系指样品中被测物能被定量测定的最低量，其测定结果应具有一定的准确度和精密度。杂质和降解产物用定量测定方法研究时，应确定方法的定量限。常用信噪比法确定定量限。

6. 线性

系指在设计的范围内，测试结果与试样中被测物浓度直接呈正比关系的程度。应在规定的范围内测定线性关系。

7. 范围

系指能达到一定精密度、准确度和线性，测试方法适用的高、低限浓度或量的区间。范围应根据检验方法的具体应用和线性、准确度、精密度结果和要求确定。

8. 耐用性

系指测定条件有小的变动时，测定结果不受影响的承受程度。此方法可用于提供常规检验依据。典型的变动因素有：被测定溶液的稳定性、样品提取次数、时间等。

检验方法验证的最终产物是一个经过验证的方法。验证结束后，此方法可正式批准，投入日常使用。

 思考题

1. 什么是验证？其意义是什么？
2. 验证一般分为哪些类型？企业应如何选择验证方式？
3. 验证合格的基本条件是什么？
4. 简述实施验证的基本程序。
5. 什么是设备验证？简述设备验证的基本程序。
6. 什么是清洁验证？企业一般如何实施清洁验证？

第九章
文件管理

Chapter 09

学习目标

1. 掌握文件管理的主要内容。
2. 熟悉 GMPC 对文件管理的要求。

文件是以文字或图示描述管理内容或业务内容，通过规定程序由有权限人员签署发布，要求接收者据此作出规范反应的电子文档或纸质文档。文件管理则指文件的设计、制订、审核、批准、分发、执行、归档和变更等一系列过程的管理活动。企业应当建立必要的、系统的、有效的文件管理制度并确保执行，有效控制与企业质量管理体系有关的文件，系统地设计、制订、审核、批准和发放文件。与化妆品生产相关的文件应当经质量管理部门的审核，并确保文件在各使用处能获得最新的有效版本。

化妆品生产质量管理文件大致可分为以下三类：

① 质量管理体系文件，包括质量手册、程序文件、作业指导书和记录表格等；

② 技术性文件，包括配方、工艺文件、各类标准和原料、包材资料等；

③ 外来文件，包括与质量管理体系有关的法律、法规、国内标准、国际标准、技术文件等。

文件管理对化妆品生产全过程规范化运行，避免随意性、无序性起着重要的作用，对化妆品生产有着重要的意义：有助于建立规范的管理体系；有助于明确管理和工作职责；有助于对员工进行培训和教育；保证化妆品生产全过程有序地符合规定要求；有助于监督检查和管理；能真实反映化妆品生产全过程；便于进行追踪管理；为 GMPC 检查和质量审计、GMPC 认证及质量管理体系认证提供必要支持。

第一节　文　件

一、文件系统

企业必须按照化妆品生产的要求建立适合自己的产品和组织架构的书面质量标准、生产配方和工艺规程、操作规程以及记录等文件。上述文件共同构成了化妆品生产质量管理的文件系统。

通俗地说，文件系统从不同的侧面规定了每个人的岗位责任，规定了操作人员的操作程序，规定了物料从采购到成品形成后及售后服务整个过程的详尽要求，使企业上到负责人，下到每一个操作工，都知道自己应该做什么，怎样去做，什么时候在什么地方做，这样做的依据是什么，能达到什么结果。

化妆品企业建立一套完善的文件系统具有以下重要意义：

① 是企业运作的文字依据。文件系统包括所有的产品、工艺和工艺操作直到工艺控制、中间体、中间过程控制标准及方法，原料和成品标准及检验方法，按化妆品生产许可要求所制定的各种为防止交叉污染的管理及操作规程等。所以，它是生产运作的依据，使整个化妆品生产"有章可循"。

② 是证据。向外界证实企业具有提供合格产品或良好的质量体系管理能力。对于外部质量认证，文件体系及其记录文件证明：过程已被批准；程序已被批准并已展开实施；程序处于更改控制中。

③ 是质量改进的原始依据。依据文件确定如何实施工作及如何评价业绩。所有的记录文件，都真实地反映了按批准规定的工艺程序操作和控制的结果，从这些结果可以得到很多有用的信息，如对下步工艺影响的参数、对环保影响的参数、设备问题的参数、成本组成等，很容易发现需要改进质量的地方。同时，根据文件也很容易考察改进后的效果。当质量改进措施作为文件批准后，也是执行质量改进措施的保证。

④ 是人员培训及评价的根据。文件可以作为培训员工的教材的组成部分。根据工艺规程记录文件的统计，可以为评价操作人员是否准确地执行文件规定的程序提供书面依据。根据一些数据统计，如原料/成品的拒收率、顾客抱怨次数、重复取样次数/检验次数，以及工艺偏差等，可以看出整个体系的运作水平，或某部门、某岗位的操作水平，为合理公平地执行激励政策提供书面依据。

总之，企业建立一套完善的文件系统，不但可以避免因口头传达引起的工作失误，而且能使管理走上程序化、规范化，使产品质量和服务质量有了切实保证，为企业管理带来了极大的方便。

二、文件类型

化妆品生产质量管理的文件很多,包括质量管理体系文件(如质量手册、程序文件、作业指导书和记录表格等)、技术性文件(如配方、工艺文件、各类标准和原料、包材资料等),以及与质量管理体系相关的外来文件(如有关的法律、法规、国内标准、国际标准、供应商/客户提供的物料及设备文档等)等。大体归类可分为标准类文件和记录(凭证)类文件来阐述。

1. 标准类文件

标准就是一种以文件形式发布的统一协定,其中包含可以用来为某一范围内的活动及其结果制定规则、导则或特性定义的技术规范或者其他精确准则,其目的是确保材料、产品、过程和服务能够符合需要。企业的标准类文件可分为技术标准、管理标准、工作标准三种。

(1)技术标准文件 是由国际、国家、地方、行业及企业所颁布和制定的技术性规范、准则、规定、办法、标准和程序等书面要求。如产品工艺规程、物料(原辅料、工艺用水、半成品、中间体、包装材料、成品等)质量标准、检验操作规程等。

(2)管理标准文件 是指企业为了行使生产计划、指标、控制等管理职能,使之标准化、规范化而制定的制度、规定、标准、办法等书面要求。管理标准大致可分为以下几种。

① 生产管理,包含物料管理、生产工序管理、设备与器具管理、人员操作管理等项目。

② 卫生管理,包括操作人员卫生管理以及厂房、设备、设施卫生管理等项目。

③ 质量管理,包含物料取样管理、质量检验结果评价方法等。

④ 验证管理,包含验证工作基本程序、再验证管理等。

(3)工作标准文件 是指以人或人群的工作为对象,对工作范围、职责、权限以及工作内容考核等所提出的规定、标准、程序等书面要求。如岗位责任制、岗位操作法、标准操作程序(SOP)等。

2. 记录(凭证)类文件

记录(凭证)类文件是反映实际生产中标准情况的实施结果或完成活动的证据。如物料管理记录、批生产记录(包括岗位操作记录)、批包装记录、批质量检验记录(包括留样观察)、稳定性试验记录、自检记录、计量管理记录、销售记录、验证记录等。

三、文件控制

企业质量管理体系文件的控制由质量管理部门负责，以文件的受控程度来分，可分为"受控"和"非受控"两类。受控文件指需要对文件的分发、更改、回收进行控制，随时保持最新有效版本的文件，通常其封面和正文页面均加盖红色"受控"文件专用印章标识。非受控文件一般不受更改/修订的控制，其封面或正文页面无"受控"标识。

四、文件管理职责

（1）总经理　负责管理手册与程序文件的批准。

（2）质量负责人（管理者代表）　负责组织编写管理手册、程序文件及其审核，负责各部门文件的批准。

（3）各职能部门　负责组织设计和编写相关质量计划、技术标准、设备文件、工艺文件、检验/操作规程、审核报告、管理文件、质量记录等。

（4）质量管理部门　负责体系文件的归口管理，并负责文件的发放、回收、归档或组织修改。

第二节　文件的制定

一、文件的编制

企业应由总工程师、技术副厂长或其他负责人组成负责组织文件的编写机构。此机构可以是临时的，根据企业的实际出发确定文件的运作程序，挑选合格（具备必须的和实践经验资格）的文件编写人员，提出编制文件的相关规定和要求，以确保文件的制定工作做到高效、协调、运作良好。

通常文件由使用部门择人负责编写，以保证文件内容的全面性和准确性。

① 管理手册和程序文件由质量负责人组织文件编写小组编写。

② 质量计划、技术标准、设备文件、工艺文件、检验/操作规程、审核报告、管理文件由各职能部门负责人组织编写。

③ 质量记录的设计或编写由产生质量记录的文件编写部门负责。

文件初稿交 QA（质量保证）部门初审后，分发于文件相关部门审核并签发意见，再交编写人修改，最后由 QA 负责人定稿。编写的文件应达到下列要求。

① 文件标题、类型、目的、原则应有清楚的陈述。

② 文件内容准确，不可模棱两可，可操作性要强。

③ 条理清楚，易理解，便于使用。

④ 文件如需记录，应有足够空间。

⑤ 提倡实事求是，可借鉴别人先进经验，但绝不能生搬硬套。

二、文件的审核和批准

文件定稿后，需由编写人、审核人、批准人会签，并注明日期方能生效。

① 管理手册和程序文件由质量负责人审核，总经理批准。

② 质量计划、技术标准、设备文件、工艺文件、检验/操作规程、审核报告、管理文件等三级文件由权责厂长审核，质量负责人批准。

③ 质量记录随对应的文件获批准而生效。

三、文件的格式

企业已定稿的文件宜统一格式，以便于查找。文件至少要有中文版，文字应当确切、清晰、易懂。

1. 文件的结构

文件结构组成有：目的、责任人、规程（或内容）。完整的文件还包括附件和记录。

（1）目的　文件目的说明编制本文件的理由和基本内容，以及实施后期望达成的结果。如需对文件的适用范围作出界定，可在目的项后加以说明。

（2）责任人　责任人指本文件的使用部门、使用岗位或使用人。若是重大的管理程序并涉及多部门时，应当加上参与部门的负责人和主管领导。

（3）规程　规程也称内容，指文件的正文，是文件的主体。

（4）附件　附件为正文的补充。当正文内容涉及复杂的细节或与正文相关的技术、法规，可把它们分离作为附件，按顺序附正文后，便于文件的理解和使用。

（5）记录　记录一般包括编号、公司名称、操作人、地点或工序、操作日期、操作方法、操作结果、检查人员、检查日期等与文件主题相关的信息。记录文件通常设计成表格形式，并要求有足够的填写空间。

2. 文件封面及编码

文件还应当有封面及编码。

（1）文件封面　封面包括文件名称、编码、页数、制订人、审核人、制订部门、分发部门、制订日期、批准日期、实施日期等信息。

（2）文件编码　文件形成后，所有文件必须有系统的编码及修订号，并且整个企业内部应保持一致，以便于识别、控制及追踪，同时可避免使用或发放过时的文件。

文件编码应注意下列几点要求。

① 系统性：统一分类、编码，并指定专人负责编码，同时进行记录。

② 准确性：文件应与编码一一对应，一旦某一文件终止使用，此文件编码即告作废，并不得再次启用。

③ 可追踪性：根据文件编码系统的规定，可任意调出文件，也可随时查询文件变更的历史。

④ 稳定性：文件编码系统一旦确定，一般情况下不得随意变动，应保证系统的稳定性，以防止文件管理的混乱。

⑤ 相关一致性：文件一旦经过修订，必须给定新的编码，对其相关文件中出现的该文件的编码同时进行修正。

3. 文件的内容

企业应制定与化妆品生产质量管理内容相关的文件，如质量标准、工艺规程、生产岗位操作规程等。

（1）质量标准内容　物料/产品品名、文件编号、编写人、审核人、批准人、生效日期、标题及正文。

（2）工艺规程内容　生产品名、类别、配方；生产工艺的操作要求及关键控制点；物料、半成品、成品的质量标准、技术参数、异常情况处理、储存注意事项；物料平衡的计算方法；成品容器、包装材料的要求等。

（3）岗位操作规程内容　生产操作方法和要点；重点操作的复核、复查；半成品质量标准及控制；安全和劳动保护；设备维护与清洗；工艺卫生和环境卫生等。

第三节　文件的管理

文件是化妆品生产和质量管理系统的基本要素。化妆品生产质量管理文件应具有系统性、动态性、适应性、严密性和可追溯性的特点，以适应化妆品行业的要求。因此，企业根据运作的情况，应当定期对文件进行评审和更新，使用的文件应为批准的现行版本；与化妆品生产质量有关的每项活动均应当有记录，以保证产品生产、质量控制和质量保证等活动可以追溯。文件至少要有中文版，文字应当确切、清晰、易懂。原版文件复制时，不得产生任何差错，复制的文件应当清晰可辨。

一、文件管理

企业应建立必要的、系统的、有效的文件管理制度并确保执行，包括文件的起草、编制、审核、批准、修订、发放、回收、停用、作废及销毁等，均应按制度进行管理。

1. 文件的发放

文件批准后，在执行之日前发放至相关人员或部门，并做好记录。

企业文件的发放可实施分类控制，总经办负责组织编制"文件分发控制表"，规定文件发放的范围及相应的分发号，文件归口部门按分发控制表执行。

文件归口部门编制"文件发放登记表"，确定文件发放范围、份数，受控文件须经文件归口部门负责人或公司主管负责人审批，非受控文件由文件发放部门自行确定。

文件接收部门应指定人员接收文件，收文者要在"文件发放登记表"中签名。

文件接收部门需要对文件进行二次发放时，如发放到使用现场或发放给客户、供应商，应向文件归口部门申请增加文件发放数量；二次发放的文件如是复印件，应对复印件加盖"受控"印章。

2. 文件的实施

文件实施前，由文件归口部门会同有关部门，做好实施准备工作，包括培训、组织、技术和资源等方面的准备。

应明确文件贯彻实施的管理人员的责任和义务，特别是领导责任。明确文件实施的效力和范围。

文件归口部门对文件的实施情况及结果进行检查，对违反文件规定者提出考核意见，并对文件不适用部分提出更改意见，以消除实施过程中出现的问题。同时，文件管理部门应定期向文件使用和收阅者提供现行文件清单，避免使用过时旧文件。所有文件应定期复核。

如果文件采用自动控制或管理系统，应仅允许授权人操作。

3. 文件的归档

文件的归档包括现行文件和各种结果记录的归档。

所有经批准发布的文件皆应由文件归口部门负责填写"文件/记录目录"，并且将电子文档和纸质文件同时归档保存。

各部门收到的文件由部门负责人或指定人员归档保管，并按文件分类建立本部门各类文件的"文件/记录目录"。"文件/记录目录"应定期予以更新，并应标注文件受控状态，对更改/作废/收回/替换的文件要做出标识。

存放于硬盘和软盘的文件应有备份，并作出版本标识，采用密码进行保护，限定查阅及使用范围，由授权使用的人员进行操作。

质量标准、工艺规程、岗位操作规程、稳定性考察、验证、变更等主要技术文件应当长期保存。

4. 文件的变更与废除

（1）文件的变更　当文件不适应现行管理的要求，需要更改时，由文件归口部门提出变更申请及说明理由，交由文件批准人评价变更可行性后签署意见。变更文件再按新文件起草、审核、批准的程序进行。必要时相关的文件应进行同步变更，并将变更情况记录在案，以便跟踪检查。

（2）文件的废除　各部门使用中的文件已被更改且有新版文件发布时，原文件应作废收回，作废文件应加盖红色"作废"印章，隔离存放，不得在工作现场出现。

文件的废除通常由部门提出书面意见，由 QA 审核，由总经理或总工程师批准；经批准废除的文件，由 QA 书面通知有关部门，在分发通知的同时，收回被废除的文件，使其不得在现场出现。

5. 外来文件管理

外来文件包括国家法律、法规，国际、国家、行业标准，上级主管部门下发的管理办法、制度、规定、设备说明书、档案等。通常由质管部负责外来文件的跟踪收集、登记、建档、分发及旧版回收。质管部对其加盖受控标识"外来文件"章并进行编号（一般以标准原有编号为准），原件保存于技术研发部、质管部等各归口管理部门，并做好备案记录。建立外来文件清单，并做适时更新，以反映外来文件的最新状态。

二、记录管理

化妆品企业与产品生产和质量确保有关的每项活动均应形成记录，包括但不限于：批记录、检验记录、不合格处理记录、培训记录、审核记录、投诉记录、厂房设备设施使用/维护/保养记录等。其中，检验记录应包括物料、半成品、成品等的检验记录。

每批化妆品应当有批记录，用于记录每批化妆品生产、质量检验和放行审核的所有活动。通过批记录可追溯所有与成品质量有关的历史信息。批记录应包括批生产记录、批包装记录、批检验记录和成品放行审核记录等与本批产品有关的记录。

企业应建立记录管理制度并确保执行。

① 记录应当及时填写，内容真实完整，字迹清晰、易读、不易擦除。

② 记录应保持清洁，不得任意涂改和撕损；记录填写的任何更改都应在更改处签注姓名和日期，必要时应当说明更改的理由。

③ 所有的记录应由指定的部门进行管理和保存，并规定合适的保存期限。例如，批记录通常由质量管理部门负责管理，至少保存至化妆品有效期后一年。

④ 如使用电子数据处理系统、照相技术或其他可靠方式记录数据资料，应当经过核对以确保记录的准确性；必要时，应当进行备份以确保记录的安全。

第四节　国外 GMPC 对于文件管理的相关规定

各国 GMPC 从多个方面对化妆品生产质量管理文件作出了明确的规定和要求。

① 文件内容方面的规定：文件的内容应当与化妆品生产许可、化妆品注册等相关要求一致，并有助于追溯每批产品的历史情况。

② 文件格式方面的规定：文件应当标明题目、种类、目的以及文件编号和版本号。文字应当确切、清晰、易懂，不能模棱两可。

③ 文件存放及保管方面的规定：文件应当分类存放、条理分明，便于查阅。

④ 文件使用方面的规定：文件应当定期审核、修订；文件修订后，应当按照规定管理，防止旧版文件的误用。分发、使用的文件应当为批准的现行文件，已撤销的或旧版文件除留档备查外，不得在工作现场出现。

⑤ 文件记录方面的规定：批记录是指用于记述每批化妆品生产、质量检验和放行审核的所有文件和记录。每批化妆品应当有批记录。通过批记录可追溯所有与成品质量有关的历史信息。批记录应当由质量管理部门负责管理，至少保存至化妆品有效期后一年；质量标准、工艺规程、操作规程、稳定性考察、确认、验证、变更等其他重要文件应当长期保存。

一、美国 GMPC 有关文件管理的规定

检查控制记录是否保持：

① 原料和初级包装材料，归档不合格材料的处理资料。

② 每个生产批次，对以下文件进行归档：

a. 所使用原料的种类、批次和数量；

b. 加工、处理、周转、存放和灌装；

c. 抽样、控制、调整和返工；

d. 批次的成品的代码标志。

③ 成品、抽样记录、实验室检验、测试结果和控制状况的文件。

④ 发货、装车、代码标志和收件人。

二、欧盟 GMPC 有关文件管理的规定

1. 跟踪文件（追溯文件）

① 正确地使用文件追踪管理可以使生产操作管理提高效率。

② 为涉及一批产品质量异常的调查能够有效进行，必须在有生产过程和包装过程中形成的批次记录数据。

③ 为能够追溯每批生产历史，需有书面的记录，同时还有以下行动记录：

a. 在生产过程和包装过程所做的测量验证；

b. 自动化生产装置和控制仪器所产生的记录；

c. 在生产操作过程中，生产处理和包装员工的备注和说明，包括生产事故。

④ 不同生产制造文件（生产、包装、检查确认等文件）之间的联系应使可追溯性成为可能。

⑤ 上述文件可编制成册，或由相关部门保存上述文件。

2. 文件的管理

① 为了避免口头沟通上不可避免的缺陷（误解、含糊、易忘等），所有活动应用文件记录在案。

② 所有涉及产品、指示的文件均要根据每一个公司具体组织和资源状况来起草。

③ 所有文件均要有规则地更新，换版；所有旧版本的文件应及时收回，避免再次使用。

④ 公司的文件目录，应该保持最新版的文件目录。

⑤ 有程序，而程序应特别界定以下几个方面：

a. 在文件发放之前，确定编写人和签发人；

b. 确定发放范围；

c. 编写目的和方法。

⑥ 文件修订时，应给出以下信息：

a. 更改的性质；

b. 负责更改的人员；

c. 更改的理由；

d. 更改文件的编号和变更日期。

三、东盟 GMPC 有关文件管理的规定

1. 引言

文件系统应包含每个批次从原料到成品的完整历史。此系统应记录所完成的操作，例如维护、仓储、质量控制、发货或其他与 GMP 相关的事宜。

① 体系应防止使用过期的文件。

② 若发现文件有错误，应修改，且保证原来的文字可以看到，应在文字周围修改，并签名、标注日期。

③ 说明书应编写清晰。

④ 文件应授权及标注日期。

⑤ 文件应随时可用。

2. 规格

所有的规格都必须由经过授权的人员评估确认。

① 原料及包材的规格应包括：

a. 物料名称；

b. 物料的说明；

c. 测试参数及接收限值；

d. 技术图纸，若可能；

e. 必要时，特殊的预防措施，例如仓储及安全条件。

② 半成品及成品规格应包括：

a. 产品名称；

b. 说明；

c. 物理属性；

d. 化学检验和/或微生物检验及其可接受标准（必要时）；

e. 储存条件及安全的预防（必要时）。

3. 生产用文件

（1）配方　配方应基于要求可用，该文件应包括以下信息：

a. 产品名称及批号/号码；

b. 包装材料及储存条件；

c. 列出所用的原材料，无论其是否改变；

d. 所用原材料；

e. 所用设备；

f. 生产或包装限值的过程控制。

（2）每批次生产记录　每批次生产记录应随时准备好。应包含以下信息：

a. 产品名称；

b. 批次配方；

c. 简要的生产流程；

d. 批号；

e. 开始生产时间及结束时间；

f. 主要设备及线路位置的标识；

g. 设备的清洗记录；

h. 包装在线清理检验记录；

i. 生产过程中的取样；

j. 对于一些差异或不符合的研究；

k. 包装好或贴标签产品的检验结果。

（3）质量控制记录　测试，检验结果及对原料、半成品、散装品及成品的接收或放行记录应保持。这些记录应包括：

a. 测试日期；

b. 物料的标识；

c. 供应商名称；

d. 接收日期；

e. 原始的批号（如含有）；

f. 批号；

g. 质量控制号码；

h. 接收数量；

i. 取样日期；

j. 质量控制结果。

四、ISO 22716 有关文件管理的规定

1. 原则

① 每个公司均应根据其组织结构及所负责的产品类别确定、设计、设置和维持其自己的文件资料系统。可利用电子系统来编制和管理文件资料。

② 文件资料是"良好生产制造工艺过程"的一个组成部分。因此，文件资料工作的目的是描述这些指南中规定的各项工作，以便使这些工作的记录能够作为参照，并防止口头交流引起误解、丢失信息、混淆或差错的风险。

2. 类型

① 文件资料应根据本指南所涉及的工作明确地包括工序、说明、规格要求、规范、报告、方法等内容。

② 文件资料可以是硬拷贝或电子数据处理记录资料。

3. 编写、批准和发放

① 文件资料应按一定的规格编制，应适当详细地描述要完成的工序，为防止意外需要注意的事项，以及在与本指南有关的所有工作中应采取的措施。

② 应写明文件资料的标题、性质和目的。

③ 文件资料应：

a. 编写清晰并完整；

b. 在使用前由被授权人员批准、签署并注明日期；

c. 编写、补充更新、撤销、发放使用、保密；

d. 加索引号，以确保不使用过期的文件资料；

e. 如属过期的则应从作业地点撤除；

f. 供相应的人员查阅。

④ 需要加入手写数据的记录资料应：

a. 注明需要加入的内容；

b. 用永久性墨水写入，字迹清晰；

c. 有签字和日期；

d. 必要时可修正，并保证原内容仍可辨读，在适当情况下应记录下修改的理由。

4. 修订

在必要时可对文件资料加以修订，并注明修订日期。每次修订的理由应予保留。

5. 存档

① 存档的文件应为原始文件，而使用的文件是有控制的复制件。

② 原始文件存档的时间应根据适用的法规而定。

③ 应妥善保证原始文件的存储安全。

④ 保留的文件资料可以是电子版或是硬拷贝，但要保证清晰可读。

⑤ 应每隔一段时间将备份数据单独存放在安全之处。

 思考题

1. 什么是文件管理？化妆品企业建立一套完善的文件系统具有什么意义？

2. 化妆品企业的文件包括哪些类型？

3. 简述文件管理的要求。

4. 如何实施记录的管理？

第十章
内部评审

Chapter 10

质量管理体系审核也称评审，分为内审和外审两种，即第一方审核称为内部审核；第二方供应商审核和第三方独立机构的审核统称为外部审核（简称"外审"）。

内部评审是由企业自己或以企业的名义进行的评审，目的是验证企业的质量管理体系是否持续地满足规定的要求，是否得到有效的实施，并为质量管理体系的改进提供依据。

《化妆品生产许可检查要点》从以下几点对内审提出了明确要求。

（1）企业应制定内审制度，包括内审计划、内审检查表，规定内审的频率等。

（2）企业应定期对本要点的实施进行系统、全面的内部检查，确保本要点有效实施。

（3）内审员不应检查自己部门，内审人员应获得相应资格或者通过培训以及其他方式证实能胜任，知悉如何开展内审。

（4）检查完成后应形成检查报告，报告内容包括检查过程、检查情况、检查结论等。内审结果应反馈到上层管理层。

（5）对内审不符合项应采取必要的纠正和预防措施。

第一节　概　述

内部评审是组织对自身进行审核（简称"内审"）。内审的目的：质量管理体系标准的要求；质量管理体系的一种管理手段；外部审核前的准备；维持、完善、改善质量管理体系的需要。

一、内部评审的含义与要求

化妆品企业应定期组织对质量管理体系的实施情况进行内部评审，其内容包括机构和人员、厂房和设施、设备、物料、卫生、文件、生产和质量管理等，查找存在的问题，提出改进建议和方案，确保化妆品生产和质量水平的不断提高。

内部评审应有组织、有计划、有程序、有记录。内审的特点应是正规、正式、有序、独立的。

① 必须有适当的质量管理体系文件。

② 文件层次分明，相互协调。

③ 文件控制、文件更改应符合标准。

④ 实际行动与书面文件或非书面承诺一致。

⑤ 必要的运作有可追溯性记录。

⑥ 内审必须是被授权的。

⑦ 内审必须依照正式的合同或特定的要求。

⑧ 内审必须按正式程序进行。

a. 目的、范围明确；

b. 正式的审核计划；

c. 运用检查表；

d. 职业化审核。

⑨ 内审结果形成正式文件，包括：

a. 审核结果有正式的审核报告；

b. 审核报告和记录作为正式文件留存到规定期限。

⑩ 审核依据客观证据判断，包括：

a. 客观存在的证据；

b. 不受情绪或偏见左右的事实；

c. 可定性或定量的事实；

d. 形成文件的陈述；

e. 可验证。

⑪ 从事内审的人员应具备一定的资格。

二、内审员的作用与要求

质量管理体系内部审核工作，很大程度上取决于内审员的素质。为此，对内审员有一个培训和评选的问题。一般情况下，内审员由组织自己评审和任命。

这些内审员除在公司内承担内审工作外，还可被公司派往其供方做第二方审核。

（一）内审员的评选

公司在评选内审员时应考虑以下内容：

① 教育和培训；

② 经历；

③ 个人素质；

④ 管理能力；

⑤工作能力的保持。

公司可以根据具体情况决定内审员所需要的能力与素质。

（二）内审员的作用

质量管理体系内审员在一个化妆品公司内对质量管理体系运行和改进都起着重要的作用。这种作用表现在下列几个方面。

1. 对质量管理体系的运行起监督作用

质量管理体系的运行需要持续地进行监控，才能发现问题、解决问题。这种连续监控主要是通过内部审核进行的，而实施内部审核的正是内审员。所以，从某种意义上来说，内审员对质量管理体系的运行起监督的作用。

2. 对质量管理体系的保持和改进起参谋作用

在内部审核时，内审员发现某些不合格项，对受审部门提出纠正措施建议。内审员必须向受审部门提出不合格的原因，为什么不符合质量管理体系标准的规定，受审部门才能针对不合格，找出原因，采取纠正措施。在受审部门考虑采取纠正措施时，内审员可以根据质量管理体系标准的规定提出一些建设性的意见供其选择。当受审部门提出纠正措施时，内审员决定其是否合理，并说明原因。在纠正措施计划实施时，内审员应跟踪其实施的进程，必要时应加以协助。如果在审核中发现某些潜在不合格，内审员也应主动向受审部门提出，并提出调查潜在不合格原因的途径并采取预防措施。因此，内部审核工作中，内审员对质量管理体系的保持和改进起到很重要的参谋作用。

3. 在质量管理方面起沟通领导与员工之间的渠道和纽带作用

内审员在内部审核中与受审核部门的员工有着广泛的接触和交流。他们既可以收集员工对质量管理方面的意见、要求和建议，通过管理者代表向领导反映；又可以把领导层关于质量管理体系质量方针、政策和意图向员工传达、解释和贯彻，起一种沟通和联络的作用。有时，内审员通过自己的工作，生动具体地宣传贯彻质量管理体系标准的要求。

4. 在第二、三方审核中起内外接口的作用

内审员还可以派往供方去做第二、三方审核，在审核中贯彻本公司对供方的要求，同时也可反映供方的实际情况和要求。当外部审核员来本单位进行审核时，内部审核员常担任联络员、陪同人员或观察员等职务，从中了解对方的审核要求、审核方式和方法，向管理者代表或最高领导反映，同时向对方介绍本公司的实际情况，起内外接口的作用。

5. 在质量管理体系的有效实施方面起带头作用

内审员一般在公司的各部门都有自己的本职工作。在这些工作中，内审员应带头认真执行和贯彻有关的质量管理体系标准、质量手册和涉及自己工作的程序文件，在接受内审时要做到虚心诚恳、积极配合，在质量管理体系的有效实施方面起带头作用。

（三）内审员应具备的素质

1. 职责

① 遵守相应的审核要求。

② 传达和阐明审核要求。

③ 有效地策划和履行被赋予的职责。

④ 将观察结果形成文件。

⑤ 报告审核结果。

⑥ 验证所采取的纠正措施的有效性。

⑦ 收存和保护与审核有关的文件；按要求提交这些文件；确保这些文件的机密性；谨慎处理特殊的信息。

⑧ 配合并支持审核组长的工作。

2. 合格内审员应当具备的能力

一位合格的内审员至少应具备两方面的能力，即具体工作能力及其他基本能力。

（1）具体工作能力　即为了胜任所承担的审核工作而必须具备的基本功，其中包括：

① 从事审核准备工作的能力。内审员应能编制审核计划、组织审核组、初审文件、编写检查表等。

② 从事现场审核的能力。内审员应能主持召开首、末次会议，在现场调查，研究寻找客观证据，发现不合格项时能正确编写不合格报告；汇总分析审核中所得到的观察结果并作出恰当的结论以及对受审体系的总体评价。

③ 编写审核报告的能力。内审员应能按规定格式编写内容完整、文字简练的正式审核报告。

④ 从事跟踪与监督的能力。内审员应能对受审方的纠正措施计划的实施及其有效性进行跟踪和验证。

（2）其他基本能力　包括交流的能力、合作的能力、分析判断能力、独立工作能力、应变的能力、善于学习的能力等。

3. 合格的内审员应掌握的知识

① 与质量管理体系标准有关的法律、法规、规章等方面的知识；

② 质量管理体系标准和指南；

③ 审核工作的一些国际惯例和习惯做法；

④ 专业知识。

4. 合格的内审员应具备的道德和修养

① 忠于职守，做到准确公正。

② 努力提高审核技巧及声誉。

③ 主动帮助其他审核人员提高他们的管理、质量和审核技能。

④ 不介入冲突或利益竞争，不隐瞒可能影响决断的任何关系。

⑤ 除在受审方和审核组织授权的情况下，不讨论或披露任何有关审核的信息。

⑥ 不接受审核组织及其工作人员，或任何有利益关系团体的任何形式的好处，也不有意让自己的同事这样做。

⑦ 不有意传达任何错误的或会产生误解的信息，以防影响审核过程的完整性。

总的说来，一位合格的内审员应具有较高的道德修养水平，做到正直诚实、客观公正、尊重他人，具有冷静的态度和坚毅的精神。内审员还要注意正确地处理好单位内的人际关系，以利于审核工作的进行。

5. 内审员的正确工作方法

① 少讲、多看、多问、多听；

② 选择正确的对象提问；

③ 正确地提出问题；

④ 封闭式问题和开放式问题相结合；

⑤ 提问与查看相结合；

⑥ 联想和追溯；

⑦ 创造一个良好的审核气氛。

第二节　内部评审的内容与实施

质量管理体系审核是评价质量管理体系的方法之一，其审核的对象是质量管理体系的有关活动及其结果。质量管理体系是由一组相互关联、相互作用的过程构成的系统。质量管理体系是通过过程来实现的，因此，质量管理体系审核应对每一过程进行评价。

评价质量管理体系时，应对每一个过程均提出以下 4 个基本问题：

① 过程是否已被识别和适当规定？

② 职责是否予以分配？

③ 程序是否被实施和保持？

④ 在实现所要求的结果方面，过程是否有效？

质量管理体系审核是综合所有过程 4 个问题的答案，确定对质量管理体系的评价结果。

一、内部评审的内容

质量管理体系审核是个抽样过程。

1. 质量管理体系审核的局限性

① 只能在某一时刻进行，不能跟踪全过程；

② 只能涉及体系的主要部门，不可能遍及整个体系所有部门；

③ 只能调查具有代表性的人和事，不可能审查全部；

④ 抽样有随机性，具有一定的风险，任何审核不能证明体系完美无缺。

2. 质量管理体系审核抽样风险的控制

① 质量管理体系标准所要求的过程均应覆盖，抽样仅指在同一过程、活动中抽取样本；

② 足够的样本数量（3 个以上）；

③ 分层、随机、适度均衡、亲自抽取；

④ 注重于重大问题的证据；

⑤ 不应抱着"非查到问题"的目的去工作。

二、内部评审的实施

1. 领导重视是关键

① 将内审作为重要的管理和改进手段，并形成制度化；

② 指定归口管理部门，确定工作的职责和方针；

③ 任命管理者代表亲自抓内审工作。

2. 建立正规的内审程序

① 建立内审工作程序；

② 制定内部审核员条件，通过培训、考核和聘任，组建一支合格内审员队伍；

③ 内审的相关文件、计划、表格设计和准备。

3. 内审的时机和频度

（1）常规审核

① 质量管理体系建立初期可多一些；

② 质量管理体系正常运作后视发现问题情况，以及部门对产品形成重要性决定，但每年不得少于一次覆盖全部门和全要素的审核。

（2）特殊情况增加审核

① 发生严重的质量问题或顾客投诉；

② 组织体制、领导层、内部机构、产品、质量方针和目标、生产技术及装备以及生产场所发生较大变化；

③ 外审之前。

4. 内审的具体工作

（1）审核准备和计划

① 建立组织：负责人、工作机构、审核组长和内审员等。

② 准备文件：年度工作计划、审核日程计划、检查表、不合格项或纠正措施要求表和审核报告格式等。

③ 审核准备：任务分配（回避原则）；熟悉必要的文件和资料；编制或补充检查表；落实上次内审纠正措施执行情况；与受审核部门沟通落实审核计划；审核组内部会议；

④ 收集资料：质量管理体系文件及修改记录、有关法律法规、组织机构图、工艺流程图、管理制度标准与规范、技术标准等。

⑤文件审查（必要时）：

a. 形式审查：文件名称、审批权限，发布及生效日期、编号、版本状态、页码、章节标记、发放范围等。

b. 内容审查：质量手册、程序文件等。

⑥ 编制审核计划。

⑦ 编制检查表。

（2）实施审核

① 首次会议。

a. 人员：包括审核组全体成员；高层的管理者（必要时）；管理者代表；陪同人员等。

b. 内容：会议开始时与会人员签到；审核组长宣布会议开始；与会人员介绍；审核组长介绍成员及分工；介绍审核目的、依据、范围；审核将涉及的部门；审核覆盖的产品。

c. 审核计划的确认：现场审核计划一般不宜做大的改动，征得各受审核部门对计划的最后确认。

d. 强调审核的原则：强调客观、公正原则；审核抽样局限性、风险性说明；说明相互配合的重要性；说明可能出现不合格的类型和性质。

e. 其他重要问题说明：澄清疑问；末次会议的时间、地点、出席人员；保密承诺；受审核方需说明的其他问题。

f. 后勤安排的落实（必要时）：指定陪同人；办公、交通、就餐等安排。

g. 会议结束：审核组长致谢。

② 现场审核。

a. 审核的控制：审核组长对全过程的控制负责；审核计划的控制及调整；审核进度的控制与调整；审核范围的控制（一般仅限于内部审核）；不合格的审定及审核报告的签署；就其他方面与受审核方联系。

b. 现场审核计划的控制：依照计划和检查表进行审核；计划改变应与受审核方协商；必要时经组长同意可超出审核范围审查。

c. 审核进度的控制：应按计划预定的时间完成；需延长审核时间时应取得审核组长的同意；审核组长可通过审核组成员的调整控制进度；对需追踪的重要线索，组长可决定延长审核时间，直至得到可信的检查结果。

d. 审核气氛的控制：出现过于紧张的气氛应适当调节；对于草率行事应及时纠正。

e. 审核范围的控制：审核范围扩大应从内部审核的目的出发，有时需要扩大抽样范围和抽样数量。

f. 不合格的审定：所有的不合格均应报告审核组长；综合分析，从利于改进的目的出发开不合格报告；审核组长对审核的结论负责。

g. 其他需协调与控制的方面：需进一步确认的证据应进行复查；对审核人员不妥善的言行应及时纠正；某些意外情况的应变处理。

③ 客观证据的收集。

收集的方式：面谈；查阅文件和记录；观察现场；实际活动及结果的验证。

客观证据的形式：存在的客观事实；被访人员（责任人）的口述；有效的文件和记录。

④ 现场审核记录。

记录的要求：清楚、全面、易懂、便于查阅；记录应准确，例如文件名称、物品名称、产品批号、设备编号、记录编号、合同号码、陈述人岗位、职责、日期等。

⑤ 审核中的面谈。

a. 面谈注意的问题：注意谈话的技巧；提问要恰当、开放式和封闭式提问相结合；对象应是所谈问题的操作者或负责人。

b. 面谈涉及的范围：有关人员的职责；某项具体操作规程；其他人员和部门的接口处理问题；进一步需要证实的某些问题。

⑥ 观察结果。

a. 结果的提出：以审核员或审核小组的名义提出；建立在客观证据的基础上；经整理、分析所收集到的客观证据而得出结论。

b. 观察结果包括：证明体系正常运行并满足要求方面的客观证据、证明符合体系要求的客观证据。

⑦ 不合格报告。

ⅰ. 原则

a. 不合格报告：观察结果评审确定；受审核方领导确认；用文字描述内容；以正式文件提交。

b. 不合格原因：文件性、实施性或有效性，即"文件没有规定标准所需内容、在实施过程中没有按照标准规定执行"或"体系运行无效"。

c. 确定原则：严格依据客观证据；有争议的问题可进行重新确认。

ⅱ. 不合格报告的内容、格式与陈述要点

引用可以追溯的证据（事实、地点、当事者、涉及的文件号、产品批号、有关文件内容、有关人员的口头陈述）。文字尽量简单明了，便于了解；结论明确，说明违反了什么文件的规定。

报告内容包括：受审核方名称、部门、人员；审核员；陪同人员；日期；不合格现象描述；不合格项的结论（违反文件的章节号或条文）；不合格类型（按严重程度）；受审核方确认；对不合格的纠正要求；受审核方对纠正措施及完成时间的承诺；采取纠正措施后的验证记录。

ⅲ. 不合格类型

a. 严重不合格：体系与标准、合同不符；系统性失效；区域性失效；严重后果。

b. 一般不合格：孤立的、个别的不合格；性质轻微的不合格；对系统不会产生重要影响的不合格。

c. 判定不合格的原则：发现的问题所涉及的条款就近不就远原则；该细则细原则，每个条款应尽量细化；由表及里原则，应从表面看到问题的实质。

ⅳ. 不合格报告的分发

a. 分发范围：分发至不合格产生的责任部门和相关责任部门。

b. 分发要求：不合格报告分发应留有分发记录，并保存。

⑧ 质量管理体系的有效性评价。评价的依据是审核中发现的客观证据。

⑨ 末次会议。

ⅰ. 审核组碰头会：审核组成员审核计划内工作完成后召开；1h 左右；审

核组成员；确定所有的不合格报告；总结整个审核过程；准备各自审核区域的工作总结；组长准备审核结论及总结性发言。

ⅱ．末次会议与会人员：受审核方领导；管理者代表；高层的管理者（必要时）；审核组的全体成员；受审核方代表、主要工作人员及陪同人员；可适当扩大范围。

ⅲ．会议内容：与会人员签到；审核组长致谢受审核方在审核期间的合作。

a．重申审核的目的、依据、范围。

b．强调审核的局限性。

审核是抽样进行的，存在一定的风险性；尽可能使抽样具有代表性，保持审核结论的客观、公正。

c．说明不合格报告的方式：宣读不合格（可选择重要的部分）；提交书面不合格报告；审核员谈审核印象。

d．提出纠正措施要求：分析不合格的原因，并据此采取纠正措施；提出受审核方纠正措施计划的答复时间；完成纠正的时限；验证纠正措施方法。

e．宣读审核结论：证明审核报告的发布时间、方式及其他后续要求；审核组长宣布审核结论。

f．会议结束：受审核方领导表示感谢；受审核方领导对改进的承诺。

⑩ 审核报告。

ⅰ．审核报告内容：审核的目的和范围；受审核的部门及日期；实施审核所依据的文件或程序及标准；审核组成员；审核部门的主要参与者姓名和职务；不合格报告及不合格项分布表；审核综述和审核结论；对纠正措施完成的要求；报告的发放范围；审核组长批准签字；其他内容（如报告编号、审核编号等）。

ⅱ．审核报告的分发和存档。

a．分发范围：报告应经审核组长批准后分发；分发范围为所有与审核有关的部门及组织；有关高层管理者、管理者代表等；报告的发放应签收。

b．存档：由规定的文件保管负责人负责存档；组长与文件保管人做好移交手续；注意后续工作（如纠正措施验证等）产生的相关文件的存档。

⑪ 纠正和预防措施。

ⅰ．纠正和预防措施旨在消除实际和潜在不合格原因所采取的措施，纠正和预防措施与问题的大小以及承受的风险程度有关。

ⅱ．目的：消除实际和潜在不合格原因，采取措施防止类似问题再发生或预防问题的发生，不断改进质量管理体系，提高产品和服务质量。

ⅲ．采取纠正和预防措施的作用。

a．保证内审效果的重要手段：审核是为了改进；审核中发现的不足是改善

的重要方面；只有采取有效的纠正和预防措施才能达到内审的目的。

b. 持续改进的重要手段：发现问题及时纠正；不断发现问题，不断采取纠正和预防措施；通过持续的改进，实现产品质量和质量管理体系水平的提高。

ⅳ. 内审中采取纠正和预防措施的特点。

a. 内审的持续：内审中的不合格问题或潜在问题都应采取相应的纠正措施和预防措施；

b. 受审核方职责：理解审核员指出的不合格项和潜在问题；制定纠正和预防措施的实施计划；执行纠正和预防措施计划；及时反馈纠正措施完成情况以得到审核员验证认可。

c. 纠正和预防措施程序：调查判别不合格和潜在问题原因；进行原因分析；制订纠正和预防措施的实施计划，落实职责；控制纠正和预防措施按计划有效实施并检查完成情况；对措施的有效性进行验证；巩固经验证的成果（更新文件）；纠正和预防措施的效果不明显的可进入下一个循环；采取更有效的措施。

⑫ 跟踪。

ⅰ. 跟踪是审核的继续；对受审核方的纠正和预防措施进行评审；验证并判断效果；对验证的情况进行确认和记录。跟踪的目的是促使受审核方采取有效的纠正和预防措施；验证纠正和预防措施的有效性；向最高管理层报告。

ⅱ. 跟踪工作的作用。

a. 促进改进：促使审核方对实际或潜在的不合格采取纠正和预防措施；使受审核方建立防止不合格再发生的有效机制；促使受审核方不断改进。

b. 向管理层报告：向审核组长、管理者代表及时反馈受审核方的纠正行动情况；向最高管理层提供体系运作的情况报告。

c. 质量保证：向外部审核机构提供体系正常运作的证据。

ⅲ. 跟踪的实施程序。

a. 跟踪的形式：以书面文件的形式提供纠正和预防措施实施的证据；审核员现场进行跟踪验证。

b. 跟踪工作中审核员职责：证实受审核方已找到不合格的原因；采取的纠正和预防措施是有效的；证实涉及的人员有所认识并进行适当的培训，以适应以后的情况；向内部审核负责人报告跟踪结果。

c. 跟踪程序：识别已出现或潜在不合格；提出纠正和预防措施；提交纠正预防措施计划；对可行性评审；实施并完成；对完成情况进行验证；作出判断记录；经验证效果不理想的，采取进一步措施。

ⅳ. 跟踪工作实施要点。

a. 跟踪工作的管理：建立专职或兼职管理机构；制定工作程序；实施有效、直接的管理。

b. 跟踪要点：通过文件传递方式验证；现场验证；对有效的纠正和预防措施应采取巩固措施。

c. 实施跟踪的人员：可由原审核组中的成员进行；也可委托其他有资格的人员进行；实施跟踪的人员必须了解该项跟踪工作的资料和情况。

d. 跟踪检查报告：对重大的纠正和预防措施跟踪情况应形成书面报告；报告反映对纠正和预防效果的判断；报告由跟踪检查人员拟制，审核组长或管理者代表批准；必要时应提交管理评审。

第三节　国外 GMPC 对于内部评审的相关规定

一、美国 GMPC 有关内部评审的规定

美国 GMPC 没有有关内部评审的规定。

二、欧盟 GMPC 有关内部评审（审核）的规定

审核的目的是为了验证 GMPC 的符合性，并在必要时提出整改措施。

审核员资格应得到确认，审核应保持中立。

审核必须独立地、有深度、有规则、有要求地操作，由有能力的人指定目的。审核活动在制造地点或在转包商和供应商，审核应涉及整个质量体系。

审核结果的改进活动是全员参与的（高层管理者和每一成员都参与改进）。

审核应证明改进措施是实际可执行的。

三、东盟 GMPC 有关内部评审（内部审核）的规定

内部审核通过对质量体系的全部或部分进行检查或评估，以达到提高的目的。内部审核可由外部或内部任命的独立的专家或小组施行。审核也可以对供应商及分包商进行，每一次审核后应有审核报告。

四、ISO 22716 有关内部评审的规定

1. 原则

内部评审是一种手段，其目的是监控本化妆品"良好生产制造工艺过程"的实施和现状，必要时提出改进措施。

2. 内部评审的实施

① 由专门指定的合格人员独立地、仔细地定期或应要求进行内部检查。

② 对内部评审过程中发现的情况应加以检讨并报告相应的管理部门。

3. 后续工作

内部评审后续工作应做到令人满意地完成纠正工作。

 思考题

1. 什么是内审？内审的内容有哪些？
2. 简述内审员的作用与要求。
3. 企业如何实施内部评审？

第十一章
产品销售、投诉、不良反应与召回

Chapter 11

学习目标

1. 掌握化妆品销售管理的有关规定。
2. 熟悉产品投诉管理的有关规定及工作流程。
3. 熟悉化妆品不良反应的相关概念及管理措施。
4. 掌握产品召回管理的有关规定及工作流程。

产品销售是指企业把生产出的产品卖出去的行为过程，通俗讲是一种帮助有需要的人们得到他们所需要东西的行为过程。

投诉是指用户对企业产品质量或服务上的不满意，而提出的书面或口头上的异议、抗议、索赔和要求解决问题等行为。

不良反应是指在化妆品使用过程中所引起的皮肤及其附属器的病变，以及人体局部或全身性的损害。常见的化妆品不良反应有过敏、色素异常、皮炎、毛发损害、痤疮等，有的甚至会引起中毒。

产品召回是指企业做出的收回已经投放到市场的产品的操作。

化妆品企业应切实做好产品的销售及售后管理工作，应建立一套完整的产品上市后的可追溯体系，形成企业内部合规的、可操作的管理制度及流程，确保企业在应对客户的投诉、处理产品的不良反应甚至涉及产品发生召回事件等情况时，能有全面清晰的处理思路并及时采取纠正措施，以控制或防范可能带来的进一步的风险，也是企业不断提高自身产品质量的必要措施和维护消费者健康权益的有力保障。

第一节　产品销售管理

化妆品销售渠道主要分为传统渠道和互联网渠道。传统销售渠道大致可以分为商场、超市、专营店、专业店、美容院、直销、药店和医疗渠道。互联网销售渠道最近几年来成长最为迅速，可细分为电商平台、自营电商、微商等方式。

化妆品生产企业会通过经销商、代理商或自营的方式将商品传递给最终消费者，其商品流通过程必须遵循相关法规要求和销售台账管理制度，同样也需要遵守质量可追溯性的原则，形成从生产到最终消费者的信息链和必要的质量防护，保证化妆品流通环节质量稳定，避免伪劣商品扰乱市场，保障消费者权益。

一、销售商要求

无论通过传统渠道还是互联网渠道销售，化妆品生产企业在选择销售商时都应考察其履行化妆品监管要求的能力。

（一）销售商选择

化妆品生产企业应选择证照齐全、信誉良好、合作意愿强的销售商，并建立销售商档案，编制合格销售商名录，可以从以下几个方面考察销售商必备的产品质量安全保证能力。

1. 产品质量安全管理制度

化妆品生产企业所选择的销售商应建立与经营内容相适应的产品质量安全管理制度。质量安全管理制度包括经营企业索证管理、商品进货台账管理、商品销售台账管理、退换货管理和商品运输和储存管理。销售商应该确保管理制度在公司内得到培训和落实，应当规定相关部门或专人负责索证索票和台账管理工作。质量安全管理制度所涉及的记录文件需要存档备查。

2. 索证管理

化妆品生产企业应向销售商索要合法有效的营业执照，并存档备查。

化妆品生产企业应该向销售商提供商品相关证件。销售商也需要索证，索证至少应当包括以下内容：

① 化妆品生产企业的营业执照；

② 化妆品生产企业生产许可证；

③ 化妆品行政（卫生）许可批件或备案凭证、国产非特殊化妆品备案凭证；

④ 化妆品检验报告或合格证明；

⑤ 进口化妆品的有效检验检疫证明；

⑥ 不能提供原件的，可以提供复印件。

对于上市新产品，化妆品生产企业需要向销售商提供国产非特殊用途化妆品备案凭证、国产特殊化妆品的批准凭证或进口化妆品的备案凭证。销售商在产品上市前也需要查验前述信息，这些信息也可以登录政府主管部门网站查询。

索证信息应当按生产企业名称或者化妆品种类建档备查，相关档案应当妥善保存，保存期应当比产品有效期延长一年，有条件的企业建议实行电子化管理。

3. 化妆品商品台账管理

化妆品生产企业需要提供商品台账相关产品信息。化妆品销售商应当实行化妆品商品台账管理，建立购货台账和销售台账。记录要有可追溯性，应能够根据购货台账和销售台账追查到每批产品的购进和销售情况。

购货台账按照每次购入的情况如实记录，内容包括：名称、规格、数量、生产日期/批号、保质期限、产地、购进价格、购货日期、供应商名称及联系方式等信息。购货台账按照供应商、供货品种、供货时间顺序等分类管理。

销售台账应详细记录化妆品的产品流向，内容包括产品名称、规格、数量、生产日期/批号、保质期限、产地、销售价格、销售日期、库存、收货单位和地址、联系方式、运输方式、发货人等内容，或保留载有相关信息的销售票据。

购货台账和销售台账应当妥善保存，保存期应当比产品有效期延长 1 年。

4. 商品追溯管理

化妆品生产企业与销售商共同建立从产品准入、进货、销售等全过程的商品追溯管理制度，保证商品的可追溯性。

进货必须索证以确保可追溯性，不能提供原件的，可以提供复印件。但复印件应加盖化妆品生产企业或供应商的公章并存档备查。

销售商索票至少应当向供货商索取正式销售发票及相关凭证，注明化妆品的名称、规格、数量、生产日期/批号、保质期、单价、金额、销货日期以及生产企业或供应商的名称、住所和联系方式。

实行统一购进、统一配送、统一管理的化妆品连锁销售商，可由总部统一索取、查验相关证、票并存档，建立电子化档案，提供各连锁经营企业使用，各连锁经营企业应能够通过电子化手段从经营终端进行查询索证索票情况。加盟连锁的，应当由总部提供统一的证、票复印件并加盖总部公章。

5. 产品销售退货制度

销售商应建立产品销售退货制度，并通过实际操作和演练检查退换货制度的执行情况。一般情况下，该制度应包括退货申请、退货原因的确认、退货的运输、退货的接收、退货的质量评估、对退货的原因调查及退货的处理等规定。换货也可以作为对退货的一种解决方式而成为销售退货制度的一部分。

6. 化妆品运输和储存管理制度

销售商应该建立化妆品运输和储存管理制度，保证从商品入库、储存、运输、分销全过程的追溯管理，保证产品的储运条件和操作符合质量要求。

7. 对标签标识与宣传用语的审核

销售商应对化妆品标签标识进行审核，对推广使用宣传用语进行法规审核。

 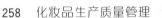

审核时参照相关要求。

（二）销售合同

化妆品生产企业和销售商应签订正式销售合同。合同必须具备：合同主体，标的，质量责任，价款，履行期限、地点、方式，违约责任，解决争议的方式等主要条款。合同明确双方共同遵循化妆品相关法律法规的约定。

二、产品运输与储存

（一）运输环节质量管理要求

化妆品生产企业应寻找具有合规资质的物流供应商，并与供应商签订承运合同，约定双方的责任、解决争议的方式等条款。化妆品生产企业结合自身情况建立物流环节质量管理，规定化妆品运输与储存要求，并保持好物流环节的发货与收货记录，保证物流环节产品的可追溯性。如运输与储存过程中出现货品异常，需对异常情况进行分析与调查，对于因物流环节的污染或者破损导致产品不合格的，需按照不合格品处理。

（二）收、发货要求

化妆品生产企业和销售商应建立入、出库工作程序。依据库存情况，对销售部门开出的交货单进行确认，保证所发出的是合格产品。

产品发货出库时需遵守"先进先出"原则。按照订单要求的产品名称、数量进行拣配发货，记录每批次产品的发货去向。

（三）装、卸车要求

化妆品生产企业和销售商确认运输车辆信息与承运合同约定相符。发货仓库应进行车辆检查及处理。

产品运输过程应有防护措施，以避免日光直射、雨淋和剧烈撞击等，防止产品受到不良影响，对有运输控温要求的产品需采取控温措施。

为防止化妆品在运输过程中被污染，产品不能与气味大、粉尘大的材料混装，更不能与有腐蚀性、有毒、易燃易爆物和动物等货物混装。

产品在运输过程中的堆放按照产品运输标准中规定的堆叠高度码放。产品装车时需按产品外箱标识堆码方向进行堆放；若外箱上没有堆放方向标识的，按外箱文字向上方向进行堆放，不得倒放、侧放；产品堆码时，原则上需遵守重不压轻的堆放规则。

装车时，严禁抛掷、直接踩踏或坐卧在货物上的行为。搬运人员需对货物的外观进行检查，发现破损、严重脏污等异常情况时需立即反馈给发货方处理。

搬运人员在进行现场作业时，需保证现场的整洁。收、发货仓库和运输方需做好产品品种、规格、数量和质量状态等信息的复核确认。

销售商收货时，应做好收货记录，保存收货单据，收货单据要求有产品名称、规格、数量、生产批次、进货日期以及供货者的名称、地址及联系方式等信息。

（四）质量状态标识

化妆品生产企业和销售商仓库需对入库的产品悬挂质量状态标识牌及物料卡，并可以划分不同的仓库分区放置产品，例如合格品区、不合格品区和待检区。

质量状态标识牌与物料卡悬挂以美观、方便查看、方便取用为原则，不得破坏产品外包装。

（五）堆码管理

仓库应按照产品的品名、规格、批次、数量进行分类、分垛堆放在相应货位。产品堆码应符合"安全、方便、节约"的原则，做到堆码整齐、稳固，横直成线，批号朝外。

产品应码放在物流托盘或货架板上，不得直接码放在地面上。

产品码放高度一般按其外包装堆高标准进行码放，不影响最底层产品外箱，避免产品受损或变形。

产品堆码原则上需遵守"五距"要求（墙距≥30cm；柱距≥20cm；顶距≥50cm；灯距≥50cm；货距≥10cm）。

（六）库存盘点

仓库保证账面与实物相符，仓库管理人员要定期对库存盘点。

1. 盘点的内容

① 查清实际库存量是否与账卡相符；

② 查明库存货物的质量情况；

③ 查明有无超过储存期限的存货；

④ 查明现场定位码放的水平。

2. 盘点差异处理的方法

① 重盘确认；

② 检查单据，账面纠正；

③ 资产缺少，走盘盈盘亏流程，由财务部门进行处理。

（七）仓库环境管理

产品储存环境要求仓库地面平整，并保持干燥通风，防雨、防潮、避免阳光直射。潮湿季节应对货物做好防潮保护，避免滋生害虫。仓库环境保持合适温度和湿度，储存产品避免靠近热源、火种，以确保不影响产品质量和安全。

（八）仓库害虫控制

① 仓库使用的灭虫、灭鼠药需要得到批准，以确保使用的药物不会对产品造成损害。灭虫、灭鼠药需要定期更换，确保杀虫的有效性。

② 灭蚊灯应悬挂在仓库进出库门的两侧，距离地面 2m 左右高度。灭蚊灯开启后，从门外看不到灭蚊灯光。仓库应定期检查灭蚊灯灯管状态和清洁状况，清理托盘中的昆虫。

③ 库内作业区域严禁种植花草或盆栽，以防蚊虫的滋生。清洁用具在库内存放需保持干燥。

④ 应定期检查墙角、下水道、地漏等容易滋生虫害的区域；按程序要求检查鼠虫害情况，并记录。

⑤ 外包供应商按照合同规定的频率对货仓内鼠虫害防治设施设备进行检查，并如实记录；检查记录表应每次检查完毕后，提交货仓虫害管理负责人确认签名。

（九）仓库安全管理、卫生管理

1. 仓库防火要求

严禁带火种进入库区内，严禁在库区内外吸烟，需要明火作业的要有专人看护。库区需配置符合国家标准要求的避雷装置、消防设施，如灭火器、消防栓、应急灯、紧急出口提示灯等，需定期检查仓库设施使用情况和状态。严禁在仓库乱拉电线和超负荷用电，须定期检查并及时更换老化设备。

2. 仓库防盗要求

应定期检查仓库的门、窗、锁等防盗设施是否坚固有效，做到人离库即锁门，仓库钥匙由专人管理。仓库管理人员于当日工作结束后，需进行安全检查，并关灯、锁闭仓库门窗。

3. 仓库防洪要求

仓库管理人员应定期检查仓库库顶、天花板及仓库下水道等基础设施，发现损坏、渗漏等异常情况及时检修。应关注当地天气状况，发现有恶劣天气时，应提前准备并制定预防措施。

4. 仓库卫生管理

库房需地面平整，并保持通风。库内不得有扬尘、地面积水、墙面发霉/脱落等现象。

（十）仓库设备、设施维护管理

① 仓库应建立仓储设备实施的维护保养计划，使之保持良好状态，并防止对产品的污染。需定期对仓库设备、设施进行维护与保养，做好记录并保存，确保仓库设备、设施处于正常运作状态。

② 货仓应建立设备清洁制度，确保设备卫生良好。

③ 自动化设备使用操控需指定专人，并授权方可操作。

第二节　产品投诉管理

消费者和客户是化妆品生产企业的主要顾客。顾客抱怨是对产品或服务不满意而引起的具体行为反应。顾客对服务或产品的抱怨即意味着生产者提供的产品或服务没达到他的期望、没满足他的需求。另外，也表示顾客仍旧对生产者具有期待，希望能改善服务水平。其目的就是为了挽回经济上的损失，恢复自我形象。

顾客抱怨可分为个人行为和公开行为。个人行为包括回避重新购买或不再购买该品牌、不再光顾该商店、说该品牌或该商店的坏话等；公开的行为包括向商店或制造企业、政府有关机构投诉、要求赔偿。顾客抱怨没有得到疏通和缓解，就会激化升级为投诉。

一、顾客投诉

顾客投诉，是指顾客对企业产品质量或服务上的不满意，而提出的书面或口头上的异议、抗议、索赔和要求解决问题等行为，无论合理与否。

（一）顾客投诉的分类

顾客投诉一般可按照投诉的性质或内容进行分类。

1. 按投诉的性质分类

顾客投诉按照性质可以分为有效投诉和沟通性投诉。

有效投诉是顾客对企业在管理服务、收费、产品质量、维修保养等方面的失职、违规、违法等行为的投诉，以及顾客向企业提出有关的管理或管理人员故意或失误造成顾客或公众利益受到损害的投诉。

沟通性投诉可以分为求助型、咨询型和发泄型。求助型是顾客有困难或问

 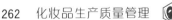

题需要给予帮助解决时的诉求。咨询型是顾客有问题或建议向管理部门联络了解。发泄型是顾客带有某种不满，因受委屈或误会等要求解决问题。沟通性的投诉如果沟通处理不当，会变成有效投诉，所以必须认真处理好沟通性投诉。

2. 按投诉的内容分类

（1）商品问题的异议　此类异议是指顾客针对商品的质量、性能、规格、品种、包装等方面提出的反对意见，也称为商品异议。这是一种常见的顾客异议，产生的原因可能是商品自身存在不足，也可能是顾客的主观因素。

（2）服务方面的异议　顾客针对购买前后一系列服务的具体方式、内容等方面提出的反对意见。此类异议主要源于顾客自身的知识、消费习惯，处理这类异议关键在于提高服务水平。

（3）价格方面的异议　价格方面的异议指顾客认为价格过高或价格与价值不符而提出的反对意见。一般表现为对价格标示，折扣比例，赠品明细等方面提出异议。即使商品定价比较合理，顾客仍会有抱怨。

（4）购买时间上的异议　顾客认为现在不是最佳购买时间，或对交货时间提出反对意见。此类异议的真正理由可能是价格、质量、付款能力等方面的原因。除此之外，由于企业生产安排和运输方面的原因，无法保证及时供货，顾客对交货时间提出异议。

（5）服务态度的异议　顾客对销售人员的行为提出反对意见，例如服务态度不好，夸大商品性能，礼貌用语欠佳等，这些都会引起顾客的反感。

（6）进货渠道的异议　顾客对零售商品的来源提出反对意见，担心质量、假货或价格不合理。

（二）顾客投诉心理诉求

顾客投诉一般有以下心理诉求。

（1）求发泄的心理　顾客在接受服务时由于受到挫折，通常会带着怒气投诉或抱怨，若能把自己的怒气发泄出来，他们郁闷的情绪就会得到释放和缓解，从而获得心理上的平衡。

（2）求尊重的心理　顾客在进行投诉时总认为他的投诉是绝对正确的，所以他们想获得尊重，得到明确的道歉和相关处理措施。

（3）求补偿的心理　顾客投诉的目的在于补偿，补偿包括财产上的补偿和精神上的补偿。当顾客的权益受到损害时，他们希望能够及时得到补偿。

二、投诉制度

不论企业大小，投诉管理对创造和维持企业效率是生死攸关的。如果不加引导，顾客的投诉就会起到不可预计的负面效果。如果实施积极的投诉政策，企业有第二次机会去获取消费者的忠诚与赞赏。

企业应建立产品质量投诉管理制度，它是描述怎样管理产品质量投诉的文件。产品质量投诉管理制度包括但不限于以下内容：对投诉的记录、对被投诉产品的质量分析、调查引起投诉的原因、对投诉的回复、产品质量投诉趋势分析和为降低投诉而采取的整改措施等。

企业需要指定人员负责处理产品质量投诉并记录，比如指定的人员可以是来自质量管理部门的人。

在顾客的眼里，好的投诉管理是改善一个企业的产品、服务和公众信誉的途径。投诉制度体系建立将使顾客满意，并且帮助改善企业的整体绩效。

（一）投诉管理方针

化妆品生产企业管理高层应该签发一份清晰的书面投诉方针，由全体员工使用。此方针应有书面的程序文件和目标支持。这些程序文件和目标描述的是如何履行体系中的各项职责/员工角色。在制订方针和建立体系的目标时，应考虑下述内容。

① 相关的法律要求；
② 质量目标和服务交付目标；
③ 资金、操作和企业的需求；
④ 顾客、员工和其他相关利益体的观点。

企业应实施欢迎顾客投诉的投诉方针，以顾客为中心制定利于投诉的政策。企业应首先考虑顾客是否愿意接受并且便于接受，充分考虑顾客的利益，制定出顾客乐于配合的管理政策。

满足消费者需求是企业生存的基础。企业应对各级组织的投诉处理职责应强调：反应迅速、处理高效且公平、态度礼貌等几个方面。

企业管理高层应该用案例来领导并提倡以积极的方式"把事情变对"。

企业应该表彰和奖励受理顾客投诉最佳的员工并协调各部门执行投诉政策。

企业应确保顾客的投诉能传到高层。通常一线员工最先接触到顾客，企业应鼓励一线员工将来自顾客的信息传达给管理层。

企业应授权员工快速解决问题。为了快速回应顾客的要求，企业应将权力下放，并通过培训让员工能依据公司的基本原则，自行作出最佳判断。

投诉处理是有时限的，一个组织应设立投诉管理过程的各阶段的合理时间目标值，这些阶段包括受理投诉、进行调查、答复投诉人、采取行动等。

（二）投诉管理体系

1. 投诉管理体系的策划

企业保证投诉处理程序清晰，并易于让顾客和员工理解和获得。

企业应让顾客通过他们方便的方式，如电话、即时通信、电子邮件、信件或面对面沟通的方式将投诉信息反馈到投诉受理部门。若投诉涉及企业的多个部门，则不应该有推诿现象。企业投诉处理体系将投诉的任何信息反馈给产品或服务责任部门和负责人，以便改进。

投诉处理程序设计应保护顾客个人隐私。

当投诉调查表明涉及众多消费者时，组织应迅速反应。特别是当消费者安全受到影响时，企业应立即行动，而且行动应符合公众利益。建议与所有购买了相同产品或服务的顾客接触，或者开始召回行动。

（1）资源 为了确保效率，投诉管理体系需要精确评估所需资源。资源包括员工、培训、技术和资金。

由于投诉可能涉及组织里的任何人，所以投诉设计应使所有员工都知道如何受理投诉。与顾客接触的员工要培训或指导如何处理投诉。

投诉体系日常管理的全部职责和职权都应该分配。典型的任务包括：

① 确保投诉管理体系按照企业的方针执行和维护；

② 若投诉牵涉面较宽，则应向最高管理者或代表简报；

③ 评审期间向管理高层报告投诉管理绩效，作为全面改进业务的基础。

投诉管理体系应该清晰地指引处理投诉的员工，何时及怎样通过升级程序提交投诉，以便相关管理人员或专业人员采取行动，例如当：

① 投诉超出自己的职权范围时；

② 牵涉组织的面较宽时；

③ 消费者不接受提出的解决办法时。

处理升级投诉的职责应予以指定。应该清晰地指引，万一出现严重投诉时，需要与哪一个高层领导保持信息联系。

（2）文件管理 企业应建立文件化的投诉管理程序，作为工具帮助员工履行职责。在新编文件和修改文件时，应征询有关各级员工的意见。操作文件应该注意实操性，尽可能简明，并举例说明，以便易于使用。文件应保持最新版本。

（3）投诉记录 组织应记录接收的所有投诉，有助于将投诉进展与顾客保持联系，并有效地监控。

（4）外部评审与决定 企业相应机制或方案可以寻求合法的行业组织、公众组织和仲裁机构的协助。

即使内部决定是最佳解决办法，即使投诉管理体系非常有效，都不能指望其方案能使每一个投诉者满意。如果出现僵局，企业就应考虑采用外部评审来解决。企业也可以选择建立自己的外部评审程序。

企业提供的外部评审程序应当清楚地规定以文字形式向顾客通告其投诉程序。

如果采用外部评审程序，企业应同意遵守外部评审程序作出的任何决定。

2. 投诉管理体系的执行与操作

企业应该鼓励员工对待顾客保持公正态度，对他们的问题采取理解的态度。

程序设计应保护员工免受不公平待遇。应遵循"不责备"文化，无论什么情况下都鼓励员工合作。员工应明白各种程序和授权，无论什么情况下都能采取适当的纠正措施，他们知道管理层将公正地支持他们。

（1）投诉管理程序　有效的投诉管理程序帮助各种层次的顾客进行投诉。重要的是应向顾客现场提供或通过邮寄提供清晰的书面的相关资料。

投诉程序信息，应尽可能做到在处理前和完成/递送时都可利用。业务性质决定这种信息如何吸引顾客的注意。包括：

① 在零售终端或公众办事处张贴显著的通告；

② 在目录中清晰和突出地插入文字；

③ 在说明书中提及；

④ 在账单、发票和收据上说明；

⑤ 在网站上通告。

不应要求顾客提出无关紧要的文件支持其案件。填写表格应：

① 容易完成，写成通俗语而无专业术语；

② 允许顾客附加个性化的输入；

③ 包含支持企业的投诉管理体系需要的信息。

企业不应当从投诉中产生收益，例如，不应当从需要使用特别高费用的收费电话中产生收益。

（2）投诉响应　企业应为投诉管理过程的所有阶段设定合理的目标时间限制。员工处理投诉的工作量需安排合理，为了效率最大化，应尽可能授权接收投诉的员工在现场解决某些投诉。不同类别的投诉采取资金赔偿指引表的形式进行规范。

应给顾客一个接触点以核对投诉进程。员工应评估何种决定适当并可为顾客接受。当投诉不能立即解决时，应告诉顾客处理其投诉需要多长时间。特别是在延迟解决时，应该通过顾客选择的媒体如信件、电话、传真等，将投诉处理的进展告知顾客。

当升级处理程序也无能为力时，应该给员工清晰的指南，告诉他们何时何地脱离商议，并通知顾客企业不准备给予进一步纠正或补偿。

（3）监控和审核 有效监控投诉能提供有用信息以识别业务改善范围。应监控的信息包括：

① 顾客对投诉处理的满意水平；

② 投诉管理体系满足其目标的程度；

③ 是否在识别和纠正重复的问题。

审核应由有能力的审核人员进行，他们应尽可能独立于受审活动。审核应提供信息表明是否：

① 投诉管理体系达到规定方针的各项目标；

② 体系已经有效实施。

审核的结果应用于改善投诉体系、过程、产品和服务。应该将从事这种改善的职责和职权指定给具有合适能力的员工。

（4）管理评审 应定期评审投诉管理体系的能力是否适应组织的全方位需要。管理评审应考虑：

① 内部因素如组织结构、产品或服务的变化；

② 外部因素如法律、竞争态势或技术创新的变化；

③ 投诉管理体系的整体绩效；

④ 审核结果。

三、投诉处理

（一）投诉处理部门

投诉处理部门应该由运作部门和支持部门两个并列部门组成。运作部门负责每天日常工作，对投诉作出回应；支持部门帮助确定和消除问题出现的原因，确保顾客知道到哪里去投诉，怎样投诉，检查投诉是否按照既定程序处理。

1. 运作部门

投诉的输入是由运作部门处理的。对每起投诉进行记录和编号，根据体系约定的类别对投诉进行分类，从而确定问题的范围，交由适当的部门处理。

投诉的答复也是由运作部门处理的。运作部门检查内部记录，电话调查、书面信件、专业调查，根据法律责任、投诉人的期望、妥协折中、市场效应、公正的观念和必要的第三方仲裁，作出明确的答复。准备好最终回复内容并传达出去，包括决定和原因。如果作出的回复和顾客期望不符，写清申诉程序。如果是口头回复的，谈话内容也应该记录。

投诉的输出也是由运作部门处理的。第一时间把最终的答复送到投诉人，并将投诉处理整理记载。

2. 支持部门

支持部门负责投诉处理的管理。建立和监督投诉处理的时间和工作质量标准，纠正标准的偏离，对投诉处理的数据进行统计评估。通过数据分析和解释发现投诉人的问题、关键事宜和趋势分析，查找根本原因。对经济损失进行评估，制定投诉满意度目标，策划目标的实现。把投诉处理和预防投诉的责任落实到具体的个人和部门，建立奖励或惩罚机制来鼓励正确的投诉处理。挑选、授权和培训合适的投诉处理员工。

（二）投诉处理流程

通常的投诉管理体系工作流程如图 11-1 所示。企业可以根据自身情况修改该流程以适应其需要。

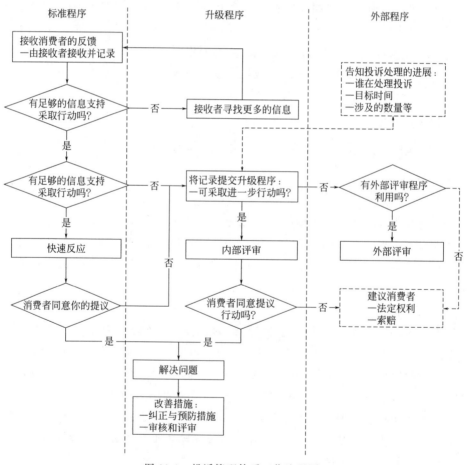

图 11-1　投诉管理体系工作流程图

1. 接受顾客投诉

企业应设置专门投诉接待部门，接到顾客投诉后，立即记录投诉要点，填写顾客投诉登记表（表 11-1），内容应该包括投诉人姓名、投诉人地址、投诉时间、投诉对象、投诉内容和投诉要求，以作为下一步解决问题的资料和原始依据。同时也是向顾客表明部门采取的郑重态度，把顾客的感受放在重要位置，以顾客利益为重。

表 11-1　顾客投诉登记表

记录编号：　　　　　　　　　　　　　记录时间：

顾客姓名		联系方式		地址	
投诉内容					
投诉理由			发生时间	发生地点	
客户要求	赔款		折价	退货	
	其他				
处理意见					
受理意见			受理人	受理时间	
采取措施			负责人	处理时间	
原因分析			负责人	处理时间	
转交改进					
转交部门			要求时限	负责人	

2. 判定投诉的性质

确定顾客投诉的类别。判断顾客投诉的理由是否充分，要求是否合理。如果投诉不成立，应速报主管，并当面告知顾客，委婉说明理由，进行回复。

3. 调查原因，提出解决方法

查明商品的具体问题，判断是否质量问题。根据顾客投诉内容，确定具体的受理部门和受理人，并作书面通知。

参照顾客投诉要求，提出解决投诉的具体方案。快速采取行动，补偿顾客的投诉损失。当顾客同意所采取的改进措施时，要立即行动，时间和效率就是对顾客的最大尊重。

将准备采取的措施告诉顾客，征求顾客的意见。需要对解决问题的难易程度作出恰如其分的估计，将所需的具体时间告诉顾客。

4. 提出改进对策并整理归档

将投诉的处理过程整理资料归档（表 11-2）。将调查结果、解决方案纳入组织的改善体系。

表 11-2　顾客投诉处理表

记录编号：　　　　　　　　　　　　　　　　　　记录时间：

顾客姓名		联系方式		地址	
投诉内容					
投诉理由			发生时间	发生地点	
采取措施			负责人	处理时间	
原因分析	1. 设计开发原因 2. 生产包装原因 3. 原材料原因 4. 储存运输原因 5. 使用原因 6. 客户服务原因 7. 销售渠道和政策原因 8. 其他		负责人	处理时间	
改进措施					
负责部门			要求时限	负责人	
改进方案					

四、持续改进

持续改进是保持投诉管理体系有效运行的必要条件，化妆品生产企业可以采取下列措施推动投诉管理体系的不断完善。

（一）服务流程优化

每个企业都应仔细观察顾客与本企业发生业务关系时所经历的每一个环节和步骤，因为这些环节和步骤为企业应在哪些方面改善自身服务提供了线索。因此，要想改进客户服务质量，必须先从了解客户服务流程入手。

服务流程包括服务业务流程和服务信息流程。企业要想获得顾客积极肯定的评价，就必须深入研究服务流程中的关键环节，在这些环节中给顾客留下最佳感受。管理人员必须时时到各部门去查看服务流程的运行情况，进行监督和管理。为了亲身感知顾客的遭遇，管理者必须以顾客的身份去经历整个服务流程，记录重要内容，从一线员工获得帮助、建议和有关反馈信息。

顾客的需求是不断变化的，所以设计的服务流程也是动态的，并坚持把服务质量保持在合理水平。

（二）服务标准化

重新设计服务操作程序，采用信息技术可以将标准化服务和定制化服务完美结合起来，提高服务效率和质量。

（三）标杆对比

企业将服务经营管理、营销过程同市场上最好的竞争对手及其他行业的佼佼者进行对比，比较和检验的过程中逐步提高自己的经营水平和服务质量。

（四）投诉管理体系审核和管理评审

企业应建立投诉管理体系审核制度，并定期开展投诉管理体系审核和管理评审，并编制正式的审核报告。审核报告要评价整体绩效并确定体系中的所有不合适的问题，可以提出对改进措施建议，也可由责任人根据审核发现制订措施计划。已经协商的纠正措施行动计划应与职责、完成日期以及报告要求一并考虑。要清晰地表明业务管理人是审核和措施计划的负责人。如果措施计划中确定的措施没有迅速实施，整个审核工作就将毫无价值，应该建立随后的监控程序以确保措施计划的实施。

为了确保评审覆盖整个投诉体系，应按照标准议程行事，包括：

① 投诉问题及采取的措施；

② 投诉体系如何运作，各项目标是否得到满足；

③ 审核报告；

④ 改进/改变的范围或额外培训需求的范围；

⑤ 投诉方针和目标对目前需求的适当性。

识别上述范围中的重要议题可以放入组织的发展和改进战略计划之中，以采取进一步行动。例如，因为改进成功以及问题消除，可以简化体系并实现节约。

应保存评审记录，记录的形式可以根据组织的要求选取，如正式的会议备忘录或记录，纸质或电子记录均可。

第三节　不良反应管理

一、化妆品不良反应的相关概念

（一）化妆品不良反应及其分类

化妆品不良反应是指人们在日常生活中正常使用化妆品所引起的皮肤及其附属器的病变，以及人体局部或全身性的损害（不包括生产、职业性接触化妆品及其原料所引起的病变或使用假冒伪劣产品所引起的不良反应）。从临床上看，化妆品不良反应是一组有不同具体表现、不同诊断和处理原则的临床症候群。

化妆品不良反应通常可以从其临床诊断来分类，也可以从其引起损伤的严重程度和所涉及人群来分类。

1. 从化妆品引起的不良反应的临床诊断分类

已颁布的《化妆品皮肤病诊断标准及处理原则　总则》等七项系列国家标准（GB/T 17149.1～17149.7—1997）对不良反应的定义、诊断原则、诊断标准和处理原则进行了规范；其规定的化妆品不良反应临床诊断分类见表 11-3。

表 11-3　化妆品不良反应临床诊断分类

不良反应名称	定义
化妆品接触性皮炎	化妆品引起的刺激性或变应性接触性皮炎
化妆品光感性皮炎	由化妆品中某些成分和光线共同作用引起的光毒性或光变应性皮炎
化妆品皮肤色素异常	接触化妆品的局部或其邻近部位发生的慢性色素异常改变，或在化妆品接触性皮炎、光感性皮炎消退后局部遗留的皮肤色素沉着或色素脱失
化妆品痤疮	经一定时间接触化妆品后，在局部发生的痤疮样皮损
化妆品毛发损害	使用化妆品后出现的毛发干枯、脱色、折断、分叉、变形或脱落（不包括以脱毛为目的的特殊用途化妆品）
化妆品甲损害	长期使用化妆品引起的甲剥离、甲软化、甲变脆及甲周皮炎等

2. 从不良反应引起损伤的严重程度和所涉及人群分类

按化妆品不良反应所引起的身体损害程度的大小及所涉及的人群数量，可将化妆品不良反应分为：化妆品不良反应、严重化妆品不良反应、化妆品群体不良事件。

（1）化妆品不良反应　化妆品不良反应指人们在日常生活中，在正常使用条件下，由化妆品引起的皮肤及其附属器的病变（如红斑、丘疹、水肿、脱屑、色素异常、皮肤干燥、瘙痒和/或刺痛等），以及身体局部或全身性的损害。不包括生产、职业性接触化妆品及其原料所引起的病变或使用假冒伪劣产品所引起的不良反应。

（2）严重化妆品不良反应　严重化妆品不良反应，是指化妆品所引起的皮肤及其附属器大面积或较深度的严重损伤，以及其他组织器官等全身性损害，主要有以下 5 类：

① 导致显著的或永久性功能丧失，影响正常人体和社会功能的，如残疾、毁容、失明等；

② 全身性损害，如败血症、肾衰竭等；

③ 先天异常；

④ 生命风险，如危及生命、死亡等；

⑤ 其他严重的需要予以住院治疗的。

（3）化妆品群体不良事件　化妆品群体不良事件，是指同一化妆品（同一生产企业生产的同一类型化妆品）在使用过程中，在相对集中的时间内，对一定数量人群（一般反应 10 人及以上，严重反应 3 人及以上）的身体健康或者生命安全造成损害或者威胁，需要予以紧急处置的事件。

（二）化妆品不良反应产生的主要原因

通过临床和实验室证实，化妆品所引起的皮肤不良反应既源自所用的产品成分本身，也与消费者使用习惯以及使用者皮肤表面结构等因素有关。一般情况下，化妆品不良反应产生的原因可概括为以下四种：

① 化妆品卫生质量不合格，例如受到微生物污染变质，或者化妆品中违规添加禁用物质或含有超出规定允许限量的有毒限用物质。

② 消费者皮肤状况和生活习惯差异很大，特别是具有敏感体质的个体，在化妆品选择不当或使用不当的情况下，更易引起不良反应。

③ 标签、说明书不规范，误导消费者，尤其是目前网络购物和美容院服务中对所售化妆品存在较多虚假宣传。

④ 美容院对消费者使用化妆品不当，延误就诊和处理不当也是造成化妆品皮肤病病情加重的重要因素之一。

（三）化妆品不良反应监测

目前，政府管理部门对化妆品新原料的使用监管要求严格，产品生产制造过程监督管理责任落实较到位，故目前国产化妆品不良反应发生的概率维持在极低的水平（未曾出现类似日本杜鹃醇事件造成群体性不良反应的情况）。但是，低概率的不良反应事件并不意味可以放弃对不良反应的监控。企业应建立化妆品不良反应监测报告制度，指定部门和人员负责。重大群体性化妆品不良反应应及时报告，并采取有效措施，防止化妆品不良反应的重复发生。

为建立科学、系统、完善的化妆品不良反应监测与评价体系，加强化妆品不良反应监测与评价工作，政府监管部门明确了从国家局到监测哨点的各层次不良反应监测机构的工作职责。

国家各级食品药品监督管理局负责制定化妆品不良反应监测的相关政策法规及技术标准，并监督实施，对已经发生严重或群体不良反应的化妆品，可以采取停止生产、经营的紧急控制措施。

不良反应监测哨点作为整个监测体系的基础机构，主要负责承担本哨点接受就诊或咨询的化妆品不良反应案例的调查、信息的收集，并定期报送监测机构，重大群体性化妆品不良反应应及时报告；协助监管部门承担化妆品安全性评价。不良反应监测哨点的建立，对及时发现、收集、分析、上报接收就诊或咨询的化妆品不良反应具有重要意义。

2015年6月，广东省在全省首批建立63个化妆品不良反应监测哨点，包括5个化妆品生产企业（表11-4）。

表11-4　广东省首批化妆品不良反应监测哨点名单（2015年6月公布）

地市	单位名称
广州市	中山大学附属第一医院、中山大学孙逸仙纪念医院、中山大学附属第三医院、广东省皮肤病医院、广州医科大学附属第一医院、广州军区广州总医院
深圳市	深圳市人民医院、深圳市第二人民医院、深圳市第三人民医院、深圳市中医院、北京大学深圳医院、深圳绵俪日用化工有限公司绵俪日用化工厂、深圳金因生物技术有限公司、仙迪达首化妆品(深圳)有限公司、深圳市兰亭科技股份有限公司、朝日化妆品(深圳)有限公司
珠海市	中山大学附属第五医院、珠海市慢性病防治中心
汕头市	汕头市皮肤性病防治院
佛山市	佛山市皮肤病防治所
韶关市	韶关市第一人民医院、粤北人民医院、韶关市慢性病防治院
河源市	河源市人民医院、河源长安医院、河源市源城区人民医院、东源县慢性病防治站
梅州市	中山大学附属第三医院粤东医院、梅州市梅县区慢性病防治院
惠州市	惠州市第一人民医院、惠州市第三人民医院、惠州市中心人民医院、惠州市皮肤病防治研究所
汕尾市	汕尾市人民医院
东莞市	东莞市人民医院、东莞市第六人民医院、东莞东华医院
中山市	中山市人民医院、中山市第二人民医院、中山市黄圃人民医院、中山市广济医院、中山爱思特美容医院
江门市	江门市皮肤医院
阳江市	阳江市人民医院、阳江市阳东区人民医院、阳江市公共卫生医院
湛江市	广东医学院附属医院、广东医学院附属二院
茂名市	茂名市人民医院、高州市人民医院、信宜市人民医院、化州市人民医院
肇庆市	肇庆市第一人民医院、肇庆市皮肤病医院、广东省怀集县人民医院
清远市	清远市人民医院、清远市慢性病防治医院、英德市慢性病防治医院
潮州市	潮州市慢性病防治站
揭阳市	揭阳市人民医院
云浮市	云浮市人民医院、罗定市人民医院
佛山市	佛山市顺德区慢性病防治中心

二、不良反应的防范与处理

化妆品生产企业应建立产品不良反应的防范制度，从人员配置、产品安全性评估、不良反应处理等方面着手，完善企业所生产化妆品的安全性评估、不良反应事件记录、处理及报告等工作。

（一）组织与人员配置

企业应组建专门的产品不良反应监控部门，由企业副总任组长，组员主要由技术部、品管部、销售部、法规部等相关部门抽调人员组成。不良反应监控部门的职责贯穿于产品质量的安全性评估、不良反应事件的处理、上报监管部门等工作过程。

（二）产品安全评估报告

产品不良反应涉及产品的开发（原材料选择、配方、工艺）、生产、储运、销售与消费者购买使用的过程，任何一个环节均有可能引起产品出现不良反应。因此，需要建立产品的安全评估报告（表 11-5），对相应的环节进行评估分析，以提前预判可能出现的不良反应，并做好预防措施。

表 11-5　产品安全评估报告

产品名称		规格	
产品消费群体			
产品配方中可能存在的安全性风险物质及其含量			
产品中存在的刺激性（或过敏性）成分类别及其含量			
配方成分间是否存在反应或易降解成分			
生产、储运是否有特殊的要求			
产品销售区域			
评估结果	（　）安全　　（　）存在可控风险　　（　）不安全		
改进方案			
评估人/日期		批准人/日期	

（三）不良反应的处理

当发现可能与使用化妆品有关的不良反应案例时，应详细记录、调查、分析、评价、处理，并根据情况确定是否需要向所在地监测机构报告；如发生重大群体性化妆品不良反应，需及时向政府监管部门报告，积极采取有效措施，如停止产品销售、发布产品召回公告等，并制定后续处理方案，最大限度减少不良反应造成的影响。

1. 消费者不良反应投诉的处理

来自消费者的不良反应投诉具有主观性、零散性、个体差异性等特征，对于少部分消费者使用产品后出现的不良反应，企业应给予高度的重视，可建议消费者到就近的国家级化妆品不良反应监测机构（见表11-6）进行不良反应确认的相关检测试验、鉴定或者到各省市级化妆品不良反应监测哨点进行就诊、咨询。

表11-6　经国家管理部门认定的化妆品皮肤病诊断和化妆品不良反应监测机构

医院名称	所在城市
解放军空军总医院	北京
北京大学第一医院	北京
上海市皮肤病性病医院	上海
复旦大学附属华山医院	上海
天津市长征医院	天津
重庆市第一人民医院	重庆
中山大学附属第三医院	广州
中国医学科学院皮肤病医院(中国协和医科大学皮肤病医院)	南京
南京医科大学第一附属医院(江苏省人民医院)	南京
中国医科大学附属第一医院	沈阳
四川大学华西医院	成都
大连医科大学附属第二医院	大连
山东省皮肤病性病防治研究所(山东省皮肤病医院)	济南
福建医科大学附属第一医院	福州
第四军医大学第一附属医院(西京医院)	西安
武汉市第一医院	武汉
中南大学湘雅二医院	长沙
浙江大学医学院附属第二医院	杭州
安徽医科大学第一附属医院	合肥
昆明医学院第一附属医院	昆明
宁夏医学院附属医院	西宁

对于消费者的不良反应案例，需要做好详细的信息记录（见表11-7），如确定是使用化妆品所引起的损伤，则需要为消费者提供可行的解决方案。同时，通过对不良反应案例的收集、整理、统计、分析，一方面，监控产品不良反应

发生的频率，如短时间内出现较大量的不良反应投诉，则需要引起企业的重视；另一方面，能为企业的配方优化工作提供更多有价值的数据，不断的优化、完善配方，最大限度地降低不良反应发生的概率。

表 11-7　不良反应监测记录表

记录编号			
消费者姓名		联系方式	
涉及产品信息	产品名称： 批号： 购买时间、地点： 有无购物凭证：		
不良反应描述			
是否有不良反应监测（鉴定）机构的鉴定报告		经调查是否为真实案例	
是否需要向上级监管机构报告			
对消费者的建议及处理措施			
本次不良反应事件的分析及后续需要跟进的事项：			
记录人		日期	

2. 不良反应事件的上报

从企业层面讲，大部分的企业由于技术条件、信息、资源的欠缺，对产品发生的不良反应难以有全面的认识，对不良反应可能对消费者造成的潜在危害也没有准确的把握，故存在轻微、零星的不良反应事件演变成严重的、群体性不良反应的风险；从政府监管的层面讲，汇总分析整个行业的不良反应事件的大数据，对于提高产品质量安全风险的管控水平，预防潜在的安全质量事故，评估并妥善处置不良反应事件具有重要的意义。

目前，对未参与不良反应哨点建设的化妆品生产企业，其产品不良反应信息的上报仍没有明确的规定：何种情况下需要向监管部门提交报告、以何种方式提交、提交的时效性要求等均未有关具体的规定，这部分应该是后续监管部门不良反应体系建设工作的重点。

（四）不良反应处理结果的跟进

产品不良反应事件处理完毕后，需要跟进处理的结果，如检查处理方案是否完善、措施是否恰当、有无需要改进的地方。

对于消费者不良反应的处理，后续可通过电话访问或经当地销售人员与消费者面对面交流的形式，记录消费者对不良反应事件处理结果的满意情况。通过主动与消费者联系、沟通，了解、评估事件处理结果，同时达到提升企业在消费者心目中的形象，塑造品牌口碑的目的。

第四节　产品召回管理

化妆品的生产者、进口商、经销商和政府主管部门在获知产品可能存在危害消费者身体健康的隐患时，要及时在公众媒体发布信息，告知消费者真实情况，并制定召回计划，从流通领域及消费者手中回收存在安全隐患的产品，予以更换或赔偿，以避免存在质量安全隐患的产品造成进一步的损害。

一、产品召回的制度与分类

（一）产品召回制度

企业应制定产品召回制度，建立召回紧急联系人名录，并规定各联系人在召回产品时具体的职责和权限。当产品出现严重安全隐患或重大质量问题需要召回时，应按规定报告，并调查处理。

产品召回制度就是指导企业如何执行召回产品的程序。该制度一般应规定什么情况下需要启动召回程序，企业各级负责人应承担什么职责，需要作出什么决定及需要向谁通报相关信息等。一般情况下该制度还应明确决定实施召回的具体操作步骤是什么，包括但不限于以下几方面：确定该产品的生产数量、库存数量和销售数量是否匹配；安排控制不再销售库存产品；收集购买该产品的客户名单和联系方式；联系客户控制并运回已售产品；控制和处理已召回的产品等重要环节。

企业建立产品召回制度，旨在消除进入流通领域且存在产品质量安全隐患的化妆品的危害风险。

（二）产品召回分类

化妆品召回程序通常分为自愿召回和强制召回两种。二者的相同点就是实施主体都是化妆品生产企业；二者的区别就在于发现化妆品存在安全隐患的主体不同：前者为化妆品生产企业而后者是食品药品监管部门。

召回类型不同，召回机制的启动形式亦有所不同。

1. 强制召回机制的启动

食品药品监管部门对出现（或潜在）质量安全问题的化妆品进行风险评估，根据化妆品存在安全隐患的严重程度，可将召回分为三个等级：一级召回是指使用该化妆品对人体健康造成严重危害的；二级召回是指使用该化妆品可能会对人体健康造成暂时的或者是可逆的危害；三级召回是指使用该化妆品并不会对人体健康造成危害，但是由于一些原因而需要进行召回的。

监管部门确定产品召回等级后，生产企业需要根据监管部门的要求上报相关的产品信息，并根据要求制定相应的召回计划。

2. 自愿召回机制的启动

自愿召回主要是企业对存在（或潜在）质量安全问题的产品自主实施的召回。企业通过对问题产品进行风险评估后，认为需要启动召回机制的，可自主制定相应的召回计划并付诸实施。

二、产品召回的流程

1. 制定召回计划

召回计划由化妆品的生产企业根据食品药品监管部门的评估报告、该化妆品在市场上流通的数量和已经销售的数量等制定。

2. 通知食品药品监管部门

自愿召回的企业在召回产品后对监管部门有事后报告的义务，以便监管部门对召回的实施进行监督管理。

一般地，这种通知要求以书面形式进行，可以通过邮寄、电子邮件、手递等方式。通知的内容包括以下信息：召回化妆品的信息；召回企业的完整联络方法；召回化妆品的危险及相关风险阐述；化妆品销售时间；受影响的化妆品数量；化妆品销售地；经销商和消费者应采取的行动等。

3. 根据召回计划实施召回

对于已经销售或者进入销售渠道的，作为召回企业的生产者应尽快通知经销商，经销商也应该配合生产企业的召回行为；对于未出库的化妆品及时停止出库；对于未生产的原料及时进行销毁、停止生产。

4. 发布召回信息

召回企业应该将召回的信息通过各种途径及时公布，而且所公布的信息应该与企业制定的召回计划和所召回的化妆品相一致。

5. 回收与补偿

生产企业通过发布召回公告或其他方式通知消费者后，消费者会根据生产企业的相关提示或帮助维护自己的合法权益。召回企业从消费者手中收回召回化妆品的同时，必须采取一定的补救措施，例如更换或者退款。

6. 处理召回化妆品

召回结束后，召回企业面临的重大问题便是如何处理召回化妆品。召回企业首先要做的一项重要的工作便是控制召回化妆品，应隔离并清楚地标出召回的化妆品；同时采取预防措施，防止召回的化妆品因过失而重新流入销售渠道。对于所召回的化妆品，因为无法对其采取矫正措施，一般要求召回企业予以销毁。

7. 召回总结

召回结束，并不意味着企业的工作已经完成，总结经验、吸取教训，对召回过程进行回顾和总结，是召回制度发展比较成熟的国家的企业的通行做法。

三、产品召回的示例

模拟召回是为了验证召回程序的有效性而模拟实施召回产品程序的过程。这个过程一般会假定至少一批产品出现了严重质量问题而需要召回。通过查询该产品的生产数量、库存数量、销售数量以及购买该产品的客户分布情况和联系方式等信息，在不直接接触产品的情况下，通过对记录等信息的追踪而完成对产品虚拟回收的过程。没有实际召回发生时，企业应定期（例如每年一次）模拟运作召回程序，以确保程序有效。

召回/模拟召回的实施过程应有记录，记录的内容应包括产品名称、批号、发货数量、已召回数量等。已召回的产品应标识清晰，隔离存放；应对召回的产品进行检验和评估，根据评估结果，确定产品的处理，并形成召回/模拟召回报告。

（一）目的

当销售的产品出现（或存在潜在）质量问题时，能迅速有效地作出反应，将问题产品对消费者、公司的危害程度降至最低或消除。

（二）依据

《产品召回管理程序》及国家相关的法律、法规。

（三）人员

产品安全全面负责质量小组负责，各部门协调。

（四）演练内容

×月×日上午9：00，某生产企业品管部门对20××年×月×日生产的补水霜产品（批号：X20170315-01）进行微生物复检抽查时，发现产品微生物超标，存在潜在的产品质量安全隐患，为维护公司形象，保证产品质量，本着对消费者负责的态度，经公司高层研究决定，启动《产品召回管理程序》，将相关批次的产品回收。

（五）演练流程

1. 发现产品质量安全问题

品管部按演练内容填写《产品质量问题投诉表》（见表 11-8），并送至总经理签字后，发给产品安全全面负责质量小组组长。

表 11-8　产品质量问题投诉表

填表人		填表日期	
问题产品名称		规格	
问题产品生产日期		批号	
发现问题日期		地点	
问题发现方式	公司内部人员（　　　）	联系人：	
	经销商投诉（　　　）	手机：	
	消费者投诉（　　　）		
存在问题的描述	×月×日上午 9：00，品管部门对 20××年×月×日生产的补水霜产品（批号：X20170315-01）进行微生物复检抽查时，发现产品微生物超标		
问题严重性	一般（　） 较严重（　） 非常严重（√）		
问题产品涉及市场区域	华北（√） 华中（　）华南（　） 西北（　）西南（　）		
生产批量/库存数量			
是否启动产品召回	是（√）　　　否（　）		
产品安全全面负责质量小组组长		总经理	

2. 召开产品召回紧急会议

产品安全全面负责质量小组组长迅速召开产品召回紧急会议（总经理、安全小组成员、各部分对口人员）。组长组织相关人员审核评估，并制定召回计划（见表 11-9、表 11-10）。

表 11-9　产品召回计划指令

实施日期	
产品名称/规格	
生产日期及批号	
生产数量	
产品存在问题	×月×日上午 9：00，品管部门对 20××年×月×日生产的补水霜产品（批号：X20170315-01）进行微生物复检抽查时，发现产品微生物超标，产品存在质量安全隐患

评估结果	
受影响区域市场	华北

对应措施：
1. 由产品安全全面负责质量小组制定召回计划(表 11-10)，并填写产品召回记录(表 11-11)；
2. 立即停产，并由产品安全全面负责质量小组对问题进行进一步分析确认；
3. 业务部迅速与相应区域经销商沟通，联系产品召回事宜，并办理货运手续；
4. 仓库：对库存产品进行封存、隔离，正在发运的相关批次产品全部停运

指令发出人/职位	

表 11-10　产品召回计划一览表

步骤	开始时间	完成时间	备注
确认召回批次	年　月　日	年　月　日	
发布召回指令	年　月　日	年　月　日	
产品召回	年　月　日	年　月　日	
召回产品处理	年　月　日	年　月　日	
确认召回完成	年　月　日	年　月　日	
编制召回报告	年　月　日	年　月　日	

3. 召回产品记录

登记召回产品的详细信息及处理措施（表 11-11、表 11-12）。

表 11-11　召回产品记录表

召回产品描述： 　　×月×日上午 9:00，品管部门对 20××年×月×日补水霜产品(批号:X20170315-01)进行微生物复检抽查时，发现产品微生物超标，产品存在质量安全隐患	
召回实施情况： 　　××××年×月×日确定召回批次，并发布召回指令； 　　××××年×月×日经销商办理退货、货运手续； 　　××××年×月×日完成产品召回，并与库存产品一并进行隔离处理； 　　××××年×月×日报告区食品药品监督管理局听取处理意见	
目前状况： 　　问题批次的产品已于××××年×月×日全部召回并作隔离处理，××××年×月×日，在区食品药品监督管理局的监督下，对问题批次的产品做无害化处理(表 11-12)	
记录人/日期：	审核人/日期：

4. 产品召回演练总结报告

总结本次产品召回演练中存在的问题，并提出进一步改进的措施，使产品召回程序更完善，更具可操作性。

表 11-12　召回产品处理记录表

召回产品名称		批号及生产日期	
召回数量		库存数量	
总数量		备注	
召回产品确认与原因分析	1. ××××年×月×日,产品召回入库,并实施隔离; 2. 针对此次召回,组织生产、品管、仓库等部门进行评估分析。经确认,产品微生物超标的原因是因为生产过程未严格执行设备消毒程序		
处理方案	1. ××××年×月×日在区食品药品监督管理局的监督下,对问题产品做无害化处理; 2. 针对此次事件召开所有生产、工艺、技术相关人员会议,强调产品质量意识,强化规范生产操作,以提高全员质量意识,并运用到实际生产中		
处理结果	已完成		
备注			
记录人/时间			

第五节　国外 GMPC 对于产品投诉与召回管理的相关规定

一、美国 GMPC 有关产品投诉与召回管理的规定

美国 GMPC 有关投诉管理的规定是检查公司是否保留消费者投诉的文件和确定:

① 每次报告的伤害事故种类和严重性以及涉及的身体部位;

② 每次与伤害事故相关的产品,包括制造商和编码;

③ 涉及的医疗处理措施,包括主治医生的姓名;

④ 提供毒害数据信息的控制中心,政府机构和医疗单位等的名称和所在地;

⑤ 公司是否有化妆品自愿体验报告 (21 CFR 730)。

二、欧盟 GMPC 有关产品投诉与召回管理的规定

欧盟 GMPC 没有关于产品投诉与召回管理的规定。

三、东盟 GMPC 有关产品投诉与召回管理的规定

1. 投诉

① 应任命专门人员负责处理投诉及采取措施。若此负责人不是授权人,则授权人应了解所有的投诉、研究及回收。

② 应有书面程序描述采取的行动,包括在产品出现质量问题时考虑回收。

③ 关于产品缺陷的投诉应记录其最初的详情，并进行研究。

④ 若在一个批次发现有产品缺陷，应考虑检查其他批次，防止其他批次也被污染。特殊时，含有缺陷批次的返工产品的批次应被调查研究。

⑤ 必要时，应采取跟进措施，例如产品回收等。

⑥ 采取的措施应记录，并与相应批次记录相联系。

⑦ 当分包商生产操作错误及产品恶化可能导致严重的安全风险时，主管部门应知悉。

2. 产品回收

应有产品回收系统，以针对从市场回收有缺陷的产品。

① 应指定人员负责回收的执行及协调，并且有足够人员以应对回收紧急程度。

② 应建立书面的回收程序，并定期评估，回收应能及时启动进行。

③ 主要的销售记录，负责回收的人员应随时可得，且应包括批发商的足够信息。

④ 回收的过程应记录，并且应有相关的报告，包括出货的产品及收回产品数量的协调。

⑤ 应对回收安排的效果进行定期评估。

⑥ 建立文件指引，保证回收的产品安全储存在隔离的区域，等待处理决定。

四、ISO 22716 有关产品投诉与召回管理的规定

1. 原则

① 对所有工厂收到的属于本指南范围内的投诉都应加以研究、调查并相应做出后续解决方案。

② 在作出产品召回决定后，应采取相应的步骤以完成本指南范围内的召回，并实施纠正行动。

③ 如属合同承包的工作内容，则合同授予方和合同承接方应就如何处理投诉达成一致意见。

2. 产品投诉

① 经授权的人员应集中汇总所有的投诉。任何有关产品缺陷的投诉均应附上原始的投诉详细内容以及后续处理的情况。

② 应对有关的批次进行相应的后续处理。

③ 对投诉的调查研究及后续处理应包括：

a. 为防止再次发生该缺陷所采取的步骤；

b. 如必要，对其他批次进行检查，确定它们是否也受到了影响。

④ 对投诉的问题应定期进行复核，查出出现缺陷的趋势和再次发生的概率。

3. 产品召回

① 应有专人负责协调产品召回过程的工作。

② 产品召回工作应能快速启动、及时完成。

③ 对于可能影响消费者安全的产品召回应通知相应的主管机关。

④ 召回的产品应加标识物并单独存放在安全的地点，以等待作出处理决定。

⑤ 对产品召回过程应进行定期检讨。

 思考题

1. 化妆品生产企业应该如何选择及考察销售商？

2. 什么是投诉？顾客投诉的心理诉求有哪些？

3. 简述投诉处理流程。

4. 什么是化妆品不良反应？常见的不良反应包括哪些类型？

5. 简述产品召回的工作流程。

附 录

附录一　国家食品药品监督管理总局关于化妆品生产许可有关事项的公告（2015 年第 265 号）

为进一步加强化妆品生产监管，保障化妆品质量安全，按照《国务院办公厅关于印发国家食品药品监督管理总局主要职责内设机构和人员编制规定的通知》（国办发〔2013〕24 号）和国家食品药品监督管理总局《关于公布实行生产许可制度管理的食品化妆品目录的公告》（2014 年第 14 号）相关要求，依据化妆品监督管理有关法规，现就化妆品生产许可有关事项公告如下：

一、对化妆品生产企业实行生产许可制度。从事化妆品生产应当取得食品药品监管部门核发的《化妆品生产许可证》。《化妆品生产许可证》有效期为 5 年，其式样由国家食品药品监督管理总局统一制定。

二、已获得国家质量监督检验检疫总局发放的《全国工业产品生产许可证》和省级食品药品监督管理部门发放的《化妆品生产企业卫生许可证》的化妆品生产企业，其许可证有效期自动顺延的，截止日期为 2016 年 12 月 31 日。

三、自 2016 年 1 月 1 日起，凡新开办化妆品生产企业，可向所在地省级食品药品监督管理部门提出申请。省级食品药品监督管理部门按照《化妆品生产许可工作规范》的要求，组织对企业进行审核，达到要求的核发《化妆品生产许可证》。

四、自 2016 年 1 月 1 日起，凡持有《全国工业产品生产许可证》或者《化妆品生产企业卫生许可证》的化妆品生产企业，可向所在地省级食品药品监管部门提出换证申请。省级食品药品监管部门按照《化妆品生产许可工作规范》

的要求，组织对企业进行审核，达到要求的换发《化妆品生产许可证》。

五、为便于统一管理，对 2016 年底《化妆品生产企业卫生许可证》或《全国工业产品生产许可证》尚未到期的化妆品生产企业，由省级食品药品监督管理部门组织对企业进行审核，达到要求的换发新的《化妆品生产许可证》。

六、牙膏类产品的生产许可工作按照本公告执行。

七、化妆品生产企业现有包装标识可以使用到 2017 年 6 月 30 日，自 2017 年 7 月 1 日起生产的化妆品必须使用标注了《化妆品生产许可证》信息的新的包装标识。

特此公告。

附件：1. 化妆品生产许可证（式样）
　　　2. 化妆品生产许可工作规范

食品药品监管总局
2015 年 12 月 15 日

附录二　化妆品生产许可工作规范

第一章　申请与受理

第一条　从事化妆品生产，应当具备以下条件：

（一）有与生产的化妆品品种相适应的生产场地、环境条件、生产设施设备；

（二）有与化妆品生产相适应的技术人员；

（三）有对生产的化妆品进行质量检验的检验人员和检验设备；

（四）有保证化妆品质量安全的管理制度；

（五）符合国家产业政策的相关规定。

第二条　化妆品生产许可类别以生产工艺和成品状态为主要划分依据，划分为：一般液态单元、膏霜乳液单元、粉单元、气雾剂及有机溶剂单元、蜡基单元、牙膏单元和其他单元，每个单元分若干类别（见附1）。

第三条　申请领取《化妆品生产许可证》，应当向生产企业所在地的省、自治区、直辖市食品药品监督管理部门提出，并提交下列材料：

（一）化妆品生产许可证申请表（附2）。

（二）厂区总平面图（包括厂区周围 30m 范围内环境卫生情况）及生产车间（含各功能车间布局）、检验部门、仓库的建筑平面图。

（三）生产设备配置图。

（四）工商营业执照复印件。

（五）生产场所合法使用的证明材料（如土地所有权证书、房产证书或租赁协议等）。

（六）法定代表人身份证明复印件。

（七）委托代理人办理的，须递交申请企业法定代表人、委托代理人身份证明复印件和签订的委托书。

（八）企业质量管理相关文件，至少应包括：质量安全责任人、人员管理、供应商遴选、物料管理（含进货查验记录、产品销售记录制度等）、设施设备管理、生产过程及质量控制（含不良反应监测报告制度、产品召回制度等）、产品检验及留样制度、质量安全事故处置等。

（九）工艺流程简述及简图（不同类别的产品需分别列出）；有工艺相同但类别不同的产品共线生产行为的，需提供确保产品安全的管理制度和风险分析报告。

（十）施工装修说明（包括装修材料、通风、消毒等设施）。

（十一）证明生产环境条件符合需求的检测报告，至少应包括：

（1）生产用水卫生质量检测报告（检测指标及标准详见附3）；

（2）车间空气细菌总数检测报告（检测指标及标准详见附3）；

（3）生产车间和检验场所工作面混合照度的检测报告（检测指标及标准详见附3）。

（4）生产眼部用护肤类、婴儿和儿童用护肤类化妆品的，其生产车间的灌装间、清洁容器储存间空气洁净度应达到30万级要求，并提供空气净化系统竣工验收文件。

检测报告应当是由经过国家相关部门认可的检验机构出具的1年内的报告。

（十二）企业按照《化妆品生产许可检查要点》开展自查并撰写的自查报告。

（十三）省级食品药品监督管理部门要求提供的其他材料。

第四条　许可机关收到申请后，应当进行审查，并依据《中华人民共和国行政许可法》分别作出以下处理：

（一）申请事项依法不属于本部门职权范围的，应当即时作出不予受理决定，并告知申请人向有关行政机关申请。

（二）申请材料存在可以当场更正的错误的，应当允许申请人当场更正，由申请人在更正处签名或者盖章，注明更正日期。

（三）申请材料不齐备或者不符合形式审查要求的，应当当场或者在5个工作日内发给申请人《补正材料通知书》，一次性告知申请人需要补正的全部内容。当场告知的，应当将申请材料退回申请人；5 个工作日内告知的，应当收取申请材料并出具收到申请材料的凭据，逾期不告知的，自收到申请材料之日起即为受理。

（四）申请材料齐全、符合形式审查要求的，或者申请人按照要求提交了全部补正申请材料的，应予以受理。

第五条　许可机关对申请人提出的申请决定予以受理的，应当出具受理通知书；决定不予受理的，应当出具不予受理通知书，说明不予受理的理由，并告知申请人享有依法申请行政复议或者提起行政诉讼的权利。

第二章　审查与决定

第六条　许可机关受理申请人提交的申请材料后，应当审核申请人按照本规范第三条规定提交的相关资料，并及时指派 2 名以上工作人员按照《化妆品生产许可检查要点》对企业进行现场核查，申请企业必须予以配合。

省级食品药品监督管理部门受理的化妆品生产许可申请，可以委托直属机构或下级食品药品监督管理部门进行现场核查。

第七条　许可机关应当自受理申请之日起 60 个工作日内作出行政许可决定。

企业补正材料、限期整改时间不计入许可时限。

第八条　许可机关应当根据申请材料和现场核查的情况，对符合要求的，作出准予行政许可的决定；对不符合规定条件的，出具限期整改通知书，整改后仍不符合要求的，作出不予行政许可的决定并书面说明理由，同时告知申请人享有依法申请行政复议或者提起行政诉讼的权利。许可机关作出准予行政许可决定的，应当自作出决定之日起 10 个工作日内向申请人颁发《化妆品生产许可证》，并以适当的方式公开，供公众查阅。

第九条　申请人在行政许可决定作出之前书面提出撤回申请的，许可机关应当根据其申请终止审查，退回申请材料，但申请人提交虚假材料的除外。

第十条　化妆品生产许可申请直接涉及申请人与他人之间重大利益关系的，许可机关应当告知申请人、利害关系人依照法律、法规以及国家食品药品监督管理总局的有关规定享有申请听证的权利；在对化妆品生产许可进行审查时，许可机关认为涉及公共利益的重大许可事项，应当向社会公告，依法举行听证。

第三章　许可证管理

第十一条　《化妆品生产许可证》分为正本和副本，正本、副本具有同等法律效力，有效期为 5 年。

《化妆品生产许可证》式样由国家食品药品监督管理总局统一制定。

第十二条 《化妆品生产许可证》应当载明许可证编号、企业名称、住所、生产地址、社会信用代码、法定代表人、企业负责人、质量负责人、许可项目、有效期、日常监督管理机构、日常监督管理责任人、发证机关、签发人、发证日期和投诉举报电话等内容。

（一）《化妆品生产许可证》编号格式为：省、自治区、直辖市简称＋妆＋年份（4位阿拉伯数字）＋流水号（4位阿拉伯数字）；

（二）企业名称、法定代表人、住所、社会信用代码等应当与工商行政管理部门核发的营业执照中载明的相关内容一致；

（三）生产地址为化妆品实际生产场所；

（四）化妆品许可项目标注具体许可单元及类别；

（五）发证机关为省级食品药品监督管理部门；

（六）签发人为生产许可的核准人；

（七）日常监管责任人为负责日常监管的人员，当日常监管责任人由于工作调整等原因发生变化时，可通过签章变更的方式直接在许可证副本上更换日常监管责任人。

第十三条 同一化妆品生产场所，只允许申办一个《化妆品生产许可证》，不得重复申办。

同一个企业在不同场所申办分厂，按照新申办化妆品生产企业许可证程序办理，在原证上增加新厂区地址；如分厂为独立法人，应单独申请生产许可证。

第十四条 化妆品生产企业应当按照《化妆品生产许可证》载明的许可项目组织生产，超出已核准的许可项目生产的，视为无证生产。

第十五条 任何单位或者个人不得伪造、变造、买卖、出租、出借或者以其他形式非法转让《化妆品生产许可证》。

生产企业应当在办公场所显著位置摆放《化妆品生产许可证》正本。

第十六条 委托生产化妆品的，委托方应当为非特殊用途化妆品的备案人或者特殊用途化妆品注册证书的持有人。

受托方必须具备受托生产产品的相应生产许可项目；委托方与受托方必须签订委托生产合同，明确双方权利、义务和责任。

第十七条 特殊用途化妆品须取得注册后方可生产（仅用于注册用除外），非特殊用途化妆品生产须按有关规定进行产品备案。

第四章 变更、延续、补办及注销

第十八条 企业变更许可事项内容应向原许可机关申请变更化妆品生产许可。许可机关应对申请变更内容进行相应核查。符合要求的，换发《化妆品生产许可证》，原编号、有效期不变。

申请变更生产场所时，如新的生产场所不属于原省级食品药品监督管理部门管辖范围的，申请人应当在原许可机关注销原许可证后，凭注销证明向新许可机关重新申请化妆品生产许可。

第十九条　在《化妆品生产许可证》有效期内，企业名称、法定代表人、生产地址文字性变化（地理位置等不变）或企业住所等登记事项发生变化，而企业生产条件、检验能力、生产技术和工艺等未发生变化的，应当在工商行政管理部门变更后 30 个工作日内，向许可机关提出变更申请。许可机关应对申请企业提交资料进行审核，符合要求的，换发《化妆品生产许可证》，原编号、有效期不变。

第二十条　申请人向许可机关申请变更化妆品生产许可的，应当提交下列材料：

（一）化妆品生产许可证申请表（附2）；

（二）《化妆品生产许可证》正、副本；

（三）与变更生产许可事项相关的材料；

（四）省级食品药品监督管理部门要求提供的其他材料。

第二十一条　化妆品生产许可证有效期届满，企业继续生产的，应当在生产许可证有效期届满 3 个月前向原许可机关提出延续申请。许可机关应对申请企业核查。符合要求的，颁发新的《化妆品生产许可证》，许可证编号不变。

逾期提出延续申请或申请不予批准的，《化妆品生产许可证》自有效期届满之日起失效。

第二十二条　申请人向许可机关申请延续化妆品生产许可的，应当提交下列材料：

（一）化妆品生产许可证申请表（附2）；

（二）《化妆品生产许可证》正、副本及营业执照复印件；

（三）原许可事项内容是否有变化的说明材料；

（四）省级食品药品监督管理部门要求提供的其他材料。

第二十三条　在《化妆品生产许可证》有效期内，企业化妆品生产许可证遗失、毁损、无法辨认的，应当向原许可机关作出书面说明，并在媒体或许可机构官网声明作废满 15 日后，向原许可机关提出补发申请。许可机关应对申请企业提交资料进行审核，符合要求的，予以补发。

第二十四条　申请人向许可机关申请补发化妆品生产许可证的，应当提交下列材料：

（一）化妆品生产许可证申请表（附2）；

（二）许可证遗失的，提交企业在媒体或许可机构官网上刊登的遗失并声明作废的相关证明材料；许可证污损的，提交污损的《化妆品生产许可证》正、副本；

（三）省级食品药品监督管理部门要求提供的其他材料。

第二十五条　有下列情形之一的，许可机关应依法注销《化妆品生产许可证》：

（一）有效期届满未延续的，或者延续申请未被批准的；

（二）化妆品生产企业依法终止的；

（三）《化妆品生产许可证》依法被撤销、撤回，或被吊销的；

（四）因不可抗力导致许可事项无法实施的；

（五）化妆品生产企业主动申请注销的；

（六）法律、法规规定的应当注销行政许可的其他情形。

第二十六条　因分立、合并或业务重组而存续的化妆品生产企业，如生产场所的生产条件、检验能力、生产技术和工艺等未发生变化的，可直接申请变更；因企业分立、合并或业务重组而解散或无生产能力的化妆品生产企业，应当申请注销《化妆品生产许可证》。

第二十七条　申请人向许可机关申请注销化妆品生产许可的，应当提交下列材料：

（一）化妆品生产许可证申请表（附2）；

（二）《化妆品生产许可证》正、副本；

（三）省级食品药品监督管理部门要求提供的其他材料。

第二十八条　企业申请变更、延续、补发、注销所需提交的材料和许可相关程序，参照申请新办化妆品生产许可材料要求和程序，由各省级食品药品监督管理部门制定。

第五章　监督检查

第二十九条　食品药品监督管理部门及其工作人员履行化妆品生产许可监管职责，应当自觉接受社会的监督。

第三十条　有下列情形之一的，许可机关或者其上级食品药品监督管理部门根据利害关系人的请求或者依据职权，可以撤销化妆品生产许可：

（一）食品药品监督管理部门工作人员滥用职权，玩忽职守，给不符合条件的申请人发放《化妆品生产许可证》的；

（二）食品药品监督管理部门工作人员超越法定职权发放《化妆品生产许可证》的；

（三）食品药品监督管理部门工作人员违反法定程序发放《化妆品生产许可证》的；

（四）依法可以撤销发放《化妆品生产许可证》决定的其他情形。

企业以欺骗、贿赂等不正当手段和隐瞒真实情况或者提交虚假材料取得化妆品生产许可的，应当依法予以撤销。

第三十一条　市、县级人民政府食品药品监督管理部门应当依法对化妆品生产企业实施监督检查；发现不符合法定要求的，应当责令限期改正，并依法予以处理。

第三十二条　食品药品监督管理部门进行监督检查时，依据相关法律法规有权采取下列措施：

（一）进入生产及相关场所实施现场检查；

（二）对所生产的化妆品及相关产品进行抽样检验；

（三）依法查阅、复制有关合同、票据、账簿以及其他相关资料，依法进行录音、拍照和摄像；

（四）查封、扣押可能危害人体健康或者违法使用的化妆品原料、包装材料、化妆品和其他相关物品，以及用于违法生产经营的工具、设备；

（五）查封违法从事化妆品生产活动的场所。

第三十三条　食品药品监督管理部门进行监督检查时，应当出示执法证件，保守被检查企业的商业秘密。

被检查企业应当配合食品药品监督管理部门的监督检查，不得隐瞒相关情况。

食品药品监督管理部门应当对监督检查情况和结果予以记录，由监督检查人员和被检查企业相关负责人签字后归档；被检查企业相关负责人拒绝签字的，应当予以注明。

第三十四条　市、县级人民政府食品药品监督管理部门应当依法建立化妆品生产企业档案，记录许可核发、变更、延续、补办及注销等事项和日常监督检查、违法行为查处等情况。

第三十五条　市、县级人民政府食品药品监督管理部门对化妆品生产企业进行监督检查的主要内容包括：

（一）生产企业是否具有合法的《化妆品生产许可证》并按许可事项进行生产；

（二）生产企业的生产条件是否持续符合许可事项的要求；

（三）生产企业是否存在质量安全风险；

（四）其他化妆品相关法律、法规的要求。

第三十六条　隐瞒真实情况或者提供虚假材料申请化妆品生产许可的，许可机关应当不予受理或者不予许可，并给予警告，在一年内不得再次申请化妆品生产许可。

附录三　化妆品生产许可检查要点

序号	项目	检查项目	评价方法
		机构与人员	
		第一节　原则	
1	*	企业应建立与生产规模和产品结构相适应的组织机构,规定各机构职责、权限。企业应保证组织架构及职责权限的良好运行。	检查组织架构图,职责权限描述是否建立。 　检查整体组织架构,全面评价组织的各个岗位是否履行自己的职责,从而保证整个组织架构的良好运作。
2		企业法定代表人是企业化妆品质量的主要责任人。 　企业应设置质量负责人,应设立独立的质量管理部门和专职的质量管理部门负责人。 　企业质量负责人和生产负责人不得相互兼任。	检查过程中,通过观察、与员工交流,了解企业对于保证产品质量的资源投入。 　检查后综合评价,企业是否提供了足够的资源保证要点的实施。 　检查质量负责人授权书或其他证明文件。 　检查组织架构图和实际运作,质量部门是否独立。 　质量管理部门负责人是否专职。 　质量负责人是否同时兼任生产负责人。
3		企业应建立人员档案。应配备满足生产要求的管理和操作人员。所有从事与本要点相关活动的人员应具备相应的知识和技能,能正确履行自己的职责。	综合评价,人员的数量是否满足企业的生产运营、品质管理等。 　现场抽查人员档案建立情况。 　抽查不同岗位的员工,观察操作或询问如何开展工作,核对相应的作业文件要求。
		第二节　人员职责与要求	
4	*	企业质量负责人应具有相关专业大专以上学历或相应技术职称,具有三年以上化妆品生产相关质量管理经验。主要职责: 　4.1　本要点的组织实施; 　4.2　质量管理制度体系的建立和运行; 　4.3　产品质量问题的决策。 　质量管理部门负责人应具有相关专业大专以上学历或相应技术职称,具有三年以上化妆品生产相关质量管理经验。主要职责: 　4.4　负责内部检查及产品召回等质量管理活动; 　4.5　确保质量标准、检验方法、验证和其他质量管理规程有效实施; 　4.6　确保原料、包装材料、中间产品和成品符合质量标准; 　4.7　评价物料供应商; 　4.8　负责产品的放行; 　4.9　负责不合格品的管理; 　4.10　负责其他与产品质量有关的活动。	检查质量负责人的档案,是否具有相应的资历; 　检查是否明确规定质量负责人的职责; 　了解其某一职责是如何开展的。 　了解其履职的能力是否胜任。 　检查质量管理部门负责人学历证书或职称证书及档案,是否具有相应资质及经验。 　了解其某一职责是如何开展的。 　了解其履职的能力是否胜任。

序号	项目	检查项目	评价方法
		机构与人员	
		第二节　人员职责与要求	
5		企业生产负责人应具有相应的生产知识和经验。企业生产负责人主要职责： 5.1　确保产品按照批准的工艺规程生产、储存； 5.2　确保生产相关人员经过必要和持续的培训； 5.3　确保生产环境、设施设备满足生产质量需求。	检查生产负责人的档案,是否具有相应的资历； 检查是否明确规定生产负责人的职责。 了解其某一职责是如何开展的。 了解其履职的能力是否胜任。
6	*	检验人员应具备相应的资质或经相应的专业技术培训,考核合格后上岗。	检查检验人员档案,微生物检验人员的资格证或培训证明,其他检验人员的专业技术培训记录,检查是否经过考核,并通过观察访谈形式核对开展工作的能力。
		第三节　人员培训	
7		企业应建立培训制度。 企业应建立员工培训和考核档案,包括培训计划、培训记录、考核记录等。 培训的内容应确保人员能够具备与其职责和所从事活动相适应的知识和技能。培训效果应得到确认。 企业应对参与生产、质量有关活动的人员进行相应培训和考核。	检查是否建立培训制度。 按照培训制度规定,检查是否按照规定实施。 现场抽查3～5个人员,培训内容是否包含上述规定,保留相应的记录。 检查培训是否按计划进行,至少每年进行一次。 检查是否定期收集员工的培训需求,更新培训计划,是否按计划落实。 现场抽查3～5个与生产、质量相关人员,查是否有相应的培训和考核,保留相应的记录。
		第四节　人员卫生	
8		企业应制定人员健康卫生管理制度。 企业从业人员应保持良好个人卫生,直接从事产品生产的人员不得佩戴饰物、手表等以及染指甲、留长指甲,不得化浓妆、喷洒香水,不得将个人生活用品、食物等带入生产车间,防止污染。	检查企业是否建立人员健康卫生管理制度； 检查企业是否建立人员健康档案,员工是否在入职前体检,是否在入职后每年进行一次健康检查；现场抽查3～5位直接接触生产的员工是否有有效的健康证明。
9	*	企业应建立人员健康档案,直接接触产品的人员上岗前应接受健康检查,以后每年进行一次健康检查。凡患有手癣、指甲癣、手部湿疹、发生于手部的银屑病或者鳞屑、渗出性皮肤病患者、手部外伤,不得直接从事化妆品生产活动。	检查是否建立人员健康档案； 现场抽查3～5位直接接触生产的员工。
10		进入生产区的所有人员必须按照规定程序更衣。 外来人员不得进入生产和仓储等区域,特殊情况确实需要进入,应事先对个人卫生、更衣等事项指导。	检查现场人员更衣情况是否符合要求； 工作服的选材、样式及穿戴是否与所在的生产环境要求相适应。 检查企业是否有外来人员进入车间的管理规定； 检查外来人员进入车间的记录,进出车间有无登记。

序号	项目	检查项目	评价方法
		质量管理	
		第一节　原则	
11	*	企业应建立与生产规模和产品结构相适应的质量管理体系,将化妆品生产和质量的要求贯彻到化妆品原料采购、生产、检验、储存和销售的全过程中,确保产品符合标准要求。	综合判断:检查完条款所有内容后判断是否建立了文件化体系,且按照文件化体系有效运行,不断检查、改进系统。
12		企业应制定质量方针,质量方针应包括对满足要求和持续改进质量管理体系有效性的承诺,且得到沟通。 企业应制定符合质量管理要求的质量目标,质量目标应是可测量的,并且与质量方针保持一致,且分解到各个部门。 企业应制定评审方针并定期检讨质量目标的完成情况,保证质量目标的实现。	检查企业是否制定质量方针,是否涵盖要求。 检查企业是否制定质量目标,是否涵盖要求。 抽查部分管理层,检查是否了解质量方针以及企业的目标。 查质量方针是否定期评审。 抽查1~2个目标,看是否定期检讨质量目标的完成情况。
		第二节　质量管理制度	
13	*	企业应制定完善的质量管理制度,质量管理制度应至少包括: 13.1　文件管理制度; 13.2　物料供应管理制度; 13.3　检验管理制度; 13.4　放行管理制度; 13.5　设施设备管理制度; 13.6　生产工艺管理制度; 13.7　卫生管理制度; 13.8　留样管理制度; 13.9　内部检查制度; 13.10　追溯管理制度; 13.11　不合格品管理制度; 13.12　投诉与召回管理制度; 13.13　不良反应监测报告制度。	检查企业是否建立相应的质量管理制度。 在后续章节中检查相应管理制度的执行情况。
		第三节　文件管理	
14		企业应建立必要的、系统的、有效的文件管理制度并确保执行。确保在使用处获得适用文件的有效版本,作废文件得到控制。 外来文件如化妆品法律法规得到识别,并控制其分发。	检查是否有文件管理制度。现场检查,要求岗位提供作业文件。检查外来文件清单。检查作废的文件是否有清晰标识;工作现场是否有作废的文件;作废文件是否按要求管理。
15	*	企业与本要点有关的所有活动均应形成记录,包括但不限于:批生产记录、检验记录、不合格品处理记录、培训记录、检查记录、投诉记录、厂房设备设施使用维护保养记录等,并规定记录的保存期限。 每批产品均应有相应的批号和生产记录,并能反映整个生产过程,并保证样品的可追溯性。	检查有无批生产记录、检验记录、不合格品处理记录、培训记录、检查记录、投诉记录、厂房设备设施使用维护保养记录等。 抽查1~2批产品进行追溯。

序号	项目	检查项目	评价方法
质量管理			
第四节　实验室管理			
16	*	企业应建立与生产规模和产品类型相适应的实验室,并具备相应的检验能力。实验室应具备相应的检验场地、仪器、设备、设施和人员。企业应建立实验室管理制度和检验管理制度。	现场检查是否有符合要求的微生物和理化检验室及相应的仪器设备; 检查检验记录及现场提问,以了解是否有能力检测产品企业标准中规定的出厂检验指标; 检查是否建立实验室管理制度和检验管理制度。
17		实验室应按检验需要建立相应的功能间,包括微生物检验室、理化检验室。微生物检验室的环境控制条件应能确保检测结果准确可靠。	检查实验室是否按检验需要设立相应的功能间,询问如何保证微生物实验室环境条件满足要求,进行评判。
18		企业应建立原料、包装材料、中间产品和成品检验标准,按照相应质量标准对原料、包装材料、中间产品和成品进行检验。	抽查3～5款原料、包装材料、中间产品和成品,检查是否建立标准; 检查检验报告及原始记录,检查是否按质量标准的规定进行相应指标的检验。
19		检验过程应有详细的记录,检验记录应至少包括以下信息: 19.1　可追溯的样品信息; 19.2　检验方法(可用文件编号表示); 19.3　判定标准; 19.4　检验所用仪器设备。	抽查3～5款原料,检查检验报告及原始记录。
20		企业应按规定的方法取样。 样品应标识清晰,避免混淆,并按规定的条件储存,应标识名称、批号、取样日期、取样数量、取样人等。	检查企业是否有取样管理规定,是否对抽样方法、取样数量、样品处理、频率等作出明确规定; 现场检查作业人员取样是否按照规定进行。 检查样品标识是否清晰完整,样品储存是否满足要求。
21		企业应建立实验室仪器和设备的管理制度,包括校验、使用、清洁、保养等。校验后的仪器设备应有明显的标识。 检测仪器的使用环境应符合工作要求。	现场抽查3～5款仪器,检查是否有明显的标识; 检查核对是否有检验室仪器设备清单及周期检定计划;检查是否有校准/检定报告。 现场检查仪器的使用环境是否符合文件的要求。
22		企业应根据以下规定对试剂、试液、培养基进行管理: 22.1　应从合格供应商处采购,并按规定的条件储存; 22.2　已配制标准液和培养基应有明确的标识; 22.3　标准品、对照品应有适当的标识。	检查实验室的试剂、试液、培养基购买记录,看是否从合格供应商处进行采购; 检查试剂、试液、培养基的存储条件,看能否满足相关的要求; 检查标准液和培养基的配制记录,现场检查配制好的标准液和培养基的标识信息是否符合要求; 现场检查标准品、对照品的管理,其标识信息是否符合要求。
23		实验室应建立检验结果超标的管理制度,对超标结果进行分析、确认和处理,并有相应记录。	检查超标管理制度,询问检验员检验结果超标如何处理。

序号	项目	检查项目	评价方法
质量管理			
第四节　实验室管理			
24		委托检验的项目,须委托具有资质的检验机构进行检验,并签定委托检验协议。委托外部实验室进行检验的项目,应在检验报告中予以说明。	检查委托检验机构的清单,看是否都具有资质; 检查是否与委托检验的机构签订检验协议;检查近三个月的委托外部检验实验室的检验情况。
第五节　物料和产品放行			
25	*	质量管理部门应独立行使物料、中间产品和成品的放行权。企业应严格执行物料放行制度,确保只有经放行的物料才能用于生产。成品放行前应确保检查相关的生产和质量活动记录。	检查相关文件,看是否规定质量管理部门独立行使物料、中间产品和成品的放行权;抽查产品追溯,检查物料和产品的放行是否经过质量管理部门的批准。 检查是否建立物料及产品放行制度;抽查产品追溯,检查是否按照物料及产品放行制度执行。
第六节　不合格品管理			
26		企业应建立不合格品管理制度,规定不合格品的处理、返工、报废等操作。	检查企业的不合格品管理制度,是否明确规定不合格品的处理、返工、报废等; 现场检查是否有不合格品,询问不合格品应如何处理,反馈使用何种方式,是否有记录。
27	*	不合格的物料、中间产品和成品的处理应经质量管理部门负责人批准。企业应建立专门的不合格品处理记录,应对不合格品进行相应的原因分析,必要时采取纠正措施。	检查不合格品处理记录是否有质量部门负责人批准。 检查不合格品处理记录是否采取了原因分析,纠正及纠正措施。
28	*	不合格的物料、中间产品和成品应有清晰标识,并专区存放。对于不合格品应按照一定规则进行分类、统计,以便采取质量改进措施。	现场检查不合格的物料、中间产品和成品是否有清晰标识,是否有专区存放。 是否对不合格品进行分类统计。
29		工厂应保留返工产品记录且记录表明返工产品符合成品质量要求,得到质量管理部门的放行。	抽查3~5位员工,询问何时需要返工,有无返工的情况发生。 检查返工产品记录,放行前是否得到批准。
第七节　追溯管理			
30	*	企业应建立从物料入库、验收、产品生产、销售等全过程的追溯管理制度,保证产品的可追溯性。	检查企业的追溯管理制度,看是否包括物料入库、验收、产品生产、销售等全过程。
第八节　质量风险管理			
31	推荐	企业应实施质量风险管理,对物料、生产过程、储存等环节进行质量风险的评估。 企业应根据质量风险评估结果,制定相应的监控措施并保证实施。相应的风险评估记录应保留。 应定期确认并更新风险评估。	检查企业是否建立质量风险管理制度; 质量风险评估是否包括物料、生产过程、储存等环节; 检查企业是否根据质量风险评估结果制定监控措施,检查相关记录,看监控措施是否按照计划落实。 检查是否定期确认更新风险评估。
第九节　内部检查			
32		企业应制定内审制度,包括内审计划、内审检查表,规定内审的频率等。企业应定期对本要点的实施进行系统、全面的内部检查,确保本要点有效实施。	检查企业是否有文件规定定期开展内部审核。 检查最近一次的内审实施情况,看是否按计划开展内部审核。

序号	项目	检查项目	评价方法
质量管理			
第九节　内部检查			
33		内审员不应检查自己部门,内审人员应获得相应资格或者通过培训以及其他方式证实能胜任,知悉如何开展内审。	检查内审员是否审核自己部门,询问内审人员如何开展审核,是否胜任。
34		检查完成后应形成检查报告,报告内容包括检查过程、检查情况、检查结论等。内审结果应反馈到上层管理层。 对内审不符合项应采取必要的纠正和预防措施。	检查最近一次的内审报告,看不符合项是否都采取了必要的纠正和预防措施,纠正和预防措施是否有效,结果是否得到验证。审核的报告是否反馈到上层管理层。
厂房与设施			
第一节　原则			
35		厂房的选址、设计、建造和使用应最大限度保证对产品的保护,避免污染及混淆,便于清洁和维护。	检查厂区环境是否整洁,厂区地面、路面及运输等是否会对化妆品生产造成污染; 检查生产、行政、生活和辅助区总体布局是否合理,是否相互妨碍; 检查厂区周围是否有危及产品卫生的污染源,是否远离有害场所30m; 厂房布局是否合理,各项生产操作是否相互妨碍; 生产过程中可能产生有毒有害因素的生产车间,是否与居民区之间有不少于30m的卫生防护距离。
第二节　生产车间要求			
36	*	厂房应有与生产规模相适应的面积和空间,并合理布局; 应按生产工艺流程及环境控制要求设置功能间(包括制作间、灌装间、包装间等);应提供与生产工艺相适应的设施和场地; 更衣室应配备衣柜、鞋柜等设施。生产车间应配备足够的非手接触式流动水洗手及消毒设施。	现场检查生产区是否有与生产规模相适应的空间和面积,每条生产车间作业线的制作、灌装、包装间总面积不得小于100m²。 现场检查各功能间是否按工艺流程进行设置,空间和面积与生产规模是否相适应。 检查是否配备衣柜、鞋柜,私人物品与生产用品是否分开存放; 检查是否设有与生产规模相适应的洗手、消毒设施,均为非手接触式; 检查洗手、消毒设施是否正常使用。
37	*	应规定物料、产品和人员在厂房内和厂房之间的流向,避免交叉污染。厕所不得建在车间内部。	检查是否有合理的人流、物流走向。 检查厕所是否建在车间内部。
38		应规定清洁消毒的操作,制定相应的清洁消毒制度。	检查是否制定清洁消毒制度,检查现场的清洁效果; 检查清洁工具是否专用并无纤维物脱落; 检查消毒剂是否经卫生行政部门批准,并正确使用以保证灭菌效果; 检查消毒剂是否建立台账妥善管理。 空气和物表消毒应采取安全、有效的方法,如采用紫外线消毒的,使用中紫外线灯的辐照强度不小于$70\mu W/cm^2$,并按照$30W/10m^2$设置。

序号	项目	检查项目	评价方法
厂房与设施			
第二节　生产车间要求			
39	*	生产车间应按产品工艺环境控制需求分为清洁区、准清洁区和一般区。制定车间环境监控计划,定期监控。	检查是否按产品工艺合理划分清洁区、准清洁区和一般区; 检查环境监控计划,是否按计划实施; 检查是否有有效的检测报告。
40		生产眼部用护肤类、婴儿和儿童用护肤类化妆品的灌装间、清洁容器存储间应达到30万级洁净要求。 生产区之间应根据工艺质量保证要求保持相应的压差,清洁区与其他生产区保持一定的正压差。 生产车间温度、相对湿度控制应满足产品工艺要求。	查看生产车间空气检测报告,参考 GB 50457—2008《医药工业洁净厂房设计规范》30万级标准; 检查生产区内是否设置指示压差的装置; 清洁区与其他生产区保持一定的正压差; 易产生粉尘的功能间与其他功能间保持一定的负压差。 检查温度和湿度的控制要求、监控制度; 检查监控制度的执行情况。
41		易燃、易爆、有腐蚀性、易产生粉尘、不易清洁等工序,应使用单独的生产车间和专用生产设备,具备相应的卫生、安全措施。 易产生粉尘的生产操作岗位(如筛选、粉碎、混合等)应配备有效的除尘和排风设施。	检查易燃、易爆、有腐蚀性的工序是否设有相应的防护装置; 检查易产生粉尘的工序是否设有独立的生产车间; 检查不易清洁的工序是否设置专用生产设备。 检查易产生粉尘的车间是否设有除尘装置,一般情况回风不利用,避免交叉污染,如循环使用,应检查是否采取有效措施避免污染和交叉污染。
42	*	生产过程产生的废水、废气、废弃物不得对产品造成污染。	检查废水、废弃、废弃物的处理制度及处理情况,是否对产品、环境造成污染,是否符合国家有关规定;
43		地板、墙壁和房顶结构、管道工程、通风、给水、排水口和渠道系统应便于清洁和维护。 管道安装应确保水滴或冷凝水不污染原料、产品、容器、设备表面。	检查清洁区的墙壁与地板、天花板的交界处是否成弧形或采取其他措施便于清洁; 现场检查管道是否通畅,易于清洁。 现场检查是否有产生水滴、冷凝水的情况,是否对产品产生污染。
44		应根据生产作业需求提供足够照明,安装符合各类操作的照明系统。照明设施应能防止破裂及其碎片造成污染,或者采取适当措施保护产品。	查看生产车间工作面混合照度检测报告;工作面混合照度不得小于220lx,检验场所工作面混合照度不得小于450lx。检查生产区的照度与生产要求是否相适应,厂房是否设有应急照明设施;检查照度检测记录。 检查照明设施破裂是否会造成产品污染,或者采取加装灯罩等措施保证产品防护。
45		企业应建立成文的有效的鼠虫害控制程序和控制计划。建立鼠虫害设施分布图。生产车间应配备有效防止鼠虫害的进入、聚集和滋生的设施并及时监控。现场布置合理,工作状态良好,定期检查和清洁,并保留相应的记录。	检查是否有鼠虫害控制的管理制度,是否建立鼠虫害设施分布图。 检查是否有鼠虫害防治设施,是否及时监控; 检查是否有鼠虫害控制的记录。
46	*	生产车间应不存在任何虫害、虫害设施或杀虫剂污染产品的实例,未有鼠、蚊、蝇等的滋生地。 应保留杀虫剂使用清单并归档相关资料。	检查是否有鼠、蚊、蝇等的滋生地; 检查是否在车间内部喷洒杀虫剂或者使用鼠药; 检查杀虫剂是否满足要求。

序号	项目	检查项目	评价方法
厂房与设施			
第三节　仓储区要求			
47		仓储区应有与生产规模相适应的面积和空间，应设置原料、包装材料、成品仓库(或区)； 应设置合适的照明和通风、防鼠、防虫、防尘、防潮等设施。 合格品与不合格品分区存放。	检查仓储区的面积和空间是否与生产规模相适应，并分区存放。 仓储区内部摆放是否过于密集，是否有物料摆放在仓储区外面，库存的货物码放是否离地、离墙10cm以上，离顶50cm以上，避免采暖设备并留出通道。 检查仓储区的照度是否满足实际操作需要，是否有应急照明设施； 检查是否有防鼠、防虫、防尘、防潮等设施，并保存检查记录； 检查不合格或过期原料是否加注标志，避免误用，并及早处理； 检查是否有不合格品或过期原料的处理记录。
48		对易燃、易爆、有毒、有腐蚀性等危险品应设置专门区域或设施储存。	检查易燃、易爆等危险品管理规定，是否对验收、储存及领用的规定，是否建立入库领用台账； 检查危险品是否专区存放，并专人上锁管理； 检查有毒有害物品清单，抽查其中3种或以上有毒有害物质是否有安全数据，是否有使用记录，其储存是否定点、加锁、专人管理并做好标识。
设备			
第一节　原则			
49	*	企业应具备符合生产要求的生产设备和分析检测仪器或设备。 应建立并保存设备采购、安装、确认的文件和记录。	检查设备设计、选型等是否与工艺规程要求一致； 抽查3～5款设备，查相应的记录。
第二节　设备设计及选型			
50		生产设备的设计及选型必须满足产品特性要求，不得对产品质量产生影响。设备的设计与安装应易于操作，方便清洁消毒。	检查设计、生产等相关部门是否参与设备选型过程； 检查设备的选型是否有评估报告。
51		所有与原料、产品直接接触的设备、工器具、管道等的材质应得到确认，确保不带入化学污染、物理污染和微生物污染。 与产品直接接触的生产设备(包括生产所需的辅助设备)表面应平整、光洁、无死角、易清洗、易消毒、耐腐蚀。 所选用的润滑剂、清洁剂、消毒剂不得对产品或容器造成污染。	检查设备的材质是否具有易清洗、易消毒、耐腐蚀等特性； 检查设备表面是否平整光洁，无死角。 检查所使用的润滑剂、清洁剂、消毒剂是否有污染的可能。
第三节　设备安装及使用			
52		应根据化妆品生产工艺需求及车间布局要求，合理布置生产设备，设备摆放应避免物料和设备移动、人员走动对质量造成影响。	检查设备布局是否交叉，以减少操作人员活动的范围。

序号	项目	检查项目	评价方法
设备			
第三节　设备安装及使用			
53		生产设备都应有明确的操作规程。应按操作规程要求进行操作和记录。	检查3～5款生产设备是否有明确的操作规程,是否按操作规程要求进行操作和记录。
第四节　设备清洁及消毒			
54		应制定生产设备的清洁、消毒操作规程,规定清洁方法、清洁用具、清洁剂的名称与配制方法、已清洁(消毒)设备的有效期等。 设备的清洁消毒应保留记录。 在生产操作之前,需对设备进行必要的检查,并保存检查记录。 连续生产时,应在适当的时间间隔内对设备进行清洁消毒。 应能随时识别设备状态,如正在生产的产品及批次,已清洁,未清洁等。	检查是否制定清洁消毒制度,并规定了相应的要求; 检查投料前生产场所及设备设施是否按工艺规程要求进行清场或清洁消毒; 连续生产时,是否在适当的时间间隔内对设备进行清洁消毒。 检查有无设备状态标识。
55		已清洁(消毒)的生产设备,应按规定条件存放。	现场检测卫生状况,必要时作抽检;已清洁(消毒)的生产设备存放是否避免被污染。
第五节　设备校验及维护			
56	*	企业应根据国家相关计量管理要求、生产工艺要求对仪器仪表等制定合理的校验计划并执行。 当发现校验结果不符合要求时,应调查是否对产品质量造成影响,并根据调查结果采取适当措施。	检查是否有计量器具清单、周期检定计划及检定记录; 检查重要的计量器具是否有唯一的编号,是否定期校验; 现场随机记下3～5个计量器具编号,检查是否有相应的检定报告;其编号与周期检定计划或计量器具清单中是否一致。 当发现校验结果不符合要求时,是否调查对产品质量会否造成影响,并根据调查结果采取适当措施。
57		企业应制定生产设备维修保养制度;生产、检验设备均应有使用、保养、维修等记录。 维修保养不得影响产品质量。	检查是否有生产设备维修保养制度; 现场抽查3～5个设备,检查生产设备维修保养记录。 现场检查设备是否出现生锈等保养不当的情况。
58		水处理设备及输送系统的设计、安装、运行、维护应确保工艺用水达到质量标准要求。不同用途的生产用水的管道应有恰当的标识(包括热、冷、原水、浓水、纯水、清洁的水、冷却水、蒸汽或者其他)应标识水系统的取样点。	综合判断。 现场观察。 检查是否制定水处理装置的维护、保养制度和计划; 检查是否制定水处理系统的清洁消毒规定,并按要求执行。
59	*	水处理系统应定期清洗、消毒,并保留相应的记录。 企业应确定所需要的工艺用水标准,制定工艺用水管理文件,规定取样点及取样的频率,取样点选择应合理。对水质定期监测,确保工艺用水符合生产质量要求。	生产用水的水质和水量应当满足生产要求,水质至少达到生活饮用水卫生标准的要求(pH值除外)。 检查水处理生产记录,水处理系统图及运行情况; 检查是否有工艺用水标准,并形成文件; 检查近3个月的水质内部检验记录,核对标准; 检查检验报告,核对标准。

序号	项目	检查项目	评价方法
		物料与产品	
		第一节　原则	
60	*	物料和产品应符合相关强制性标准或其他有关法规。企业不得使用禁用物料及超标使用限用物料,并满足国家化妆品法规的其他要求。	检查是否定期进行合规性评价,及时进行分析,应对及跟进检讨,检查相关记录; 检查物料清单。
		第二节　物料采购	
61		应建立供应商筛选、评估、检查和管理制度以及物料采购制度,确保从符合要求的供应商处采购物料。供应商的确定及变更应按照供应商的管理制度执行,并保存所有记录。	检查是否有供应商管理制度;检查制度是否明确供应商的准入程序及管理的方式。是否有变更物料、变更供应商的管理规定及相关评估记录(当物料或供应商发生变更时应对新的供应商进行质量评估;改变主要物料供应商的,还需要对产品进行相关的评估)。
62		供应商的选择:包括收集供应商相关资料;确认供应商的资料符合要求;验证供应商提供的样品符合产品要求;必要时企业需对供应商进行实地评估。 供应商的管理:建立供应商档案,建立合格供应商清单,定期对供应商进行评估和检查。	检查是否识别哪些供应商需要开展现场审核,是否对重点原辅料供应商开展现场审核,并有评估记录。检查供应商是否建立合格供应商清单并及时更新。 现场抽查3~5家物料显示的供货商,核对是否在合格供应商清单中,是否建立了供应商的档案资料; 是否定期对供应商档案信息进行更新,确保供应商档案处于最新状态; 检查是否有相关供应商评估规定;检查是否有供应商评估记录。
63		建立索证索票制度,认证查验供应商及相关质量安全的有效证明文件,留存相关票证文件或复印件备查,加强台账管理,如实记录采购信息。 对进口原料应有索证索票要求。 企业应制定采购计划、采购清单、采购协议、采购合同等采购文件,并按采购文件进行采购。	采购原料必须按有关规定索取有效检验报告单; 采购原料应保留法定票据(或复印件)并存档,如采购发票等。 对存在质量安全风险原料,应定期索取供应商第三方检测报告或鉴定书。 记录台账中产品名称、批号、数据应与法定票据和检验报告一致。 检查是否制定相应的采购计划等文件,是否按采购文件进行采购。
		第三节　物料验收	
64		应按照物料验收制度验收货物,确保到货物料符合质量要求; 64.1　来料时应核对物料品种、数量是否与采购订单一致,并查验和保存当批物料的出厂检验报告; 64.2　应检查物料包装密封性及运输工具的卫生情况,核查标签标识是否符合要求; 64.3按抽样制度进行抽样,并按验收标准检验,保存相关检验记录。	检查是否有物料验收管理,对来货物料供应商名称、产品名称、数量、批号、生产日期与实物、订单的符合性进行检查。 检查是否对物料出厂检验报告进行收集、核对、存档。 检查是否有对来货包装完整性进行检查的记录,发现有破损情况是否有特殊处理并形成记录。 检查是否有对物料运输的防护措施。 检查是否有对采购物料标签进行核查,核查标签标识产品名称、数量、批号、生产日期是否与检测报告、实物、订单一致。

序号	项目	检查项目	评价方法
		物料与产品	
		第四节　物料和产品储存	
65		应建立物料和产品储存制度,如物料应离墙离地摆放,应保存货周转,定期盘点,任何重大的不符合应被调查并采取纠正行动。	检查是否建立物料和产品储存制度。
66		原辅材料、成品(半成品)及包装材料按批存放,定位定点摆放,并标示如下信息: 供应商/代号 物料名称(INCI)/代号 批号 来料日期/生产日期 有效期(必要时)	现场检查,是否标识相应的内容。
67		对于人工管理的原料和包装材料应分区储存,确保物料之间无交叉污染,原料库内不得存放非化妆品原料。物料和产品应标识检验状态,将物料和产品按待检、合格、不合格三种状态区分。 易燃、易爆等危险化学品应按国家有关规定验收、储存和领用。	现场检查,是否分区。 现场检查。
68		应明确物料和产品的储存条件,对温度、相对湿度或其他有特殊储存要求的物料和产品应按规定条件储存、监测并记录。	检查是否书面识别所有物料的储存要求; 现场检查是否储存在适宜条件下;是否监测并记录。
69		企业应制定产品保质期和物料的使用期限的制度,并建立重新评估的机制,保证合理性。	检查是否规定物料、中间产品使用期限;检查期限的规定是否准确 核对标识,检查中间品暂存容器及贮存期限是否超出规定。
		第五节　物料发放与使用	
70		物料应按先进先出的原则和生产指令,根据领料单据发放,并保存相关记录。领料人应检查所领用的物料包装完整性、标签等,核对领料单据和发放物料是否一致。	检查是否具有生产指令及相应记录; 检查物料发放是否按"先进先出"的原则操作; 检查物料领用记录是否能够利于追溯; 检查领料人是否核对所领物料名称、批号、数量、包装完整性、标签等与领料单和实物的一致性; 检查领料人是否核查所领物料是否有发霉、变质、生虫、变色等异常情况,并签名确认。
71		生产结存物料退仓时,若确认可以退回仓库,应重新包装,包装应密封并做好标识,标识包括名称、批号、数量、日期等。质量存疑物料退仓时,应由质量管理人员确认,并按规定处置。仓库管理人员核对退料单据与退仓物料的名称、批号、数量是否一致。	检查存疑物料退仓记录是否有质量人员确认质量状态; 检查生产结存物料退仓后是否密封包装,是否有明确标识; 检查退仓物料清单是否有仓管人员核对名称、数量、批号、质量状态、退仓日期等信息,是否与单据一致。
		第六节　产品	
72		产品的标签、说明书内容应符合相关法规要求。	抽查产品标签是否符合相关法规要求。

序号	项目	检查项目	评价方法
物料与产品			
第六节　产品			
73		每批产品均应按规定留样;留样保存时间应至少超过产品保质期后 6 个月,按产品储存条件进行留样管理。留样数量应至少满足产品质量检验需求的两倍。	检查是否有留样规定并落实执行;留样保存条件是否符合产品保存要求条件; 检查各产品保质期前后及近期生产的产品批号,到留样室现场抽查 3～10 批,看是否都留样;抽查产品的留样跟踪检验记录,看保质期内是否都合格,如有不合格是否立即采取了有效的纠正措施; 现场观察是否有专设的留样室,留样是否按品种、批号分类存放,标识明确。
74		应明确产品运输管理要求;应确保储存和运输过程中的可追溯性。应清晰地记录发货,以表明货物在转交过程中已进行完全检查。同时对运输的车辆进行卫生检查,并保留记录。	检查是否有产品运输管理要求; 检查是否有出货记录; 检查是否有卫生检查记录。
75		出厂后返回的产品应专区存放,经检验和评估,合格后方可放行;不合格的按规定处理并记录。	若有返厂的产品,核查是否对返厂产品进行检验,对检验不合格的是否按不合格品处理并记录。
生产管理			
第一节　原则			
76	*	企业应建立与生产相适应的生产管理制度。 生产条件(人员、环境、设备、物料等)应满足化妆品的生产质量要求。 企业应建立并严格执行生产工艺规程。	检查是否有生产管理制度并切实可行。 综合判断,是否满足要求。 检查工艺规程文件是否齐全;工艺规程是否包括配方、称量、配制、灌装、包装过程等生产工艺操作要求及关键控制点。
第二节　生产准备			
77	*	应建立产品批的定义,生产批次划分应确保同一批次产品质量和特征的均一性,并确保不同批次的产品能够得到有效识别。	检查生产现场是否有批生产指令。
78		应建立生产区域清洁程序及清洁计划,生产区域应定期清洁、消毒。企业应根据生产计划制定生产指令。生产操作人员应根据生产指令进行检查。	现场检查生产区域的清洁是否按要求计划; 现场检查记录是否有对生产区域清洁消毒操作。 现场抽查询问生产操作人员是否进行了生产指令内容检查确认。
79		物料应经过物料通道进入车间。进入清洁区和准清洁区的物料应除去外包装或进行有效的清洁消毒	检查车间人流物流通道是否有效分开; 物料进入车间是否按要求经过物流通道。 现场检查和抽查记录是否在规定区域除去外包装或进行有效的清洁消毒。
80		使用的内包装材料应经过清洁必要时经过消毒,应建立文化化的包材消毒方法,消毒的方法需经过验证并保留记录,如未对包材进行清洁消毒,需提供证据证实产品的符合性。	检查包材是否经过消毒。

序号	项目	检查项目	评价方法
		生产管理	
		第三节　生产过程	
81		生产使用的所有物料、中间产品应标识清晰。	现场检查是否符合要求。
82		配料、称量、打印批号等工序应经复核无误后方可进行生产,操作人和复核人应签名。	现场检查操作人员投料前是否复核了物料品名,批号,数量等。 检查配料、称量、投料记录是否完整并复核签名确认。
83		生产过程应严格按生产工艺规程和岗位操作规程实施和控制,及时填写生产记录。产品应建立批记录,记录应完整。中间产品应规定储存条件和期限,并在规定的期限内使用。	现场检查生产记录是否及时填写。 批号打印记录是否与生产指令相符合; 现场检查员工的生产操作与生产工艺的符合性; 检查中间产品是否规定了储存条件和期限。
84		以下情况应特别注意防止混淆、差错、污染和交叉污染: 84.1　产生气体、蒸汽、喷雾物的产品或物料; 84.2　生产过程使用的敞口容器、设备、润滑油; 84.3　流转过程中的物料、中间产品等; 84.4　重复使用的设备和容器; 84.5　生产中产生的废弃物等。	现场检查产气、蒸汽、喷雾的物料或产品是否有良好防护措施,以防止污染和交叉污染。 现场检查储物区物料、中间产品、待检品的存放是否有能够防止差错和交叉污染的措施; 敞口容器、设备、润滑油应有有效措施,防止交叉污染; 现场检查生产废弃物的收集和排放是否有效防止产品被污染和交叉污染。
85		灌装作业前调机确认后,方可以进行正式生产。按照文件化的检查要求,进行首件检查,并保留检查记录。	现场检查。
86		企业在生产过程中应按规定开展过程检验,应根据工艺规程的有关参数要求,对过程产品进行检验。作好检验记录,并对检验状态进行标识。(过程检验包括首件检验、巡回检验和完工检验)	现场检查,是否建立过程检验的制度,询问员工开展哪些检验活动,如何操作,核对与文件制度的一致性,检查相应的记录。
		第四节　生产后	
87		每一生产阶段完成后应按规定进行清场,并填写清场记录。	检查清场记录。
88	推荐	每批产品应进行物料平衡计算,确保物料平衡符合要求,若出现偏差,须查明原因,确认无质量风险后方可进入下道工序。	抽查批记录是否有进行物料平衡计算; 物料平衡计算是否符合要求。如有不符,则进一步检查是否进行了原因分析和质量风险确认措施。
89	推荐	物料退仓前应重新包装、标识,标识包括名称、批号、数量、日期等。	仓库检查退仓物料标识。
		验证	
		第一节　原则	
90	推荐	企业应建立验证管理组织,制定验证管理制度和验证计划,根据验证对象制定验证方案,并经批准。	检查是否有设定验证管理小组,各成员是否有工作职责,分工明确; 检查是否有验证管理制度,对各项验证工作有明确规定; 检查是否制定验证计划,对各个具体验证对象制定可行的验证方案,并经审批。

序号	项目	检查项目	评价方法
		验证	
		第二节　验证	
91	推荐	验证应按照批准的方案实施,并形成验证报告,经检查后存档。	检查验证报告。
92	推荐	应对空气净化系统、工艺用水系统、与产品直接接触的气体、关键生产设备及检验设备、生产工艺、清洁方法、检验方法及其他影响产品质量的操作等进行验证。	检查验证计划是否包括公用设施系统(空气净化系统、工艺用水,直接接触产品的气体),关键设备、关键工艺、清洁方法、检验方法等所有影响产品质量的环节。 检查相关验证报告,是否与计划一致,是否按审批验证方案执行,验证结果是否符合预期要求,当超出预期时是否有调整措施。 检查验证报告是否经负责人审批,并存档保存。
		产品销售、投诉、不良反应与召回	
		第三节　持续验证	
93	推荐	应根据产品质量回顾分析进行再验证,关键的生产工艺、设备应定期进行再验证。	检查是否有针对质量回顾分析进行再验证计划和方案,如有,则检查验证报告;是否与质量回顾分析结论一致;如有不同,是否有分析原因及调整措施。 检查是否有针对关键生产工艺、设备的再验证计划及方案,检查相关验证报告。
		第四节　变更验证	
94	推荐	当影响产品质量的主要因素,如生产工艺、主要物料、关键生产设备、清洁方法、质量控制方法等发生改变时,应进行验证。	检查是否有关于质量影响因素变更的验证管理规定; 检查相关验证报告,验证结论是否符合要求。当验证结论不符合时是否有采取措施进行调整,并重新进行验证。
		产品销售、投诉、不良反应与召回	
		第一节　产品销售	
96	*	产品销售应有记录,记录应包括产品名称、规格、批号、数量、发货日期、收货单位和地址。产品销售记录应保存至产品保质期后一年。	检查相关文件及记录,检查记录是否包括所规定的内容; 抽查2～3个产品一年内的销售记录,检查是否按规定的期限进行保存。
97		企业应建立产品销售退货制度。	检查公司是否建立相关的退换货制度,并检查这些制度的执行情况(有无实际操作和演练)。
		第二节　投诉	
98		企业应建立产品质量投诉管理制度,应指定人员负责处理产品质量投诉并记录。 质量管理部门应根据产品质量投诉内容,分析投诉产品质量情况,采取相应措施改进。	检查是否有有关客户投诉的管理制度,看是否有记录和调查处理的规定; 抽查产品质量投诉处理的相关资料,检查是否有指定的人员负责处理,是否落实执行,是否有记录。 抽查近6个月的产品质量投诉内容,检查是否有相应的分析报告,是否有采取具体措施进行改进。

序号	项目	检查项目	评价方法
		产品销售、投诉、不良反应与召回	
		第三节　不良反应	
99	*	企业应建立化妆品不良反应监测报告制度,指定部门和人员负责。重大群体性化妆品不良反应应及时报告,并采取有效措施,防止化妆品不良反应的重复发生。	检查是否有程序和调查处理的规定。
100		不良反应案例的记录内容包括投诉人或引起不良反应者的姓名、化妆品名称、化妆品批号、接触史和皮肤病医生的诊断意见。	检查近期的产品不良反应案例,检查是否按规定进行处理,处理措施是否落实有效,记录是否完整。
		第四节　召回	
101	*	企业应制定产品召回制度。	检查是否有召回的相关制度。
102		应建立召回紧急联系人名录,规定召回时的职责权限。	检查是否建立了紧急联系人名录,规定职责权限。
103		当产品出现严重安全隐患或重大质量问题需要召回时,应按规定报告,并调查处理。	检查是否有产品出现严重安全隐患或重大质量问题需要召回的情况,是否按规定报告,并调查处理。
104		召回的实施过程应有记录,记录的内容应包括产品名称、批号、发货数量、已召回数量等。	检查召回/模拟召回报告。
105		已召回的产品应标注清晰,隔离存放;应对召回的产品进行检验和评估,根据评估结果,确定产品的处理,并形成报告。	如没有实际召回,检查文件的规定及模拟召回报告的描述。

注:1. 本《化妆品生产许可检查要点》共 105 项检查项目,其中关键项目 26 项、一般项目 71 项、推荐项目 8 项;其中标注"＊"的项为关键项,标注"推荐"的项为推荐项,其他为一般项,推荐项的内容不作为现场检查的硬性要求。

2. 检查中发现不符合要求的项目统称为"缺陷项目",缺陷项目分为"严重缺陷"和"一般缺陷"。其中关键项目不符合要求者称为"严重缺陷",一般项目不符合要求者称为"一般缺陷"。

3. 结果评定:

(1) 如果拒绝检查或者拒绝提供检查所需要的资料,隐匿、销毁或提供虚假资料的(包括计算机系统资料),直接判定不通过。

(2) 严重缺陷项目达到 5 项以上(含 5 项),判定不通过。

(3) 所有缺陷项目之和达到 20 项以上(含 20 项),判定不通过。

(4) 对于申请换发生产许可证的企业,检查中发现的缺陷项目能够立即改正的,应立即改正;不能立即改正的,必须提供整改计划。企业在提交整改报告和整改计划并经省级食品药品监督管理部门再次审核达到要求的,方可获得通过。

参 考 文 献

[1] 裘炳毅，高志红. 现代化妆品科学与技术[M]. 北京：中国轻工业出版社，2016.

[2] 方洪添，谢志洁. 化妆品生产许可新政实施指南[M]. 广州：羊城晚报出版社，2016.

[3] 方洪添，谢志洁，郭昌茂. 化妆品生产安全常识[M]. 广州：羊城晚报出版社，2018.

[4] 李存法，赵毅. 药品生产质量管理[M]. 北京：化学工业出版社，2013.

[5] 罗文华. 药品生产质量管理[M]. 北京：人民卫生出版社，2009.

[6] 何思煌. 新版 GMP 实务教程[M]. 北京：中国医药科技出版社，2013.

[7] 黄儒强. 化妆品生产良好操作规范(GMPC)实施指南[M]. 北京：化学工业出版社，2009.

[8] 秦钰慧. 化妆品安全性及管理法规[M]. 北京：化学工业出版社，2013.

[9] 刘春卉. 化妆品质量安全信息指南[M]. 北京：中国质检出版社，2013.

[10] 高瑞英. 化妆品管理与法规[M]. 北京：化学工业出版社，2008.

[11] 黄洪玲. 国内外化妆品 GMP 发展现状[J]. 轻工标准与质量，2014(4).

[12] 肖子英. 中外化妆品法规比较研究[J]. 中国化妆品(行业版)，2002(6).

[13] 肖子英. 中外化妆品法规比较研究(续)[J]. 中国化妆品(行业版)，2002(8).

[14] 王智美，林秀琼，梁景添. 医药大学生化妆品安全知识行为与在用化妆品标签调查[J]. 海南医学，2012(8).

[15] 王培义. 化妆品—原理·配方·生产工艺. 第 3 版[M]. 北京：化学工业出版社，2014.

[16] 杨松岭，张之奎. 药品 GMP 管理教程[M]. 北京：中国轻工业出版社，2018.

[17] 朱世斌，曲红梅. 药品生产质量管理工程(第二版)[M]. 北京：化学工业出版社，2017.

[18] 黄竹青. 药品 GMP 实务(第 2 版)[M]. 西安：西安交通大学出版社，2017.

[19] 丁恩峰. 世界各国 GMP 问答集萃[M]. 北京：中国医药科技出版社，2015.

[20] 何国强. 欧盟 GMP/GDP 法规汇编(中英文对照版)[M]. 北京：化学工业出版社，2017.

[21] 黄洪玲. 国内外化妆品 GMP 发展现状[J]. 轻工标准与质量，2014(4).

[22] 禾子. 中国受限化妆品 GMP[J]. 福建轻纺，2012(12).

[23] 张殿义. 化妆品实行 GMP 是行业监督管理的发展总趋势[J]. 中国化妆品(行业版)，2010(4).

[24] 张殿义. 中国化妆品管理同国际接轨的探讨[J]. 2006 年中国化妆品学术研讨会论文集，2006.

[25] 杨跃飞. 我国化妆品企业 GMP 工厂设计分析[J]. 日用化学品科学，2011(1).

[26] 林刚. GMP 在化妆品生产中的应用探讨[J]. 福建轻纺，2004(7).

[27] 黄洪玲. ISO 22716:2007 化妆品良好生产规范(GMP)标准解析[J]. 轻工标准与质量，2011(2).

[28] 刘继春. 中国化妆品历史研究[M]. 北京：新华出版社，2012.

[29] 康姗姗. FDA 医药产品现行生产质量管理规范指南汇编[M]. 北京：中国医药科技出版社，2015.

[30] 夏忠玉. 药品生产质量管理规范教程[M]. 北京：科学出版社，2018.